高等职业教育水利类新形态一体化教材

水生态修复技术

主　编　高秀清

副主编　冯　吉　樊慧菊

　　　　吴小苏　刘俊峰

U0217417

中国水利水电出版社
www.waterpub.com.cn
·北京·

内 容 提 要

水生态修复根本目的是通过一系列工程与非工程措施，使水生态系统得以改善和修复，实现水生态系统部分或全部地恢复其自然生态属性，维护生态平衡，达到对水资源的节约、管理和保护，最终达到人类社会健康可持续发展。本教材以项目划分为五个部分：水资源与水生态概述、水体生态治理技术、生态水利工程技术、海绵城市工程建设与水生态及水生态系统监测与评估。内容包括：我国水体污染现状、国内外水生态文明建设与发展、曝气增氧过程控制技术、生物-微生物净化技术、生态拦截技术、生态水利工程技术、海绵城市与水生态、地理信息（3S）监测技术、水生态系统的水质评估、水文评估、生物评估、栖息地质量评估、河道连通性评估及社会服务功能评估等。

本教材可作为水利工程、环境工程、市政工程、建筑工程等相关专业的高职教材，也可供相关领域专业教师、企事业单位从业人员等培训及专业学习参考。

图书在版编目（CIP）数据

水生态修复技术 / 高秀清主编. -- 北京 ：中国水利水电出版社，2021.1
高等职业教育水利类新形态一体化教材
ISBN 978-7-5170-9077-9

Ⅰ．①水… Ⅱ．①高… Ⅲ．①水环境－生态恢复－高等职业教育－教材 Ⅳ．①X171.4

中国版本图书馆CIP数据核字(2020)第213314号

书　　名	高等职业教育水利类新形态一体化教材 **水生态修复技术** SHUISHENGTAI XIUFU JISHU
作　　者	主编　高秀清　副主编　冯　吉　樊慧菊　吴小苏　刘俊峰
出版发行	中国水利水电出版社 （北京市海淀区玉渊潭南路1号D座　100038） 网址：www.waterpub.com.cn E-mail：sales@waterpub.com.cn 电话：（010）68367658（营销中心）
经　　售	北京科水图书销售中心（零售） 电话：（010）88383994、63202643、68545874 全国各地新华书店和相关出版物销售网点
排　　版	中国水利水电出版社微机排版中心
印　　刷	清淞永业（天津）印刷有限公司
规　　格	184mm×260mm　16开本　16.5印张　381千字
版　　次	2021年1月第1版　2021年1月第1次印刷
印　　数	0001—3000册
定　　价	**49.00**元

编 委 会

前言

生态文明建设对人类社会的生存和发展起着十分重要的作用。两河流域（幼发拉底河、底格里斯河）、尼罗河流域、恒河流域、黄河流域诞生了人类历史上的四大文明。我国是一个文明古国，随着社会经济的高速发展，生态环境受到了很大挑战。党的十八大以来，国家先后出台了《中华人民共和国水污染防治法》《中华人民共和国水土保持法》《中华人民共和国水法》《中华人民共和国防洪法》等相关法律法规和规章。习近平总书记提出"绿水青山就是金山银山""山水林田湖是一个生命共同体"等理念。党的十九大报告强调要"加大生态系统保护力度，实施重要生态系统保护和修复重大工程"。为水环境的治理与生态修复指明了方向，水生态修复成为实现"天蓝、地绿、水清"的重要途径。

本教材是以教育部国家资源库课程"水生态修复技术"资源为基础，结合相关专业最新规范、技术标准及工程案例，增加了中华传统文化、爱国主义教育及思想政治方面的内容，力求在专业教材中弘扬民族文化，达到课程思政的目的。教材配套数字资源。本教材高秀清撰写项目一、项目五；樊慧菊撰写项目二；冯吉撰写项目三；张晓斌撰写项目四；高秀清完成全书统稿和校订工作。

感谢课程建设团队所有成员的辛勤付出！感谢刘甜甜、吕要宗、林楠三位老师提供相关专业资料。在编写过程中引用了国家及行业标准，借鉴了专业文献及资料，参考文献如有遗漏请与我们联系增补。在此，对所有作者表示诚挚的谢意！

由于水生态修复是近年来我国发展起来的新兴领域，具有跨学科、综合性的特点，编撰时参考资料较少，且需要把各方面资料转为高职教材，受水平所限，难免存在缺点和疏漏，恳请广大读者批评指正。

编委会

2019 年 1 月

"行水云课"数字教材使用说明

　　"行水云课"水利职业教育服务平台是中国水利水电出版社立足水电、整合行业优质资源全力打造的"内容"＋"平台"的一体化数字教学产品。平台包含高等教育、职业教育、职工教育、专题培训、行水讲堂五大版块，旨在提供一套与传统教学紧密衔接、可扩展、智能化的学习教育解决方案。

　　本套教材是整合传统纸质教材内容和富媒体数字资源的新型教材，将大量图片、音频、视频、3D 动画等教学素材与纸质教材内容相结合，用以辅助教学。读者可通过扫描纸质教材二维码查看与纸质内容相对应的知识点多媒体资源，完整数字教材及其配套数字资源可通过移动终端 APP、"行水云课"微信公众号或中国水利水电出版社"行水云课"平台查看。

　　内页二维码具体标识如下：

　　· Ⓕ为动画

　　· ▶为微课视频

　　· Ⓣ为作业

　　· Ⓟ为课件

多 媒 体 知 识 点 索 引

序号	类型	资源号	资源名称	页码
28	ⓣ	项目一	项目一作业	32
29	⊙	2-1	土壤渗滤技术概念、产生及原理	34
30	⊘	2-1	地下渗滤系统构造示意图	34
31	⊘	2-2	地下渗滤工艺流程图	34
32	⊘	2-3	地下渗滤系统模拟装置	34
33	⊙	2-2	土壤渗滤技术的演进	36
34	⊙	2-3	土壤渗滤技术的土壤条件	37
35	⊙	2-4	土壤渗滤技术的工程设计要点	38
36	⊙	2-5	土壤渗滤技术的应用实践	40
37	ⓟ	2-1	土壤渗滤技术	40
38	⊙	2-6	下凹式绿地技术概念、构造、作用	42
39	⊘	2-4	狭义的下凹式绿地典型构造示意图	42
40	⊘	2-5	下凹式绿地构造图	42
41	⊙	2-7	下凹式绿地技术雨水渗透水量平衡分析	43
42	⊘	2-6	雨水渗透水量平衡分析计算模型	43
43	⊙	2-8	下凹式绿地技术雨水渗蓄能力计算	44
44	⊙	2-9	下凹式绿地技术应用	45
45	⊙	2-10	下凹式绿地的影响	46
46	ⓟ	2-2	下凹式绿地技术	46
47	⊘	2-7	透水铺装技术的定义	46
48	⊙	2-11	透水铺装技术的概述	48
49	⊙	2-12	透水铺装技术类型与铺装方法	49
50	⊘	2-8	透水路面的类型	49
51	⊙	2-13	透水铺装技术的设计	50
52	⊙	2-14	污染物控制效果与设施运行维护	53
53	⊘	2-9	透水铺装去除有机污染物	53
54	⊙	2-15	透水铺装技术应用	55
55	⊘	2-10	上海陆家嘴透水铺装应用案例	55
56	ⓟ	2-3	透水铺装技术	55
57	⊙	2-16	人工曝气增氧技术概念、作用、应用及形式	56
58	⊙	2-17	纯氧增氧曝气	57

序号	类型	资源号	资 源 名 称	页码
90	Ⓟ	2－8	生物膜技术	83
91	⊙	2－36	生态浮床技术	85
92	⊙	2－37	生态浮床技术发展现状	86
93	⊙	2－38	生态浮床技术净化机理	87
94	⊘	2－20	生态浮床技术原理二维动画	87
95	⊘	2－21	生态浮床技术原理三维动画	87
96	⊙	2－39	生态浮床结构与设计	89
97	⊘	2－22	湿式有框浮床组成	89
98	⊙	2－40	生态浮床技术发展前景与改进建议	89
99	Ⓟ	2－9	生态浮床技术	90
100	⊙	2－41	缓冲带技术概述	91
101	⊙	2－42	湖泊缓冲带生态环境建设	93
102	⊙	2－43	缓冲带设计	94
103	⊘	2－23	缓冲带结构与布局	94
104	⊙	2－44	湖泊缓冲带管理	95
105	⊙	2－45	美国在缓冲带技术方面的经验	96
106	Ⓟ	2－10	缓冲带技术	96
107	⊘	2－24	生态沟渠定义	96
108	⊙	2－46	生态沟渠技术概述	97
109	⊙	2－47	生态沟渠设计	98
110	⊙	2－48	生态沟渠的测量和开挖	100
111	⊘	2－25	生态沟渠开挖	100
112	⊙	2－49	生态沟渠的膨润土防渗毯铺设工程、驳岸工程和护坡工程	106
113	⊘	2－26	生态沟渠的膨润土防渗毯铺设工程	106
114	⊙	2－50	生态沟渠护砌	108
115	Ⓟ	2－11	生态沟渠技术	108
116	⊙	2－51	稳定塘的运行原理	108
117	⊘	2－27	稳定塘的运行原理	108
118	⊙	2－52	厌氧塘	110
119	⊙	2－53	好氧塘	111
120	⊙	2－54	兼性塘	112

目　　录

项目一　水资源与水生态概述

任务一　我国水资源

知识点一　我国水资源特点及污染现状

一、我国水资源的特点

1. 水资源概念

水是地球上最重要的母体自然资源之一，是自然资源的一个重要的具体类型，是自然资源的属概念。根据世界气象组织（WMO）和联合国教科文组织（UNESCO）的 *INTERNATIONAL GLOSSARY OF HYDROLOGY*（《国际水文学名词术语》，第三版，2012 年）中有关水资源的定义，水资源是指可资利用或有可能被利用的水源，这个水源应具有足够的数量和合适的质量，并满足某一地方在一段时间内具体利用的需求。根据全国科学技术名词审定委员会公布的《水利科技名词1997》（科学出版社，1998 年）中有关水资源的定义，水资源是指地球上具有一定数量和可用质量，能从自然界获得补充并可资利用的水。地球上的水资源及分类占比情况见图 1-1。

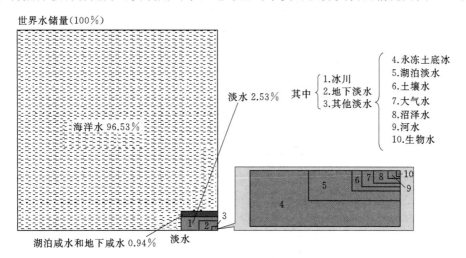

图 1-1　地球上的水资源及分类占比情况

从广义上讲，水资源是指地球上水圈内的水量总体；

从狭义上讲，水资源是指目前技术条件下，可供人类利用的那一部分淡水资源，包括河流水、淡水湖泊水和浅层地下水。

在地球上，人类可直接或间接利用的水，是自然资源的一个重要组成部分。天然水资源包括河川径流、地下水、积雪和冰川、湖泊水、沼泽水和海水。按含盐度分为咸水（包括海洋水、咸湖水）和淡水（包括河流水、淡湖水、地下水、生物水等）。随着科学技术的发展，被人类利用的水增多，例如海水淡化，人工催化降水，南极大陆冰的利用等。由于气候条件变化，各种水资源的时空分布不均，天然水资源量不等于可利用水量，往往采用修筑水库和地下水库来调蓄水源，或采用回收和处理的办法利用工业和生活污水，扩大水资源的利用。与其他自然资源不同，水资源是可再生的资源，可以重复多次使用；并出现年内和年际量的变化，具有一定的周期和规律；储存形式和运动过程受自然地理因素和人类活动所影响。

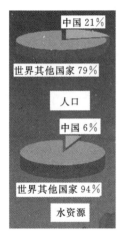

图1-2 中国人口和水资源占比情况

2. 我国水资源基本情况

我国是一个发展中的大国，人口占全世界的21%，但是水资源仅占世界的6%，人均水资源量不足世界平均值的30%，缺水危机在30年前已经显现，且多年来一直呈不断加剧的趋势，因而水危机的严重性和解决水危机的紧迫性更为突出，如图1-2所示。我国水资源目前面临五方面的水问题：水少、水多、水脏、水浑、水生态退化。

我国七大流域中，黄河、淮河、海河、辽河四流域水资源量小，长江、珠江、松花江流域水资源量大；西北内陆干旱区水量缺少，东南及西南地区水资源量丰富。

根据水利部发布的《2016年中国水资源公报》数据显示：

（1）2018年全国水资源量情况，见表1-1。

表1-1　　　　　　　　　　　　2018年中国水资源量

项　目	全　国　平　均　值	与多年平均值相比	与2017年相比
降水量	682.5mm	偏多6.2%	增加2.7%
地表水资源量	26323.2亿 m³	偏少1.4%	减少5.1%
地下水资源量	8246.5亿 m³（矿化度≤2g/L）	偏多2.2%	无数据
水资源总量	27462.5亿 m³	基本持平	减少4.5%

降水量2018年与2017年比较，7个水资源一级区降水量增加，其中松花江区增加26.4%；珠江区、长江区、西南诸河区分别减少4.7%、3.2%和1.1%。

2018年地表水资源量与2017年比较，辽河区、黄河区、海河区、松花江区地表水资源量分别增加30.0%以上，淮河区增加10.0%；东南诸河区、长江区、珠江区、西北诸河区、西南诸河区减少，其中东南诸河区、长江区分别减少16.3%和11.9%。2018年从国境外流入我国境内的水量为205.7亿 m³，从我国流出国境的水量为6109.1亿 m³，流入界河的水量为1255.5亿 m³；全国入海水量为15598.7亿 m³。

全国地下水资源量（矿化度≤2g/L）为8246.5亿 m³，比多年平均值偏多2.2%。其中，平原区地下水资源量为1848.7亿 m³，山丘区地下水资源量为6700.1

亿 m³，平原区与山丘区之间的重复计算量为 302.3 亿 m³。

全国平原浅层地下水总补给量为 1920.6 亿 m³。南方 4 区平原浅层地下水计算面积占全国平原区面积的 9%，地下水总补给量为 342.5 亿 m³；北方 6 区计算面积占 91%，地下水总补给量为 1578.1 亿 m³。

2018 年全国水资源总量为 27462.5 亿 m³，与多年平均值基本持平，比 2017 年减少 4.5%。其中，地表水资源量为 26323.2 亿 m³，地下水资源量为 8246.5 亿 m³，地下水与地表水资源不重复量为 1139.3 亿 m³。全国水资源总量占降水总量的 42.5%，平均单位面积产水量为 29.0 万 m³/km²。

（2）水资源开发利用情况。我国水资源开发利用主要由供水量、用水量、耗排水量几部分组成，如图 1-3 所示。

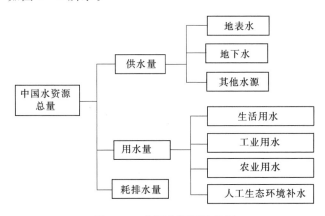

图 1-3　中国水资源结构图

全国供水量为 6015.5 亿 m³，地表水占 82.3%，地下水占 16.2%，其他水资源如再生水、海水淡化和雨水采集等非常规水源占 1.5%。全国海水直接利用量为 1125.8 亿 m³，主要作为火（核）电的冷却用水。海水直接利用量较多的省份为广东、浙江、福建、辽宁、山东、江苏和海南，分别为 391.9 亿、236.3 亿 m³、210.1 亿 m³、72.2 亿 m³、70.6 亿 m³、55.1 亿 m³ 和 38.5 亿 m³，其余沿海省份大都也有一定量的海水直接利用量。全国用水总量为 6015.5 亿 m³。耗水总量为 3207.6 亿 m³，耗水率 53.3%。全国废污水排放总量为 750 亿 t。全国人均综合用水量为 432m³，万元国内生产总值（当年价）用水量为 66.8m³。耕地实际灌溉亩均用水量为 365m³，农田灌溉水有效利用系数为 0.554，万元工业增加值（当年价）用水量为 41.3m³，城镇人均生活用水量（含公共用水）为 225L/d，农村居民人均生活用水量为 89L/d。相关数据见表 1-2。

表 1-2　　　　　　　　　2018 年全国水资源供、用情况

水资源供、用水量	项目	数量/亿 m³	与 2017 相比/%	占总量百分比/%
供水量 （6015.5 亿 m³）	地表水	4952.7	7.2	82.3
	地下水	976.4	−40.3	16.2
	其他水源	86.4	5.2	1.5

续表

水资源供、用水量	项目	数量/亿 m³	与2017相比/%	占总量百分比/%
用水量 (6015.5 亿 m³)	生活用水	859.9	21.8	14.3
	工业用水	1261.6	−15.4	21
	农业用水	3693.1	−73.3	61.4
	人工生态环境补水	200.9	39	3.3

注 表中负数为降低量。

其中，供水量与用水量的组成及分布情况如图1-4和图1-5所示。

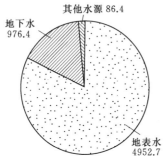

2018 年全国供水量 6015.5 亿 m³

图 1-4 2018 年全国供水量构成图
（单位：亿 m³）

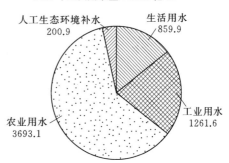

2018 年全国用水量 6015.5 亿 m³

图 1-5 2018 年全国用水量构成图
（单位：亿 m³）

（3）水资源质量情况。通过对全国124个湖泊、26.2万km河长、1129座水库、6779个水功能区、544个重要省界断面、2833眼地下水测井及31个省（自治区、直辖市）的评价，全国水资源质量情况为Ⅰ～Ⅲ类水质河长占76.9%；评价湖泊124个，其中121个湖泊营养状况评价结果显示，中营养湖泊占26.5%，富营养湖泊占73.5%。评价水库1129座，其中1097座水库营养状况评价结果显示，中营养水库占69.6%，富营养水库占30.4%。全国评价水功能区6779个，满足水域功能目标的4503个，占评价水功能区总数的66.4%。其中，满足水域功能目标的一级水功能区（不包括开发利用区）占71.8%；二级水功能区占62.6%。对浅层地下水的评价中，锰、铁、铝等重金属项目和氟化物、硫酸盐等无机阴离子项目可能受水文地质化学背景影响。31个省（自治区、直辖市）共评价1045个集中式饮用水水源地。全年水质合格率在80%及以上的水源地占评价总数的83.5%。与2017年同比，上升1.2个百分点。相关数据见表1-3。

（4）水资源量情况。通过对全国669座大型水库和3602座中型水库的数据统计，水库年末蓄水总量为4104.3亿m³，比年初蓄水总量减少38.0亿m³。其中，大型水库年末蓄水量为3648.2亿m³，比年初减少47.3亿m³；中型水库年末蓄水量为456.1亿m³，比年初增加9.3亿m³。对常年监测的56个湖泊进行数据统计，湖泊年末蓄水总量1416.3亿m³，比年初蓄水总量增加42.4亿m³。其中，青海湖和太湖蓄水量分别增加27.1亿m³和8.8亿m³；洪泽湖蓄水量减少5.8亿m³。对19个省

表 1-3　　　　　　　　　　不同类型水资源质量情况

项目	统计数量	Ⅰ～Ⅲ类	Ⅳ～Ⅴ类	劣Ⅴ类	主　要　问　题
河流水质	26.3 万 km	81.60%	12.90%	5.50%	主要污染项目是氨氮、总磷和化学需氧量
湖泊水质	124 个	25.00%	58.90%	16.10%	主要污染项目是总磷、化学需氧量和高锰酸盐指数
水库水质	1129 座	87.30%	10.10%	2.60%	主要污染项目是总磷、高锰酸盐指数和五日生化需氧量等
省界断面水质	544 个	69.90%	21.10%	9.00%	主要污染项目是总磷、化学需氧量和氨氮
浅层地下水水质	2833 眼	23.90%	29.20%	46.90%	主要污染项目有锰、铁、总硬度、溶解性总固体、氨氮、氟化物、铝、碘化物、硫酸盐和硝酸盐氮等

（自治区、直辖市）主要平原区的 2731 个地下水监测站进行分析，71 万 km² 平原区地下水埋深总体稳定，局部减少。

3. 我国水资源的特点

（1）在水资源数量方面，总数多，人均少。世界七个水资源总量丰富的国家分别为巴西、俄罗斯、加拿大、美国、印度尼西亚、中国和印度，我国水资源径流总量比印度多，但人均径流量则非常少，因此说我国水资源在数量上是总数多、人均少。如图 1-6 所示。

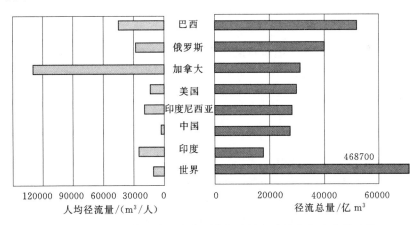

图 1-6　七个水资源总量丰富国家的人均径流量和径流总量比较

（2）在空间分布方面，南多北少。我国南方水资源占 80%，土地资源占 40%；北方水资源占 20%，土地资源占 60%。这样就形成了北方地多水少，南方地少水多的状况。

（3）在时间分布方面，夏秋多，冬春少。从哈尔滨、北京、武汉和广州的降雨量年变化柱状图可以看出我国降雨量夏秋多、冬春少。夏秋降雨多，河流处于丰水期，易造成洪涝。冬春降雨少，河流处于枯水期，易造成严重的干旱，如图 1-7 所示。

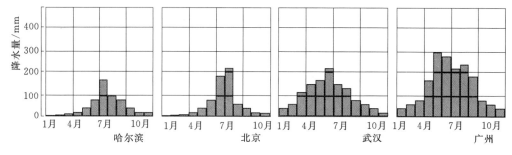

图 1-7 四个城市的降雨量图

二、我国水资源污染现状

1. 水污染的概念

1984 年颁布的《中华人民共和国水污染防治法》中对"水污染"定义：水体因某种物质的介入，而导致其化学、物理、生物或者放射性等方面特征的改变，从而影响水的有效利用，危害人体健康或者破坏生态环境，造成水质恶化的现象称为水污染（Water Pollution）。

2. 水体污染物

水体污染物是指造成水体水质、水中生物群落以及水体底泥质量恶化的各种有害物质（或能量）。

（1）从化学角度可分为无机有害物、无机有毒物、有机有害物和有机有毒物 4 类。

无机有害物包括砂、土等颗粒状的污染物，它们一般和有机颗粒性污染物混合在一起，统称为悬浮物（Suspended Solids，SS）或悬浮固体，使水变浑浊。还包括酸、碱、无机盐类物质，以及氮、磷等营养物质。

无机有毒物主要有：非金属无机毒性物质如氰化物、砷（As），金属毒性物质如汞（Hg）、铬（Cr）、镉（Cd）、铜（Cu）、镍（Ni）等。长期饮用被汞、铬、铅及非金属砷污染的水，会使人发生急、慢性中毒或导致机体癌变，危害严重。

有机有害物包括生活及食品工业污水中所含的碳水化合物、蛋白质、脂肪等。

有机有毒物，多属人工合成的有机物质，如农药 DDT、六六六等，有机含氯化合物、醛、酮、酚、多氯联苯（PCB）和芳香族氨基化合物，高分子聚合物（塑料、合成橡胶、人造纤维），染料等。

有机污染物因须通过微生物的生化作用分解和氧化，所以要大量消耗水中的氧气，使水质变黑发臭，影响水中鱼类及其他水生生物呼吸甚至会致其窒息。

（2）从环境科学角度则可分为病原体、植物营养物质、需氧化质、石油、放射性物质、有毒化学品、酸碱盐类及热能 8 类。

病原体污染物主要是指病菌，病毒，寄生虫等。其危害主要表现为传播疾病：病菌可引起痢疾、伤寒、霍乱等；病毒可引起病毒性肝炎、小儿麻痹等；寄生虫可引起血吸虫病、钩端螺旋体病等。

需氧污染物如生活污水和工业废水中所含的碳氢化合物、脂肪、蛋白质、木质素等有机化合物，可在微生物作用下分解生成简单的无机物 CO_2、H_2O 等。这些有机物在分解的过程中需消耗大量的溶解氧，含植物营养物质如氮、磷等的废水进入天然水体，造成水体富营养化，藻类大量繁殖，耗去水中溶解氧，造成水中鱼类窒息而无法生存，水产资源遭到破坏。水中氮化合物的增加，对人畜健康带来很大危害，亚硝酸根与人体内血红蛋白反应，生成高铁血红蛋白，使血红蛋白丧失输氧能力，使人中毒。硝酸盐和亚硝酸盐等是形成亚硝胺的物质，而亚硝胺是致癌物质，在人体消化系统中可诱发食道癌、胃癌等。常用的衡量指标有生化需氧量（BOD）、化学需氧量（COD）、总有机碳（TOC）、总需氧量（TOD）等。

石油污染，包括矿物油和动植物油。它们均难溶于水，在水中常以粗分散的可浮油和细分散的乳化油等形式存在。主要是由工业排放、海上采油、石油运输船只清洗船舱及油船意外事故的逸出等造成的。在开发、炼制、储运和使用中，原油或石油制品因泄露、渗透而进入水体。它的危害在于原油或其他油类在水面会形成油膜，隔绝氧气与水体的气体交换，在漫长的氧化分解过程中会消耗大量的水中溶解氧，堵塞鱼类等动物的呼吸器官，黏附在水生植物或浮游生物上导致大量水鸟和水生生物死亡，甚至引发水面火灾等。

放射性是指原子核心衰变而释放射线的物质属性，废水中的放射性物质主要来自铀、镭等放射性金属的生产和使用过程，如核实验、燃料再处理、原料冶炼厂等。

有毒化学物质污染是指废水中能对生物引发毒性反应的物质。主要为重金属及人工合成有机物。

酸碱盐类污染物主要由工业废水排放中的酸碱性物质以及酸雨带来。

热电厂等的冷却水是热污染的主要来源，直接排入天然水体，可引起水温上升。水温的上升，会造成水中溶解氧的减少，甚至使溶解氧降至零，还会使水体中某些毒物的毒性升高。水温的升高对鱼类的影响最大，甚至引起鱼的死亡或水生物种群的改变。

（3）从污染来源划分。可分为工业废水、生活污水及农业污水三类。

工业废水中污染物浓度大、废水成分复杂且不易净化、带有颜色或异味、废水水量和水质变化大及热流出物排入水体，使水温升高。

生活污水主要来自家庭、商业、学校、旅游服务业及其他城市公用设施，包括厕所冲洗水、厨房洗涤水、洗衣机排水、沐浴排水及其他排水等。

农业污水，是指农作物栽培、牲畜饲养、农产品加工等过程中排出的、影响人体健康和环境质量的污水或液态物质。

据统计，目前水中污染物已达 2000 多种，主要为有机化学物、碳化物、金属物，其中自来水里有 765 种（190 种对人体有害，其中 20 种致癌，23 种疑癌，18 种促癌，56 种致突变：肿瘤）。在我国，只有不到 11% 的人饮用符合我国卫生标准的水，而高达 65% 的人饮用浑浊、苦碱、含氟、含砷、受工业污染、传染病的水。2 亿人饮用自来水，7000 万人饮用高氟水，3000 万人饮用高硝酸盐水，5000 万人饮用高氟化物水，1.1 亿人饮用高硬度水。

水资源污染主要来源示意图如图1-8所示。

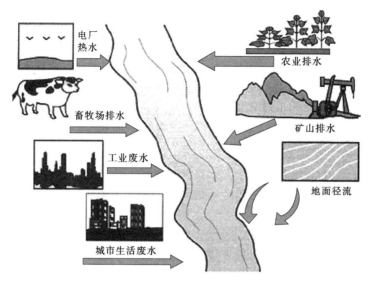

图1-8 水资源污染的主要来源示意图

3. 我国水体等级划分

为便于衡量水质状况，方便评价水体，我国把水体分为如下几类。

（1）地表水分类。《地表水环境质量标准》（GB 3838—2002）对地表水质量分类如下。

Ⅰ类：主要适用于源头水、国家自然保护区。

Ⅱ类：主要适用于集中式生活饮用水地表水源地一级保护区、珍稀水生生物栖息地、鱼虾类产卵场、仔稚幼鱼的索饵场等。

Ⅲ类：主要适用于集中式生活饮用水地表水源地二级保护区、鱼虾类越冬场、洄游通道、水产养殖区等渔业水域及游泳区。

Ⅳ类：主要适用于一般工业用水区及人体非直接接触的娱乐用水区。

Ⅴ类：主要适用于农业用水区及一般景观要求水域。

（2）地下水分类。《地下水质量标准》（GB/T 14848—2017）将我国地下水划分为5类。

Ⅰ类：地下水化学组分含量低，适用于各种用途。

Ⅱ类：地下水化学组分含量较低，适用于各种用途。

Ⅲ类：地下水化学组分含量中等，以《生活饮用水卫生标准》（GB 5749—2006）为依据，主要适用于集中式生活饮用水水源及工农业用水。

Ⅳ类：地下水化学组分含量较高，以农业和工业用水质量要求以及一定水平的人体健康风险为依据，适用于农业和部分工业用水，适当处理后可作生活饮用水。

Ⅴ类：地下水化学组分含量高，不宜作为生活饮用水水源，其他用水可根据使用目的选用。

4. 我国水体污染现状

据《2018 年中国水资源公报》《2018 中国生态环境状况公报》和《2018 年中国海洋生态环境状况公报》数据：2018 年，全国地表水监测的 1935 个水质断面（点位）中，Ⅰ～Ⅲ类比例为 71.0%，比 2017 年上升 3.1 个百分点；劣Ⅴ类比例为 6.7%，比 2017 年下降 1.6 个百分点。如图 1-9 所示。

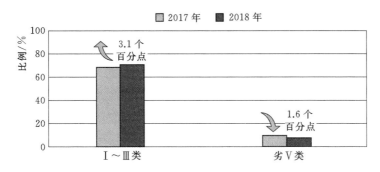

图 1-9　2018 年全国地表水水质类别年际比较

长江、黄河、珠江、松花江、淮河、海河、辽河七大流域和浙闽片河流、西北诸河、西南诸河监测的 1613 个水质断面中，Ⅰ类占 5.0%，Ⅱ类占 43.0%，Ⅲ类占 26.3%，Ⅳ类占 14.4%，Ⅴ类占 4.5%，劣Ⅴ类占 6.9%。与 2017 年相比，Ⅰ类水质断面比例上升 2.8 个百分点，Ⅱ类上升 6.3 个百分点，Ⅲ类下降 6.6 个百分点，Ⅳ类下降 0.2 个百分点，Ⅴ类下降 0.7 个百分点，劣Ⅴ类下降 1.5 个百分点，如图 1-10 所示。2018 年全国流域总体水质状况年际比较如图 1-11 所示。

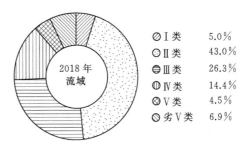

图 1-10　2018 年全国流域总体水质状况

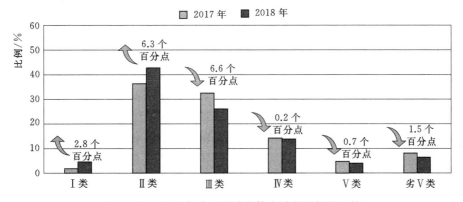

图 1-11　2018 年全国流域总体水质状况年际比较

（1）河流。2018 年，对全国 26.2 万 km 的河流水质状况进行了评价，Ⅰ～Ⅲ类、

Ⅳ～Ⅴ类、劣Ⅴ类水河长分别占评价河长的81.6％、12.9％和5.5％，主要污染项目是氨氮、总磷和化学需氧量。与2017年同比，Ⅰ～Ⅲ类水河长比例上升1.0个百分点，劣Ⅴ类水河长比例下降1.3个百分点。

（2）湖泊。对124个湖泊共3.3万km²水面进行了水质评价，Ⅰ～Ⅲ类、Ⅳ～Ⅴ类、劣Ⅴ类湖泊分别占评价湖泊总数的25.0％、58.9％和16.1％。主要污染项目是总磷、化学需氧量和高锰酸盐指数。121个湖泊营养状况评价结果显示，中营养湖泊占26.5％；富营养湖泊占73.5％。与2017年同比，Ⅰ～Ⅲ类水质湖泊比例下降1.6个百分点，劣Ⅴ类比例下降3.3个百分点，富营养湖泊比例下降1.7个百分点。

（3）水库。对1129座水库进行水质评价，Ⅰ～Ⅲ类、Ⅳ～Ⅴ类、劣Ⅴ类水库分别占评价水库总数的87.3％、10.1％和2.6％。主要污染项目是总磷、高锰酸盐指数和五日生化需氧量等。1097座水库营养状况评价结果显示，中营养水库占69.6％，富营养水库占30.4％。与2017年同比，Ⅰ～Ⅲ类水质水库比例上升1.5个百分点，劣Ⅴ类比例持平，富营养比例上升3.1个百分点。我国湖泊普遍遭到污染，尤其是重金属污染和富营养化问题十分突出。多数湖泊的水体以富营养化为特征，主要污染指标为总磷、总氮、化学需氧量和高锰酸盐指数。

（4）地下水。全国10168个国家级地下水水质监测点中，Ⅰ类水质监测点占1.9％，Ⅱ类占9.0％，Ⅲ类占2.9％，Ⅳ类占70.7％，Ⅴ类占15.5％。超标指标为锰、铁、浊度、总硬度、溶解性总固体、碘化物、氯化物、"三氮"（亚硝酸盐氮、硝酸盐氮和氨氮）和硫酸盐，个别监测点铅、锌、砷、汞、六价铬和镉等重（类）金属超标。对全国2833眼地下水监测井进行水质评价，监测层位以浅层地下水为主。Ⅰ～Ⅲ类、Ⅳ类、Ⅴ类水质监测井分别占评价监测井总数的23.9％、29.2％和46.9％。主要污染项目有锰、铁、总硬度、溶解性总固体、氨氮、氟化物、铝、碘化物、硫酸盐和硝酸盐氮等。其中锰、铁、铝等重金属项目和氟化物、硫酸盐等无机阴离子项目可能受水文地质化学背景影响。

（5）海洋。2018年对1649个海洋环境质量国控监测点位、194条入海河流国控断面、453个日排放污水量大于100m³的直排海污染源、36个海水浴场进行了水质监测；对部分重要河口开展了沉积物质量监测；对1705个生物多样性监测点位、21个典型海洋生态系统、89个海洋保护区和24处滨海湿地开展了生态状况监测；对48个重要渔业水域开展了环境质量监测。结果显示，我国海洋生态环境状况总体有所改善，符合第一类海水水质标准的海域面积占管辖海域的96.3％，近岸海域优良水质点位比例为74.6％，较2017年上升6.7％。污染海域主要分布在辽东湾、渤海湾、莱州湾、江苏沿岸、长江口、杭州湾、浙江沿岸、珠江口等近岸海域，超标要素主要为无机氮和活性磷酸盐（数据来源于《2018年中国水资源公报》）。

四大海域水质，渤海Ⅰ类海水面积较2017年有所减少，劣Ⅳ类海水面积有所减少；黄海、东海、南海Ⅰ类海水面积较2017年有所增加，劣Ⅳ类海水面积有所增加。主要超标要素为无机氮、活性磷酸盐。渤海近岸海域水质一般，主要污染指标为无机氮；黄海近岸海域水质良好，主要污染指标为无机氮；东海近岸海域水质差，主要污染指标为无机氮和活性磷酸盐；南海近岸海域水质良好，主要污染指标为无机氮和活性磷酸盐。2018年四大海区近岸海域水质比例年际比较见表1-4。

表1-4　　　　　　2018年四大海区近岸海域水质比例年际比较

海区	比例/%					比2017年变化（百分点）				
	Ⅰ类	Ⅱ类	Ⅲ类	Ⅳ类	劣Ⅴ类	Ⅰ类	Ⅱ类	Ⅲ类	Ⅳ类	劣Ⅳ类
渤海	50.6	25.9	9.9	2.5	11.1	30.8	-22.2	-4.9	-4.9	1.2
黄海	38.5	53.8	4.4	1.1	2.2	1.1	8.7	-5.5	-4.4	0.0
东海	21.2	31.0	10.6	4.4	32.7	5.3	0.0	-1.8	-5.3	1.7
南海	69.7	10.6	3.0	3.8	12.9	12.1	-7.6	-2.3	0.0	-2.3

▶ 1-2

P 1-1

知识点二　水资源污染的原因

一、水资源具有一定的自净功能

自古以来，人类就把废弃物排放到自然环境中，但是并未对环境造成明显的危害。

自然环境对人类的发展具有双重保障作用：一方面提供资源、能源满足人类生活、生产的需要；另一方面，环境还具有容纳、清除和改变人类代谢产物的能力，即自净能力。

自然环境的自净能力是指环境对外来物质具有一定的消纳、同化能力。

水资源具有一定的自净能力，但发生的位置不同，其净化机理也不相同。以地表水体为例，上层水体中的藻类和其他绿色植物通过光合作用，吸收 CO_2，放出 O_2，既补充了水中由于污染物的氧化所消耗的氧，又可除去过多的 CO_2；中层水体通过混合、稀释、沉淀等物理作用以及一系列的化学反应，使污染物的存在形态发生变化，降低污染物的浓度；底部水体可以吸附部分污染物，并把污染物作为微生物的营养源，通过生化过程，把复杂的化合物转变为简单的化合物以及 CO_2、H_2O 等无机物。

水体虽然具有一定的自净能力，但其自净能力是有限度的。在一定的时间、空间范围内，如果进入水体的污染物超过了水体的自净能力，就会发生水污染的现象。

🎵 1-1

二、水资源污染来源

造成水污染的原因可分为自然污染和人为污染两类。自然污染是由于自然规律的变化和土壤中矿物质对水源的污染；人为污染是由于人类的生活、生产活动所造成的污染。一般所说的水体污染指的是人为污染，它包括工业废水污染、农业污染、生活污水污染以及固体废弃物污染。

1. 工业废水污染

工业废水包括生产废水和生产污水，是指工业生产过程中产生的废水和废液，其中含有随水流失的工业生产用料、中间产物、副产品以及生产过程中产生的污染物。

工业废水是水体主要的污染源，它面广、量大、含污染物质多、组成复杂，有的毒性大，处理非常困难。如电力、矿山等部门的废水主要含无机污染物，而造纸、纺织、印染和食品等工业部门，在生产过程中常排出有机物含量很高的废水，BOD_5 常超过 2000mg/L，有的达 30000mg/L。即使同一生产工序，生产过程中水质也会有很大变化，如氧气顶吹转炉炼钢，同一炉钢的不同冶炼阶段，废水的 pH 值可在 4～13 之间，悬浮物可在 250～25000mg/L 之间变化。这些废水中的有机质，在降解时消耗大量溶解氧，易引起水质发黑变臭等现象。随着采矿和工业活动的增加，重金属的生产和使用也有了很大的增加，导致了湖泊与河流产生严重重金属污染。因处理成本高、投资大，工业废水不加处理直接排放，或未达标排放，会严重污染水资源。

2. 农业污染

农业污染是指由于农业生产而产生的水污染，包括农药、化肥的施用、土壤流失和农业废弃物等。

化肥和农药的不合理使用，造成土壤污染，破坏土壤结构和土壤生态系统，进而破坏自然界的生态平衡；降水形成的径流和渗流将土壤中的氮、磷、农药以及牧场、养殖场、农副产品加工厂的有机废物带入水体，使水质恶化，造成水体富营养化等。

据统计，我国每年使用农药与化肥的土地面积超过 2.8 亿 hm²，地表径流将大量的污染物带入水体，这是农业污染水体的主要来源。牧场、养殖场、农副产品加工厂的有机废物排入水体，都可使水体的水质恶化，造成河流、水库、湖泊等水体污染。

3. 生活污水污染

生活污水主要是人类生活中使用的各种厨房用水、洗涤用水和卫生间用水所产生的排放水，包括厕所粪尿、洗衣洗澡水、厨房等家庭排水以及商业、医院和游乐场所的排水等。

生活污水的总特点是有机物含量高，易造成腐败，在厌氧细菌条件下，易产生恶臭物质，未经处理直接排入水体，则会造成水环境的严重污染。

4. 固体废弃物污染

固体废物按来源大致可分为生活垃圾、一般工业固体废物和危险废物三种。此外，还有农业固体废物、建筑废料及弃土等。

固体废弃物产生后，如果不能及时处理，无论是集中堆放或是任意堆放，在雨水的冲刷作用下将会产生大量污水，这些污水进入土壤并深入地层，不仅对土壤环境造成危害，更严重污染了地下水体。如果固体废弃物距离河流较近，或是被冲入河道，河流的水质必定受到影响，造成更大范围的污染。

知识点三 国内外水生态文明发展

水生态文明作为人类文明的一种形态，以把握自然规律、尊重和维护自然为前提，以人与自然、人与人、人与社会和谐共生为宗旨，以水资源环境承载能力为基础，建立可持续的产业结构、生产方式和消费模式，引导人们走上持续和谐的发展道路。生态文明建设是长期而又艰巨的历史过程，也是全面、协调、可持续科学发展观的根本体现。

一、国内外水生态文明研究

水是世界文明的起源。水文明史是人类古代文明水平的重要标志。黄河流域、尼罗河流域、两河流域和印度河流域，是世界四大文明古国的发祥地。也正是因为生态环境的衰退，后来也直接导致了古埃及、古巴比伦的衰落。

国内外学者对水生态文明建设等进行了研究，如国外学者 Fuhrer J 等人分析了生物物种以及生物多样性受环境变化的影响问题。通过研究发现，集约型土地利用方式相对其他方式对生物多样性的影响比较小。Adamsa R M 等人研究发现食品结构和其他系统可能受到社会生态系统影响，但是社会生态系统对生态脆弱性和适应性的研究还不确定。张艳会等人认为在相对固定的生态区域，水生态是水生生物群落与自然水体相互共存、相互依存以及相互作用的一种状态，是生态系统的一个重要的组成部分。刘建设研究得出在一定水域内所有的生物通过与其生存的水环境相互作用，并借助于能量流与物质共同作用，从而形成具有一定功能和结构的统一体及水生态系统。韩春研究认为生态文明更多的是指人类遵循大自然客观规律，尤其尊重人、自然以及社会的和谐共处的客观规律，在改造物质世界时，积极改善和优化人与人、人与自然的关系。李建中、黄苗等人认为生态文明主要涵盖人类所具有的保护大自然环境，维护生态安全的意识以及系列法律制度，也涵盖在保持生态平衡、促进自然、社会可持续发展的一系列科学技术，还涵盖相关的组织、机构以及其中的实际行动，同时分析了水生态文明的若干子系统，对水生态文明的内涵进行了深入的研究，认为水资源、水生态，加之社会与经济，这四个要素共同构成了水生态文明系统。郭晓勇研究发现，水生态文明工作主要体现在人们要在充分尊重水的自然属性、经济属性以及社会属性的同时，对水资源进行开发、利用、整治、节约等一系列工作，从而实现人与自然、社会的和谐。马建华认为水生态文明建设是将生态文明的理念融入到水资源开发、利用、配置、节约、保护的各个方面和各个环节中等。

发达国家的水生态保护、治理和修复，是在应对各种水问题中逐渐形成的。通过对美国、德国和日本的人均国民收入水平及水生态文明特点的关系研究，发现其有如表 1-5 所列特点。

表 1-5　　　　　　　　美、德、日三国水生态文明特点与人均国民收入关系

国家	人均收入/美元							
	低收入（≤480）		中下等收入（481～1941）		中上等收入（1941～6000）		高收入（>6000）	
	特点	时间	特点	时间	特点	时间	特点	时间
美国	防洪、堤防功能	1915 年以前	流域开发、供水保障	1916—1950 年	水环境治理	1951—1972 年	低影响开发、水生态系统保护、风险管控	1973 年以后
德国	防洪灌溉	1949 年以前	水力发电	1950—1964 年	水质改善	1965—1975 年	河流再自然化、水环境保护和生态修复	1976 年以后
日本	防洪	1960 年以前	水资源开发	1961—1970 年	水体综合治理	1971—1976 年	自然型河道修复、亲水环境建设	1977 年以后

纵观美国、德国、日本等典型发达国家百年来的发展历程，随着经济社会发展水平的不断提升、公众环境保护意识的不断增强，以及水生态环境治理技术的不断升级，在应对水生态环境问题方面，普遍经历了"先污染后治理""先末端后前端""先工程后制度""先单一后系统"的发展历程。从表1-5的数据可以看出，一个国家水生态环境问题的产生与发展，往往与一国的经济社会发展水平密切相关。上述各国的发展都经历了从低收入阶段到高收入阶段的发展历程，各个发展阶段中，其水生态文明的特点都有着相似之处。处于低收入阶段时，主要以防洪、灌溉为主；处于中下等收入阶段时，以多目标开发、追求经济性为主，不但提供了供水保障，还发展了水力发电，这个时期大力发展水利工程；处于中上收入阶段时，强调水质优化，开始关注到城市发展与生活污水、雨水的排放问题，及水生态承载力方面的研究，德国开始了生态修复实践，日本也开始了水污染治理；处于高收入阶段时，以可持续发展、生态修复、追求舒适性为主。人水关系逐渐从开发利用水资源、治理水污染转变为保护与修复水生态，并以低影响开发、水生态系统保护、风险管控为主要治水理念。水生态修复越来越多地考虑到节约水资源、河流生态修复、生物多样性、生物栖息地、生态水利工程等，开展亲水环境建设。

从典型发达国家水生态文明发展的一般历程和实践探索来看，随着治水发展的进步，人类对水生态系统的认识不断加深，保护意识逐步提高，对水生态系统服务功能的需求逐步调整，人水关系从开发到治理再到保护，发展目标从防洪到水资源开发到治理修复，其水生态环境状况也经历了从良好到恶化再到改善恢复的过程。

2019年3月1日，联合国大会宣布了"联合国生态系统恢复十年"倡议，以大规模地开展恢复退化和遭破坏生态系统的工作。恢复生态系统这一举措已被证实能够有效应对气候危机和改善粮食安全、用水供应和生物多样性。

二、我国生态文明发展

▶1-4

早在2500年前，我国就已经有了保护生态环境的思想与行为。孔子是我国春秋时期伟大的思想家和教育家，是儒家学派的创始人。《论语·述而》："子钓而不纲，弋不射宿。"意思是捕鱼用钓竿而不用网，用带生丝的箭射鸟却不射杀归巢歇宿的鸟。因为用绳网捕鱼会大小鱼儿一网打尽，射杀巢宿的鸟会大小鸟儿一巢打尽。这样既破坏生物多样性，也阻塞了百姓的捕鱼狩猎生存之道。思想虽然朴素且未成体系，却是儒家自然观点的开端。《孟子·尽心上》提出"尽其心者，知其性也；知其性，则知天矣。"人与自然并不是彼此独立的，而是相互影响、密切联系的。孟子曾对梁惠王说："不违农时，谷不可胜食也；数罟不入洿池，鱼鳖不可胜食也；斧斤以时入山林，材木不可胜用也。谷与鱼鳖不可胜食，材木不可胜用，是使民养生丧死无憾也。养生丧死无憾，王道之始也。"阐述如何保持人与自然和谐共处的关系。《荀子·天论》："万物各得其和以生，各得其养以成，不见其事而见其功，夫是之谓神。皆知其所以成，莫知其无形，夫是之谓天。"中华民族历来对待自然的价值取向，即天人合一，尊重自然，世界因"和"而存在，因"和"而发展。

农耕文明时期，水利是农业的命脉。人类在长期农业种植、养殖活动中形成了适应气候环境，满足农业生产、生活需要的国家制度、风俗礼仪、文化教育等。农耕文明顺天时、应地利、敬重自然、道法自然，其地域多样性、民族多元性、历史传承性和文化的包容性，不仅成为中华文明的重要特征，也是中华文明之所以绵延不断、能及时化解危机的重要原因。随着工业文明的兴起，以工业化为重要标志、机械化大生产占主导地位的一种现代社会文明开始进入知识经济和谋求可持续发展的阶段，其主要特点大致表现为工业化、城市化、法制化与民主化，社会阶层流动性增强、教育普及、信息传递加速、非农业人口比例大幅度增长。生态文明是以水利为国民经济的基础产业。水生态文明旨在构建人与自然、人与社会的和谐共生，实现良性互动、均衡发展与持续繁荣。以水利工程为例，传统水利向现代水利的转变，其内涵发生了很大变化，见表1-6。

表1-6　　　　　　　　　　传统水利与现代水利的比较

传统水利	现代水利	传统水利	现代水利
江河防洪	城市节水	供排水	景观水利
农田水利	资源水利	水能利用	生态水利
航运	环境水利	传统管理方式	智慧水利

三、中华人民共和国成立以来我国水生态文明的发展

中华人民共和国成立以来，随着我国经济社会的快速发展，水资源的问题越来越突出，我们赖以生存的环境质量受到不断挑战。中华人民共和国成立初期，党和国家领导人就意识到人与自然、水资源与经济发展以及人民生活的关系问题，开启了生态文明建设的步伐。党的十七大第一次把生态文明建设提高到战略地位。近年来，全国坚持以习近平新时代中国特色社会主义思想为指导，全面贯彻党的十九大和十九届二中、三中、四中全会以及中央经济工作会议、中央农村工作会议精神，深入落实"节水优先、空间均衡、系统治理、两手发力"的治水思路，先后出台了《中华人民共和国水污染防治法》《中华人民共和国水土保持法》《中华人民共和国水法》《中华人民共和国防洪法》等相关法律法规和规章，习总书记提出"绿水青山就是金山银山""山水林田湖草是一个生命共同体"等战略论调。党的十九大报告强调"要加大生态系统保护力度。实施重要生态系统保护和修复重大工程。"总书记要求："把生态文明建设融入经济建设、政治建设、文化建设、社会建设各方面和全过程，形成节约资源、保护环境的空间格局、产业结构、生产方式、生活方式，为子孙后代留下天蓝、地绿、水清的生产生活环境"，为水问题的治理与生态修复指明了方向。中华人民共和国成立以来我国水生态文明的发展历程见表1-7。

四、水生态文明是实现中华民族伟大复兴"中国梦"的基础保障

21世纪是生态文明的世纪。水生态文明建设是需要长期坚持和发展的过程。

2018年6月16日，国务院发布"关于全面加强生态保护，坚决打好污染防治攻坚战的意见"。我国的水生态文明建设在保障国家水安全、经济社会发展和生态文明

表 1-7 中华人民共和国成立以来我国水生态文明的发展历程

时间	大事记	主 要 内 容	典 型
1949 年 11 月	全国各解放区水利联席会议	确定了中华人民共和国成立初期水利建设"防止水患，兴修水利，以达到大量发展生产之目的"的基本方针，把治理水患、兴修水利，放在恢复和发展国民经济的重要地位	
1950 年夏	河南与安徽交界处连降暴雨，河水猛涨，安徽等省灾情严重。为治理好淮河，毛泽东先后三次作出重要批示		
1951 年 5 月	毛泽东亲笔题词："一定要把淮河修好。"	治理大江大河的巨大工程由此开始，开展对海河、黄河、长江等治理	各流域上中游的水土流失区水土保持工程、治淮工程、长江荆江分洪工程、官厅水库、三门峡水利枢纽等一批重要水利设施相继兴建，掀起了新中国第一次水利建设高潮
1958 年	"大跃进"运动	由过去简单的筑堤、导流发展到对大江大河的拦河、截流、改道等，均具有蓄水、防洪、抗旱、养殖、发电等综合性功能，对当地环境、生态和经济发展起着重大作用	第二次兴修水利的热潮。北京十三陵水库和密云水库、浙江新安江大水库、辽宁省汤河水库、河南省鸭河口水库、广东省新丰江水库、海南省松涛水库、海河拦河大坝合龙工程、黄河三门峡截流工程、黄河刘家峡水利枢纽等
20 世纪六七十年代	水利建设作为"农业学大寨"运动的一个重要组成部分，贯彻毛主席"水利是农业的命脉"的号召，更加广泛、深入地开展起来	由过去的偏重防洪向综合开发利用的目标发展，总体上实现了对江河、湖泊水情的控制，基本消除了大的洪涝灾害，达到了灌溉、发电等综合利用的显著效果	"人造天河"的河南林县"红旗渠"、江都水利枢纽工程、竣工的辽河治理工程、海河治理工程、淠史杭水利工程等；同时，开掘、兴建人工河道近百条，新建万亩以上的灌溉区 5000 多处。灌溉面积达到 8 亿亩，是 1949 年的 3 倍，在很大程度上解决了农业用水的问题

时间	大事记	主　要　内　容	典　型
20 世纪 70 年代末	治水工程取得了决定性胜利，水利建设的预定目标基本实现，为农业大幅度增产、我国粮食自给等问题的解决，奠定了良好的水利条件	不仅洪水泛滥的历史基本结束，而且变水害为水利，基本上消灭了大面积的干旱现象。扭转了几千年来农业靠天吃饭的历史。由于水利条件的改善，加之其他积极因素，中华人民共和国便以全世界 7％ 的耕地，养活了占世界 22％ 的人口。解决了百余年来中国历届政府未能解决的中国人民的吃饭问题。这是人类历史上了不起的壮举	
1972 年	派出了由 30 人组成的中国代表团参加人类环境会议	联合国第一次环境会议，也是人类历史上第一次有关环境保护的全球会议。在中国代表团提交大会的文件中出现了"中国也存在环境问题"内容，表明中国政府对环境问题的正视。会后，还派出了城市建设考察小组到国外考察	
1973 年	第一次全国环境保护会议召开，标志着中国环境保护事业的开始	会议取得了三项主要成果：一是向全国人民、也向全世界表明了中国不仅认识到环境污染已到了比较严重的程度，而且决心去治理污染。会议作出了环境问题"现在就抓，为时不晚"的明确结论。二是审议通过了"全面规划、合理布局、综合利用、化害为利，依靠群众、大家动手，保护环境、造福人民"的 32 字环境保护方针。三是会议审议通过了中国第一个全国性环境保护文件《关于保护和改善环境的若干规定（试行）》（简称《规定》），后由国务院批转全国。该《规定》明确规定防治污染和其他公害的设施与主体工程同时设计、同时施工、同时投产的"三同时"制度，成为我国防治环境污染的基本措施	出台了《关于保护和改善环境的若干规定》
1979 年	《中华人民共和国环境保护法》（试行）	一批国外先进的环境监测仪器和设备引进国门；官厅水库的水质污染、包头钢铁厂的烟尘得到了有效的治理；连北京的垃圾桶都开始重新设计和设置。至此，我国环境保护事业开始起步，国务院环境保护领导小组、城乡建设环境保护部、中国环境管理干部学院、中国环境科学出版社先后成立，并创办了全球第一家国家级环境保护专业报——《中国环境报》	
1983 年	第二次全国环境保护工作会议	明确了"预防为主、防治结合""谁污染、谁治理"和"强化环境管理"的环境保护三大政策	
1984 年	光明日报上出现"生态文明"一词		

续表

时间	大事记	主要内容	典型
1989 年 4 月	第三次全国环境保护会议	确定了环境影响评价制度、"三同时"制度、排污收费制度、环境保护目标责任制度、城市综合整治定量考核制度、排放污染物许可制度、污染物集中控制制度和限期治理制度 8 项有中国特色的环境管理制度	
1992 年	国务院颁布《环境与发展十大对策》		
1996 年	第四次全国环境保护大会	"污染防治与生态保护并重"的环境保护工作方针，彻底改变了长期以来重污染防治轻生态保护的局面	
1998 年	国务院发布实施《全国生态环境建设规划》	确立了生态保护与生态建设并重的基本原则	
2000 年	国务院发布实施《全国生态环境保护纲要》	确立了生态保护与生态建设并重的基本原则	
2007 年 10 月	党的十七大召开	报告中第一次明确提出将"建设生态文明，基本形成节约能源资源和保护生态环境的产业结构、增长方式、消费模式"作为我国在 2020 年实现全面建设小康社会目标的新要求之一	
21 世纪	生态文明的世纪	生态文明既是理想的境界，又是现实的目标；既是生动的实践，又是长期的过程	
2012 年 11 月	党的十八大召开	首次将生态文明建设作为"五位一体"总体布局的一个重要部分；做出"大力推进生态文明建设"的战略决策	
2014 年	习总书记提出重视解决好水安全问题	河川之危、水源之危是生态环境之危、民族存续之危。全党要大力增强水忧患意识、水危机意识，从全面建成小康社会、实现中华民族永续发展的战略高度，重视解决好水问题	
2015 年 9 月	中共中央、国务院印发《生态文明体制改革总体方案》；颁布《水污染防治行动计划》	方案分为 10 个部分，共 56 条，阐明了我国生态文明体制改革的指导思想、理念、原则、目标、实施保障等重要内容，为我国生态文明领域改革作出了顶层设计	
2016 年	颁布《关于全面推行河长制的意见》		
2017 年 10 月	十九大召开	提出加快生态文明体制改革，建设美丽中国；生态文明建设纳入"两个一百年"奋斗目标。指出"建设生态文明是中华民族永续发展的千年大计"	
2018 年	颁布《重点流域水生生物多样性保护方案》；颁布《城市黑臭水体治理攻坚战实施方案》		

建设中具有重要的战略地位，应充分认识水生态文明建设的长期性、艰巨性和复杂性，推进水生态文明建设需要坚持不懈、久久为功。系统的保护和治理措施是实现水生态保护和治理目标的根本措施。我国的水生态文明建设应坚持系统思维，推进山水林田湖草系统治理，在认识、评估和减少工程对生态影响的基础上，应充分发挥工程的生态效益，加强水利工程的智能调度，大力提高水生态环境监测水平和能力，还应充分发挥市场配置资源的决定性作用，加快培育、规范市场环境，充分发挥好价格、税收、收费的杠杆作用，调动各类市场主体和社会资本参与水生态环境保护、治理与修复的积极性，形成政府推动与市场驱动相结合的良好局面。我国现阶段水问题的复杂性决定了必须在生态文明建设的宏观框架下，因时因地制宜地推动形成节约水资源和保护水生态环境的空间格局、产业结构、增长方式、消费模式、生产方式和生活方式，从源头上扭转水生态环境恶化趋势，实施符合本地水资源和水生态环境特点的水生态保护、治理与修复措施。用制度保护环境，用文化养成氛围，系统、科学、有效地解决水的问题，提高水生态治理水平，促进水治理体系和治理能力现代化。如图 1-12所示。

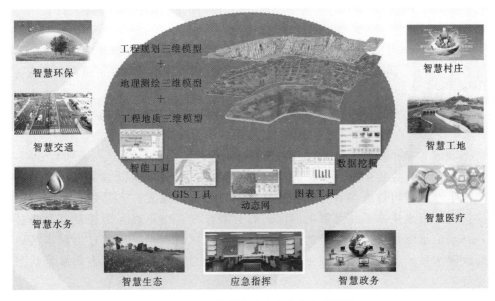

图 1-12　现代科技助力水生态文明发展

任务二　水生态系统概述

知识点一　水生态系统及其构成

一、基本概念

水生态系统是指水生生物群落与水环境相互作用、相互制约，通过物质循环和能量流动，共同构成具有一定结构和功能的动态平衡系统。

水生态系统是由多个部分组成的，在多个部分的相互作用、相互制约下形成了水生态系统变化的动力，在各种因素的作用下，水生态系统发生着各种各样的变化。

同样，人类经济社会与水生态系统也存在着相互依存、相互制约的复杂联系。一方面，人类经济社会能从水生态系统中获取惠益，另一方面，人类经济社会的变化对水生态系统的变迁起着决定性作用；同时水生态系统的变化也会影响和制约人类经济社会发展。

二、水生态系统的特点

1. 影响因素多而复杂

水生态系统不仅受自身内部环境的影响，还受外部自然因素和人为因素的影响。

2. 变化过程具有突变性

水生态系统的变化在一定程度上是一个缓慢的过程，因为水生态系统中水质的变化过程是缓慢的。但是多种因素在同一时间、同一地点发生到一定程度时，水生态系统就会发生毫无征兆的突变，突变所造成的损害常常会让人感到措手不及。

3. 引起水生态系统变化的原因具有多样性

由于影响水生态系统变化的因素多种多样，因而引起水生态系统发生突变的原因也是多种多样的。可以是自然原因如降雨的增多或减少、地质变迁，也可以是人为原因，其中最重要的是重大工程建设，如上游的水库、下游的运河，更可能是工业污染，或是过度的种植、养殖等。总之，只要是影响了水生态系统构成中的任何一部分，水生态系统的状态就会发生改变，就有可能成为突变的导火线。

4. 损害具有可恢复性

水生态系统的变化发生后，甚至突变发生后，都是可恢复的。在一定的条件下，水生态系统可以有多种方式进行恢复。可以自然修复，人类停止对水生态系统的损害，给水生态系统足够的时间进行自我修复；也可以人为修复，如通过补水，补水的水源可以是本流域的，也可以是跨流域的；也可以通过治理水污染来逐渐改善水质，也可以通过加强水生态系统管理与保护来延缓水生态系统状态的改变等。

三、水生态系统的构成

水生态系统可分为淡水生态系统和海水生态系统，其中淡水生态系统又可分为流水生态系统和静水生态系统。按照现代生物学概念来讲，每个池塘、湖泊、水库、河流等都是一个水生态系统，均由生物群落与非生物环境两部分组成。

1. 生物群落

生物群落依其生态功能可分为生产者、消费者和分解者三部分。

（1）生产者即自养生物，主要指具有叶绿素等光合色素、能进行光合作用形成初级生产力的各类水生生物，包括浮游植物、底栖藻类和水生种子植物。其次是一些能利用光能和化学能的光合细菌和自养细菌。如在水体中的挺水植物、漂浮植物、浮叶植物、沉水植物和滨水植物等。

（2）消费者即异养生物，是指以其他生物或有机碎屑为食的水生动物。因所处营养级次的位置不同可划分为初级、次级消费者。初级消费者主要指以浮游植物为食的小型浮游动物及少数以底栖藻类为食的动物，一般体型较小。它们与生产者共同杂居在上层海水中，两者之间的转换效率很高，两者的生物量往往属于同一数量级。如水体内浮游动物、底栖动物和鱼类等。

（3）分解者主要是指细菌、真菌。它们把已死生物的各种复杂物质，分解为可供生产者和消费者吸收利用的有机物和无机物，因而在海洋有机和无机营养再生产过程中起着重要作用。同时它们本身也是许多动物的直接食物。

2. 非生物环境

非生物环境包括阳光、大气、无机物（碳、氮、磷、水等）和有机物（蛋白质、碳水化合物、脂类、腐殖质等），为生物提供能量、营养物质和生活空间。生态系统的组成如图 1-13 所示。

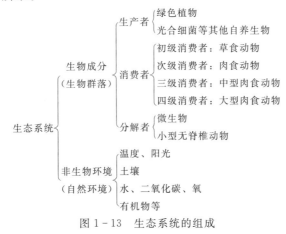

图 1-13　生态系统的组成

可见，非生物环境、生产者、消费者及分解者是相互依存和相互作用的。

知识点二　水生态系统的功能

水生态系统的功能是保证系统内的物质循环和能量流动，以及通过信息反馈，维持系统相对稳定与发展，并参与生物圈的物质循环。实际上，在没有外力作用下，水生态系统与自然界的其他系统一样，遵循着质量守恒定律。水生态系统对外来的作用力有一定承受能力，但是，如果作用力过大，水生态系统则会失去平衡，系统即遭到破坏。水生态系统的功能，主要体现在其服务功能方面。水生态系统服务功能是指水生态系统及其生态过程所形成及所维持的人类赖以生存的生态环境条件与效用，包括社会经济服务功能与自然生态服务功能两个方面。

一、水生态系统过程

水生态系统过程包括：水文过程、地貌过程、物理化学过程和生物过程。

1. 水文过程

水生态系统的完整性依赖于自然水文条件的动态性。自然水文过程在维持生物多样性和生态系统的完整性方面发挥了至关重要的作用。很多物种的生活史过程需要自然水文过程在不用季节提供多种类型的栖息地。然而，由于受人类活动、气候变化等人或自然因素的影响，自然水文过程发生不同程度的改变，对水生态系统造成了一系列负面影响。因此，水文过程调查分析的目的在于：评估当前水文过程偏离自然水文过程的程度，识别改变程度较大的水文指标，基于这些水文指标与水生态系统影响之间的相互关系预测可能产生的生态效应，指导水生态保护与修复。

2. 地貌过程

地貌过程是指地表物质在力的作用下被侵蚀、转移和堆积的过程。决定这一过程的实质是地表作用和抵抗力的对比关系。侵蚀地貌过程是溯源侵蚀、下蚀和侧蚀共同作用形成的；转移地貌过程是泥沙在水体中的转移过程；堆积地貌过程则是泥沙在水体搬运能力减弱的情况下发生淤积的过程。地貌过程是形成水系形态的主要因素。地貌为水生态系统的各种生态过程提供了物理基础，通过多种类型的塑造作用，形成了不同的生物栖息地特点。

3. 物理化学过程

水质物理量测参数包括流量、温度、电导率、悬移质、浊度和色度。水质化学量测参数有 pH 值、碱度、硬度、盐度、生化需氧量、溶解氧、有机碳等。其他水化学主要控制的指标包括阳离子、阴离子、营养物质（磷酸盐、硝酸盐、亚硝酸盐、氨、硅）。如果水体的化学和物理性质不适宜，就无法确保健康的生态系统。应横向和纵向地审视水体的物理和化学过程。横向角度指流域对水质的影响，特别要注意沿岸地区对水质的影响；纵向角度则考虑水体水动力学特征变化对水质的影响。

4. 生物过程

生活在水域及周边的生物群落，既包括水生生物，也包括滨水带及周围的陆生生物，其生命现象和生物学过程与栖息地特征密切相关。生物过程主要指生物群落对于栖息地众多因子变化的响应，生命系统与非生命系统之间的交互作用。

二、社会经济服务功能

水生态系统社会经济服务功能主要包括供水、水产品生产、水力发电、内陆航运、休闲娱乐和文化美学等六项。

1. 供水

河流、湖泊和地下水生态系统是淡水贮存和保持的主要场所，供水是其基本的服务功能。人类生存所需要的淡水资源主要来自河流、湖泊和地下水生态系统。根据不同水质状况，水体被用于生活饮用、工业用水、农业灌溉和城市生态环境用水等方面。

2. 水产品生产

水生态系统显著的特征之一是具有水生生物生产力。水生态系统中，自养生物（高等植物和藻类等）通过光合作用，将 CO_2、水和无机盐等合成为有机物质，并把

▶ 1 - 6

▶ 1 - 4

▶ 1 - 7

太阳能转化为化学能，贮存在有机物质中；异养生物对初级生产的物质进行取食加工和再生产，进而形成次级生产。水生态系统通过这些初级生产和次级生产，生产丰富的水生植物和水生动物产品，为人类的生产、生活提供原材料和食品，为动物提供饲料。

3. 水力发电

河流因地形地貌的落差产生并储蓄了丰富的势能。水能是世界公认的目前具备规模发展的清洁可再生能源，而水力发电是该能源的有效转换形式。目前水电提供了全世界 20% 的电力，有 24 个国家依靠水电为其提供 90% 以上的能源，有 55 个国家依靠水电为其提供 40% 以上的能源。我国已建水电装机容量达到 1172 亿 kW，居世界第一位，年发电量将近 6000 亿 kW·h，占全国总发电装机的 20%、总发电量的 15% 左右。

4. 内陆航运

河流生态系统承担着重要的运输功能。与铁路、公路、航空等其他运输方式相比，内陆航运具有成本低效益高、能耗低污染轻、运输量大等优点。因此，人类在主要利用自然河流发展内陆航运的同时，还修建人工运河，如我国的京杭大运河。开发利用河流生态系统内陆航运功能对节约土地资源、减少环境污染、促进区域经济社会可持续发展具有重要意义。截至 2016 年年底，全国内河航道通航里程达 12.71 万 km，主要分布在长江、珠江、淮河和黑龙江四大水系，涉及 23 个省（自治区、直辖市），其中长江干线航道的年运输量超过 11 亿 t，相当于 16 条京广铁路的运量。内河等级航道里程为 6.64 万 km，约占总通航里程的 52.3%。其中，可通航 1000t 级船舶以上的航道有 7054km，占总通航里程的 10.6%；全国通航 300t 级船舶以上的航道达 1342km，占总通航里程的 2%。但我国航道等级仍然偏低，四级以上的高等级航道仅占总里程的 16.4%，航道的通过能力还需要提高。❶

5. 休闲娱乐

在同一个流域内，河流、湖泊、沼泽等既相互独立，又相互联系。河流纵向上游的森林、草地景观和下游的湖泊、滩地、沼泽景观相结合，使其景观多样性明显；横向高地-河岸-河面-水体镶嵌格局使其景观特异性显著，且流水与河岸、鱼鸟与林草的动与静对照呼应，构成河流景观的和谐与统一。水生态系统的这些独特景观为人类休闲娱乐、感受大自然提供了重要的活动场所。

6. 文化美学

文化美学功能是指水生态系统对人类精神生活的作用，带给人类的文化、美学、教育和科研价值等。不同的水生态系统，尤其是不同的河流生态系统孕育了不同的地域文化，同时水生态系统还孕育了多种多样的民风民俗和性格特征，由此也直接影响着科学教育的发展和文明水平等，如尼罗河孕育了埃及文明、幼发拉底河和底格里斯河孕育了古巴比伦文明、黄河和长江孕育了中华文明等。

⦿1-8

---

❶　数据来源于《2016 年交通运输行业发展统计公报》。

三、自然生态服务功能

水生态系统自然生态服务功能主要包括调蓄洪水、维护生物多样性、净化环境、输移物质和调节气候等五项。

1. 调蓄洪水

湖泊、沼泽等湿地具有蓄洪能力，对河川径流起到重要的调节作用，可以削减洪峰、滞后洪水过程，从而均化洪水，减少洪水造成的经济损失。

2. 维护生物多样性

水是生命之源。河流、湖泊、沼泽、洪泛区等多种多样的生态环境，不仅为各类生物物种提供繁衍生息的场所，还为生物进化及生物多样性的产生与形成提供了条件，同时也为天然优良物种的种质保护及其经济性状的改良提供了基因库。只有保持水生态系统较高的生物多样性，才能保证水生态系统的稳定和平衡。一些水生态系统是野生动物栖息、繁衍、迁徙和越冬的基地，如大鸨是全球瞩目的珍稀物种，中国国家一级重点保护野生动物。大鸨（东方亚种）繁殖于东北、内蒙古地区，大部分个体越冬于黄河、长江流域。黄河湿地是亚洲候鸟迁徙的中线，也是大鸨在我国北方的主要越冬地和中途停歇地。另一些水生态系统是珍稀濒危水禽的中转停歇站，如双台河口国家级自然保护区位于辽宁省盘锦市境内，总面积 12.8 万 hm^2。1987 年经辽宁省政府批准建立，1988 年晋升为国家级，主要保护对象为丹顶鹤、白鹤等珍稀水禽和海岸河口湾湿地生态系统。地处辽东湾辽河入海口处，是由淡水携带大量营养物质的沉积并与海水互相浸淹混合而形成的适宜多种生物繁衍的河口湾湿地。保护区生物资源极其丰富，仅鸟类就有 191 种，其中属国家重点保护动物有丹顶鹤、白鹤、白鹳、黑鹳等 28 种，是多种水禽的繁殖地、越冬地和众多迁徙鸟类的驿站。还有一些水生态系统养育了许多珍稀的两栖类和鱼类特有物种。如国家二级重点保护动物大鲵，栖息于山区的溪流之中，在水质清澈、含沙量不大、水流湍急、有回流水的洞穴中生活，喜食鱼、蟹、虾、蛙和蛇等水生动物。主要产于长江、黄河及珠江中上游支流的山涧溪流中，一般都匿居在山溪的石隙间，洞穴位于水面以下。叫声似婴儿啼哭，故俗称"娃娃鱼"。中国大鲵原产地自然分布主要集中在我国的四大区域：一是湖南张家界、湘西自治州；二是湖北房县、神农架；三是陕西汉中；四是贵州遵义和四川宜宾、文兴等地。

3. 净化环境

水提供或维持了良好的污染物质物理化学代谢环境，提高了区域环境的净化能力；水体中生物从周围环境吸收的化学物质，形成了污染物的迁移、转化、分散、富集过程，污染物的形态、化学组成和性质随之发生一系列变化，最终达到净化水体的作用；另外，进入水体生态系统的许多污染物质吸附在沉积物的表面，而沼泽和洪泛平原缓慢的水流速度有助于悬浮物的沉积，污染物（如重金属）附着在悬浮颗粒上并沉积下来，实现污染物的固定和缓慢转化。水体通过水面蒸发和植物蒸腾作用可以增加区域空气湿度，有利于空气中污染物质的去除，从而使空气得到净化。例如，湿度增加能够大大缩短 SO_2 在空气中的存留时间，能够加速空气中颗粒物的沉降过程，促进空气中多种污染物的分解转化等。

4. 输移物质

河流具有输沙、输送营养物质、淤积造陆等一系列的生态服务功能。河水流动能冲刷河床上的泥沙，达到疏通河道的作用，河流水量减少将导致泥沙沉积、河床抬高、湖泊变浅，使调蓄洪水和行洪能力大大降低；河流携带并输送大量营养物质，如 C、N、P 等，是全球生物地球化学循环的重要环节，也是海洋生态系统营养物质的主要来源，对维系近海生态系统高的生产力起着关键的作用；河流携带的泥沙在入海口处沉降淤积，不断形成新的陆地，一方面增加了土地面积，另一方面也可以保护海岸带免受风浪侵蚀。相关研究表明，我国主要入海河流年总输沙量为 $3.35 \times 10^8 t$（表 1 - 8）。

表 1 - 8　　　　　　　　中国主要入海河流年总输沙量　　　　　　　　单位：$10^8 t$

海洋	渤　海				黄海	东　海				南海	
河流	辽河	滦河	海河	黄河	淮河	长江	钱塘江	瓯江	闽江	珠江	韩江
输沙量	0.123	0.190	0.0013	0.771	0.093	1.30	0.02	0.025	0.0601	0.753	0.0179

5. 调节气候

水体的绿色植物和藻类通过光合作用固定大气中的 CO_2，将生成的有机物质贮存在自身组织中；同时，泥炭沼泽累积并贮存大量的碳作为土壤有机质，一定程度上起到了固定并持有碳的作用，因此水生态系统对全球 CO_2 浓度升高具有巨大的缓冲作用。此外，水生态系统对稳定区域气候、调节局部气候有显著作用，能够提高湿度、诱发降雨，对温度、降水和气流产生影响，可以缓冲极端气候对人类的不利影响。

水生态系统的生态服务功能依赖于水支持的生态系统本身的结构和生态特征，根本是受水体自然属性特征要素的影响，这些要素包括水量、水质、水深、流速和水温等。水质和水量是受关注的直观影响因子，也是人类对水生态系统干扰较为显著的指标体现。通常可采用水量和水质作为评价淡水的生态服务功能的主要影响因子（表 1 - 9）。

表 1 - 9　　　　　　　　　　水量、水质变化的生态影响

水文要素	变　化	生　态　响　应
流量规模和频率	流量变化频繁，变化幅度大	敏感物种丧失；藻类增加，有机物质被冲走；生命周期被打乱；能量流被改变
	流量稳定	输送到河漫滩植物的水分变少，种子不能有效扩散
季节性洪峰后	由洪峰流量开始逐渐变小	鱼类受到干扰，如产卵、孵卵、迁徙；水生植物网结构改变；植被生长缓慢
低流量	低流量时间延长	地貌形态发生改变；水生有机物聚集；水生多样性降低；河岸植被覆盖率减少、物种变化
	淹没时间延长	植被类型变化、水生植物生长和浅滩丧失
水质	变坏	水体富营养化、鱼类大面积死亡
	良好	水体浅滩，光照好，生物系统生物多样性高

任务三 水生态保护与修复

知识点一 水生态保护与修复概述

一、水生态环境

对水生态环境的研究，我国和国外还存在着一些不同，国外的研究主要是集中在河流生态环境用水方面，国内的研究是随着水资源的短缺和水生态环境的日益恶化问题而出现的。水生态环境，顾名思义是指以水为核心的、围绕人群空间的、可直接或者间接影响人类生存和发展的、各种天然的和经过人工改造的、其正常功能发挥的自然因素和有关人为因素所形成的统一体。水生态环境的内容包括地表水、地下水以及与人类生活相关的各个方面，当然也包括一些人工设施在内。以下简称"水生态"。

二、水生态保护与修复的定义

水生态保护与修复的基本内容有两部分，即保护水生态和修复水生态系统。保护和修复相互推进，保护推动修复，修复促进保护。

其一，保护水生态包括保护水量水质，防治水污染，使其质量不再下降。同时保护水系和河流的自然形态，保护水中生物及其多样性，保护水生生物群落结构，保护本地历史物种、特有物种、珍稀濒危物种，保护生物栖息地。此外，还要注意保护水文化。

其二，对已经退化或受到损害的水生态采取工程技术措施进行修复，遏制退化趋势，使其转向良性循环。

水生态保护和修复的工程技术措施应该是综合性的，可利用现有的各类工程技术措施，进行合理选配，目的是要起到消减污染物产生量和进入水体量、提高水体自净能力的作用，增加水环境容量，改善水质，使水生态进入良性循环。同时要有相应的保障措施配套，确保工程技术措施的全面实施，发挥其最大的水生态保护和修复效果。

按照国际生态恢复学会的定义，生态修复是帮助研究和管理原生生态系统的完整性的过程，这种完整性包括生物多样性的临界变化范围、生态系统结构和过程、区域和历史状况以及可持续的社会实践等。

河湖生态修复是指在充分发挥系统自修复功能的基础上，采取工程与非工程措施，促使水生态系统恢复到较为自然的状态，改善其生态完整性和可持续性的一种生态保护行动。其任务有四大项：①水质改善；②水文情势改善；③河流地貌景观修复；④微生物群落多样性的维持与修复。总的目的是改善河湖生态系统的结构、功能和过程，使之趋于自然化。

⊙1-9

三、水生态保护与修复的必要性及意义

随着世界性的水资源短缺，水资源已经成为一种战略资源。2016 年联合国大会

一致通过 2018—2028 年"水促进可持续发展"国际行动十年决议，宣布该行动从2018 年 3 月 22 日世界水日开始启动。联合国秘书长古特雷斯于 2017 年 3 月 23 日在联合国气候变化和可持续发展日程高层会议上谈到，全球三分之一的人民已经生活在水短缺的国家。随着水资源变得日益紧缺，水资源成为区域间冲突的催化剂。

1. 水生态保护与修复的必要性

（1）经济社会发展的客观需要。在经济快速发展的过程中，工业的发展对水生态环境的破坏比较严重，造成河道污染，进而导致水质下降、水资源短缺等，地表植被也遭到了严重破坏，植被的水源涵养能力下降，导致生态环境的不平衡。另外，农业生产中，由于生产结构和水利配套设施的不完善，造成水体污染以及水资源浪费现象严重，这些都是水利建设进程中亟待解决的重要问题。经济发展与生态环境的维护形成了严重的冲突，在某种程度上，这种冲突严重制约了经济的发展。因此，河道的生态治理以及生态保护具有很大的必要性。加强人们的生态保护、环境保护以及可持续发展理念，为促进社会经济的快速发展和整体进步奠定基础。

生态河道建设是现代生态城市建设中一个重要的环节，加强水利基础性工程的建设，进一步完善防洪、排洪、灌溉等农田水利设施系统，从治理中小河道开始，完善工业污水处理的配套设施，大力开展污水处理和河道生态整治工作，构建良好循环功能的水生态系统。加强生态河道的治理，加强生态环境的保护，既满足人民群众生存发展的当前需要，也是实现未来可持续发展的关键。优化水资源环境与生态环境，推进我国社会经济发展，为实现社会的和谐发展奠定坚实基础。

（2）国家政策保障水生态的保护与修复。2015 年 4 月，国务院印发《水污染防治行动计划》（国发〔2015〕17 号）（简称"水十条"）。"水十条"要求到 2020 年，长江、黄河、珠江、松花江、淮河、海河、辽河等七大重点流域水质优良（达到或优于Ⅲ类）比例总体达到 70% 以上，地级及以上城市建成区黑臭水体均控制在 10% 以内，地级及以上城市集中式饮用水水源水质达到或优于Ⅲ类比例总体高于 93%，全国地下水质量极差的比例控制在 15% 左右，近岸海域水质优良（Ⅰ、Ⅱ类）比例70% 左右。京津冀区域丧失使用功能（劣于Ⅴ类）的水体断面比例下降 15% 左右，长三角、珠三角区域力争消除丧失使用功能的水体。"水十条"强调强化科技支撑，重点推广水污染治理及水循环利用、水生态修复等适用技术。

2016 年 12 月，中共中央办公厅、国务院办公厅印发《关于全面推行河长制的意见》（以下称《意见》），《意见》要求加强水生态修复。推进河湖生态修复和保护，禁止侵占自然河湖、湿地等水源涵养空间。在规划的基础上稳步实施退田还湖还湿、退渔还湖，恢复河湖水系的自然连通，加强水生生物资源养护，提高水生生物多样性。《意见》同时明确要求开展河湖健康评估。

2. 水生态保护与修复的意义

加强生态河道治理，要不断创新技术思路，加强创新技术的设计，针对治理过程中的特殊问题和技术瓶颈，采取应对性措施来逐步实现生产和经济的持续发展。切实将对生态环境造成的危害降到最低，保障经济的稳步、健康发展。具体可分为四点：

（1）水生态保护与修复是维持水生态系统功能正常发挥的有效手段。水生态保护与修复的根本目的是通过一系列工程与非工程措施（如生态保护立法、执法、流域综合管理等），使水生态系统的4个过程因子得以改善，即水质和水文情势改善、河湖地貌景观修复、生物群落多样性的维持与恢复，从而改善河湖生态系统的结构、功能和过程，使之趋于自然化。由此可见，水生态保护与修复是维持水生态系统功能正常发挥的有效手段。

（2）水生态保护与修复是经济社会高度发展的必然要求。区域经济的高速发展，水和水生态系统是重要的基础支撑和保障，一个持续发展的社会，不仅表现在经济发展的可持续性，而且应包括水资源、水生态环境的可持续性。在区域经济发展到现阶段，人水关系已由片面追求对河湖资源功能的工具化开发利用向尊重自然、尊重其价值，体现人水和谐的本体价值转变，这也是经济社会发展的必然结果。

（3）水生态保护与修复是水利工程建设发展新阶段的必然要求。随着经济社会发展，生产力水平提高，在科学发展观的指导下，水利建设的内容和水资源开发利用与管理，被赋予了崭新的内涵，从理念和实践上要求实现根本转型，即从传统水利向资源水利和现代水利转变。在遵从河湖自然规律的前提下，顺应经济发展要求，发挥人的主观能动性，有意识地将人水和谐理念贯穿于水利建设全过程，达到支撑经济发展、人与自然和谐、实现河湖的健康可持续发展目标，而不以牺牲子孙后代的发展条件为代价来求得眼前的发展。所以说，水生态保护与修复是对水利工程规划、设计、建设的进一步的补充和优化，也是对水利工程、水资源保护工作的有力推动，更是促进防洪保障，强化水资源优化管理，满足社会生态改善，环境优化的需要，是现代水利工作的外延和拓展。

（4）水生态保护与修复是现代社会以人为本，渴求回归自然，人与水自然和谐共处的迫切要求。进入21世纪，经济社会将进入一个持续稳定发展的新时期，应强化河湖水网的总体构建，改善河湖综合条件，提高防洪保障，抵御洪涝风险的能力；把水资源保护和水污染防治提到支撑经济社会可持续发展的高度；建设生态河湖，恢复河湖自净能力，隔断污染对水体的侵害；保护和恢复河湖的自然多样性特征，恢复和重建其水生态系统；尽可能保持河湖自然特性，营建优美水边环境，提供丰富自然的亲水空间，构建现代水系统与风景旅游生态城市建设适应性；对河湖的开发治理考虑其生态的可持续性和区域经济的可持续发展。水生态保护与修复是对前期不合理开发和利用的补偿，也是持续利用河湖的保障，可促进水生态系统的稳定和良性发展。

知识点二　水生态保护与修复的原则

水生态修复应遵循自然规律和经济规律，既重视生态效益，也讲求社会经济效益。其目标和内容应体现水资源开发利用与生态环境相结合；人工适度干预与自然界自我修复相结合；工程措施和非工程措施相结合。生态效益的重点应放在水质改善、自然界水文情势和河流自然地貌形态修复。社会经济效益应遵循产出效益最大化和投入成本最小化的一般经济原则，采取负反馈调节规划设计方法，统筹兼顾，因地制宜。

生态环境与经济协调发展是中国未来社会发展的必经之路，我们不能走发达国家曾经走过的先污染后治理的老路，也不能投入大量的资金来保护生态环境，放慢经济

▶ 1-10

▶ 1-11

▶ 1-12

✍ 1-5

✍ 1-6

Ⓟ 1-6

发展的进度。经济发展一旦受到限制，便会产生一系列的社会问题，导致环境保护失去经济的支撑，更加不利于环境的保护。

一、生态效益与社会经济效益相统一的原则

在水生态环境保护与修复过程中，坚持发展知识经济，依靠科技和高新技术，提高资源的利用率，减少资源消耗，开发新能源取代有限资源，能很好地促进经济增长方式由粗放型向集约型转变。首先，建立循环经济，可有效利用自然资源，提高资源的配置效率，减少废弃物的生产和排放，使经济增长对生态环境的破坏达到最小。循环经济在环境保护上表现为污染的"低排放"甚至是"零排放"，并把资源综合利用、生态设计、清洁生产和可持续发展等融为一体，从而达到低消耗、低污染、高利用的目的，以最小的资源和环境成本取得最大的经济效益。第二，加快技术创新，不断推广节水、节能、节材的新工艺、新技术，降低产品的资源消耗，推行清洁生产技术，减少和避免资源的浪费与对环境的破坏。第三，在加快工业化进程中，淘汰那些技术落后、能源消耗高、环境污染严重、产出较低的产业，控制物耗高、污染严重的产业的发展，鼓励扶持能耗低、污染小、附加值高的高新技术产业，大力扶植环保产业的发展。第四，健全环境法律体系，应从环境立法、环境问题和环保实际出发，坚持以人为本、人与自然和谐的理念，来维护生态平衡，改善生态环境。

生态环境的保护和改善离不开经济的发展，而经济的持续发展也离不开现有的生态环境，优化生态环境就是发展生产力。中国在经济发展过程中要充分考虑生态环境的最大负荷力，建立起"资源节约型"和"环境友好型"的国民经济体系，最终实现生态环境与经济的协调可持续发展。

二、恢复河流自然地貌多样性

河流地貌特征的多样性是河流生态修复的重要内容。河流地貌多样性修复项目的实施需要了解流域特征，以及河流与流域之间所进行的能量、物质交换情况和河道泥沙输移情况，并综合运用河岸带廊道修复、河流蜿蜒性修复、河流断面多样性修复、深潭-浅滩序列的创建、河道内局部地貌特征的改善、生态型岸坡防护技术等河流地貌多样性修复方法。同时将流域内不同级次的河流、水陆交错带、高地等部分作为一个系统进行考虑，综合规划，提出一套完善的实施方案，并利用生态学、生物学、地貌学、泥沙学、水力学及景观学等多种学科的交叉研究成果。

河流地貌多样性修复中须恰当处理与防洪目标的关系，要兼顾栖息地多样性与防洪安全二者的不同需求。此外，还要正确处理河流地貌特征多样性保护与修复中与沿河两岸土地利用之间的矛盾，从而确保河流地貌特征多样性的修复目标得以实现。

三、投入最小化和生态效益最大化的原则

恢复被人类干扰而退化的水生态系统须付出的努力要比开发利用水生态系统大

得多。水生态修复项目往往须要投入大量的资金，如何评估修复的成本与效益，是河流生态修复经济评价须要面对的重要课题。

水生态修复带来的影响是多方面的。同传统的农业灌溉工程、防洪工程等的性质相类似，生态修复工程也需要初期的投入、随后的各种支出，最后产生对人类有价值的效益。

河流生态修复工程的经济分析有其特点。考察生态修复方案时，传统的经济分析方法一直是对拟建工程的效益赋予货币价值，然后直接与预期的成本进行比较。在进行河流生态修复工程的经济分析时应考虑环境和资源的成本与效益。效益成本比最高的方案是最佳的解决方案。

四、发挥生态系统自然修复功能的原则

生态系统都具有自然修复的能力，包括污染物的自净化、植被的再生、群落结构的重构、生态系统功能的恢复等。其理论基础主要包括：生物地球化学循环、种子库理论（生态记忆）、定居限制理论、自我设计理论、演替理论、生态因子互补理论等来自恢复生态学的基本原理。生态系统具有一定的通过生物地球化学循环自我净化污染物的能力，例如土壤中重金属可在物理、生物、化学作用下失活或转化，从而减轻重金属毒害。水资源中含砷、石油类等污染物，也可以自然衰减，降低环境风险。对于破坏的植被，根据定居限制理论，在生态系统恢复前期可通过先锋植物、土壤种子库等为植被的再生提供基础，且这一能力十分突出，即使在重度损毁下依然存在着永久种子库。对于损毁的群落结构，生态系统可利用自身恢复力，通过"种子库"所记录的物种关系形成先前稳定的群落结构，而根据自我设计理论，退化生态系统也能根据环境条件合理地组织形成稳定群落。对失去的生态系统功能，虽然自然修复很难像人工修复那样定向且全面地修复各影响因子，但生态因子的调节性能力——某一因子量的增加或加强能够弥补部分因子不足所带来的负面影响——使生态系统能够保持相似的生态功能，例如，土壤中微生物的增加，可以提高营养元素的活性，从而弥补土壤肥力的不足，提高系统生物产量。

修复的目的在于利用，如果破坏后的系统没有承载人类活动，不能为人类利用，那么对于这种破坏的修复，企业不会投入，政府也不会干预。例如，在戈壁滩上、在沙漠里采矿，也会造成地表沉陷，但是这里荒无人烟，沉陷治理好后也没有利用价值，所以这些沉陷不会被企业修复，新疆哈密三道岭煤矿的矿坑就是这种情况。由此可见，人工修复是为了获得修复对象的利用价值，那些没有利用价值的生态系统就只能靠自然恢复。换句话说，矿区生态破坏往往是面状的，但人工修复往往针对局部，呈现点状分布，所以自然修复的部分远远大于人工修复的部分。

由于对自然修复的认知度不高，目前自然修复的技术研究进展不大，生态修复实践中，自然修复区域多局限于封育手段的实施。自然修复时依然可以并且需要技术投入，但是工程须具有轻量化、低扰动的鲜明特征，其目的在于引导和控制生态系统自我修复进程。为此，除传统封育技术外，微生物技术、种子库技术、动物技术等也是未来自然修复技术的发展方向。

五、工程措施与非工程措施相结合的原则

工程措施是指兴建水利工程（如建水库、大堤、涵闸等措施）以达到调节洪量，削减洪峰或分洪、滞洪等，改变洪水的自然运动状况，最终控制洪水，减少损失是个硬件措施。非工程措施是指通过法律、行政、经济手段以及直接运用防洪工程以外的其他手段减少洪灾损失的措施，例如颁布和大力宣传关于水利的法律法规（规范从事水利工程的工作人员的操作），建设现代化的防汛指挥系统（做到及时有效地处理事件以减少损失），开展洪水保险等，是个软件措施。两者的目的都是为民造福，减少经济损失。两者相依相存，缺一不可，少了工程措施，如同巧妇难为无米之炊，少了非工程措施，兴利就可能成为灾难。

六、遵循负反馈调节设计的原则

"负反馈调节"是大系统控制论的一个重要概念。首先需要定义"目标差"概念，目标差是指一个大系统的现状与预定目标的偏离程度。负反馈调节的本质在于设计一个使目标差不断减小的过程，通过系统不断将现状与目标进行比较，使得目标差在一次次调整中逐渐减小，最后达到控制的目的。负反馈调节设计原理如图1-14所示。

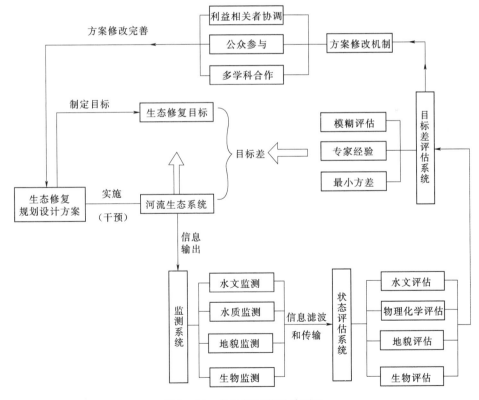

图1-14　负反馈调节设计原理

在河流生态修复这一大系统中，河流生态系统是被控制系统，人们的规划设计与

管理系统是控制系统。河流生态修复过程是控制系统与被控制系统相互作用的过程。在生态修复过程初期，人们规划设计了一套河流生态修复方案，包括初步确定了修复目标。项目开始实施后，人们按照制定的修复方案施工和管理，其实质是向河流生态系统输入一系列干扰，促使其向良性方向发展。河流生态系统对这种干扰持续地作出响应，其演进方向具有多种可能。对于干扰的生态响应，系统以信息的方式输出。输出的大量信息可以分为四种类型，即水文、水质、地貌和生物。通过监测系统长期、持续地进行水文、水质、地貌和生物监测。经过信息滤波和传输，进入生态状态评估系统。评估系统需要有适当的评估模型支持，能够对河流生态系统状况作出综合评估。目标差评估系统的作用是对于现状与历史状况进行对比分析和判断，分析生态系统的演进方向，判断生态现状与修复目标的偏离程度。评估工作需要判断河流生态状况到底在包络图的什么坐标位置，系统依据这些评估结果判断生态修复过程的方向是好转、持平或者恶化。如果没有好转，则需要对项目规划设计或管理方法进行必要的调整。为此目的，需要建立合理的工作机制，即建立各利益相关者的协调机制，扩大公众参与，加强多学科合作，以克服来自社会、经济和科技方面的障碍或认知缺陷。规划设计方案修改包括修复目标的修改和修复措施的修改。按照新的方案实施后，就进入了新的一轮人工适度干扰过程。如此多次循环，使目标差不断减小，最终达到河流生态修复的目的。

项目二　水体生态治理技术

任务一　渗透吸附源头控制技术

知识点一　土壤渗滤处理技术

一、土壤渗滤处理系统概述

1. 概念

土壤渗滤生态处理系统是一种人工强化的污水生态工程处理技术，它充分利用在地表下面的土壤中栖息的土壤动物、土壤微生物、植物根系以及土壤所具有的物理、化学特性将污水净化，属于小型的污水土地处理系统，其生态处理系统如图2-1所示。

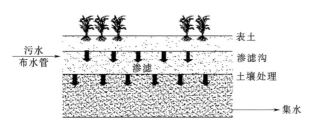

图2-1　土壤渗滤生态处理系统

2. 土壤渗滤技术的产生

利用土壤这种天然物质对污水进行处理可以追溯到几百乃至几千年以前。古代希腊和罗马、及法国等利用污水既使农田得到了有效的灌溉，又避免了生活污水无序排放对公众健康的威胁，此时人类已经对土壤所具有的天然净化功能有了一定认识。土壤渗滤的概念最早由英国人Henry Letheby于19世纪提出。

3. 土壤渗滤处理技术原理

土壤渗滤处理技术，也称土地处理技术，是一种污水就地处理技术。污水通过毛管浸润及渗滤作用缓慢地向周围土壤浸润、渗滤和扩散，通过物理、化学和生物作用完成污水的净化。

物理作用主要是指通过土壤颗粒的机械阻留和物理吸附作用将污水中较大悬浮颗粒物截留在土壤孔隙间，使其从污水中分离出来，是一种比较单纯的净化机制。

化学作用的表现形式主要有三种，包括化学吸附固定、离子交换和化学氧化还原作用。土壤具有吸附性与氧化还原性。化学吸附固定和离子交换是化学作用的两种主

⊙2-1

⊘2-1

⊘2-2

⊘2-3

要表现形式。化学吸附固定和化学氧化还原作用一般是共同作用的，如去除铵离子，首先是铵离子被土壤中的黏粒等吸附，然后是铵离子被氧化成硝酸根从土壤颗粒中脱吸。在离子交换作用中，污水中离子含量高，在与土壤的阳离子交换过程中，污水中原有的稳定场体系发生变化，进而引起土壤水中无机物质原有的化学形态和溶解性的改变，导致土壤颗粒附近的离子浓度和氧化还原体系发生变化。

生物作用的主体是土壤中的微生物和土壤水中溶解性污染物，通过土壤颗粒外的液膜，扩散到其表面，直接或在土壤酶初步分解后，被微生物利用而降解，降解可在好氧条件或厌氧条件下进行。土壤微生物区系的优势种群结构受到污水水质的影响，随着污水水质的变化而变化，形成与污水水质相适应的微生物生态结构。

以上三种机理中，最重要的是生物作用。

土壤中栖息、生长着大量的微生物，通常1g土壤中栖息的土壤微生物有细菌1690万个，放线菌134万个，厌氧菌100万个，丝状菌20.5万个，厌氧性丝状菌0.13万个，藻类0.05万个，原生动物40个，此外，还可能存在后生动物及蚯蚓等动物，形成一个生物群体。

该技术基于生态学原理，并充分结合了工程技术，人工建造一个"土壤-微生物-植物"的复杂生态系统，具有深度处理性能、无须电力、运行费用低、易操作维护、抗冲击负荷强等优点，且该生态系统上方可发展成牧草地或进行绿化、设置景观。

二、土壤渗滤技术的演进

土壤渗滤技术的演进，从地下渗滤坑开始，然后到地下土壤渗滤沟、尼米槽式地下渗滤系统、无砾石地下渗滤系统、"FILTER"污水处理系统，到现阶段的多级土壤渗滤系统。

1. 地下渗滤坑

地下渗滤坑，也称为地下渗井，是指在地下建造渗滤坑并利用渗滤坑周围和底部的土壤对经过化粪池初步处理的出水进行处理的装置，其中地下渗滤坑示意图如图2-2所示。由预处理单元（预处理池）和砾石堆组成，将砾石堆包裹预处理池后埋入土壤中。

原理：污水首先进入到预处理池中，通过预处理池壁上的空洞渗滤到砾石堆，然后渗滤到周围的土壤中，污水在此过程中得到净化。

特点：是一种较为原始的地下渗滤系统，也是应用最早的一种生活污水原位处理技术。

2. 地下土壤渗滤沟

地下土壤渗滤沟，也称为土壤净化槽，地下土壤渗滤沟系统组成如图2-3所示。

组成：在地下渗滤坑的基础上增加了布水管，主要由布水管、渗滤沟层和土壤处理层、集水管组成。

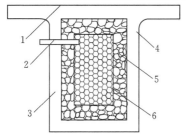

图2-2 地下渗滤坑示意图

1—地面；2—进水管；3—混凝土坑壁；

4—覆土；5—坑外填充砾石；

6—坑内填充砾石

原理：污水通过重力自流或者由泵送入布水管中，布水管上开有一定孔径的渗滤孔，污水通过渗滤孔进入由砾石组成的渗滤沟层中，而后再进入土壤处理层中，在土壤毛管作用下向附近土层扩散，污水中的污染物被过滤、吸附和降解。

特点：该系统提高了污水的处理容量及能力，出水水质较地下渗滤坑有所提高。目前是在美国最常用的地下渗滤装置。

3. 尼米槽式地下渗滤系统

尼米槽式地下渗滤系统是由日本人于 20 世纪 80 年代开发，在传统地下土壤渗滤沟系统的布水管下方设置了一个由防水性材料制成的厌氧砂槽，用于加强毛管渗润作用，还可以增设毛管强化垫层，使毛管渗润作用面积大为扩大，布水更加均匀，系统稳定性及氮、磷去除效果等方面均得到了明显的提升，得到更好的污水净化效果。

尼米槽式地下渗滤系统主要由布水管、尼米槽、砂子、砾石或其他填料、厌氧砂槽等组成，其系统组成如图 2-4 所示。

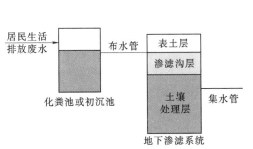

图 2-3　地下土壤渗滤沟系统组成

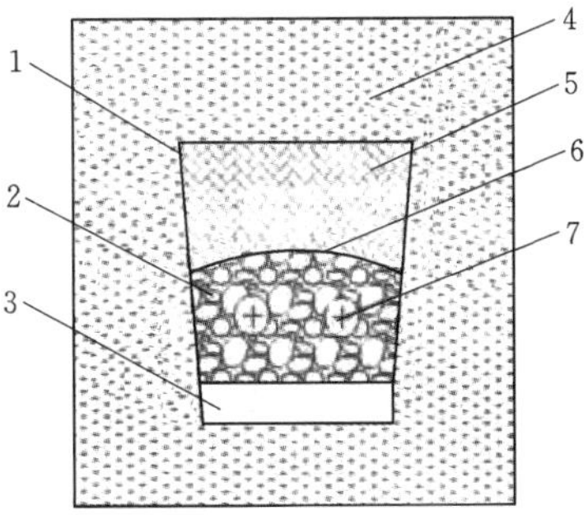

图 2-4　尼米槽地下渗滤系统示意图
1—尼米槽；2—砾石填料；3—砂子；4—原状土壤；
5—特殊土壤；6—网状隔膜；7—布水管

原理：污水从布水管中流出，进入厌氧砂槽中，然后在砂子及土壤毛细力的作用下扩散到厌氧槽上方和四周的土壤中，污水在土壤多重净化机理的作用下得到净化处理。

特点：污水中大多数的固体悬浮物 SS 被砂子截留在厌氧砂槽中，有机悬浮物颗粒物在厌氧砂槽中逐渐液化、酸化，这样就减少了进入土壤颗粒间隙的悬浮物质量，进而减小土壤被悬浮物质堵塞的可能性，提高系统水力负荷和出水水质。厌氧砂槽还可起到抗冲击负荷的作用。

4. 无砾石地下渗滤系统

无砾石地下渗滤系统不再使用砾石，而是在处理场地中直接放置包裹有织物的波纹渗滤管或做成具有一定空间的腔体结构，其结构如图 2-5 所示。

组成：滤渗管、包裹有织物、渗滤孔、渗滤腔等。

原理：污水通过渗滤管上的渗滤孔流出，经过包裹织物的初步过滤进入周围的土壤中，在土壤毛管作用下向四周扩散。

特点：处理能力强，安装费用低，容易安装，便于维护，能防止砾石在风化过程

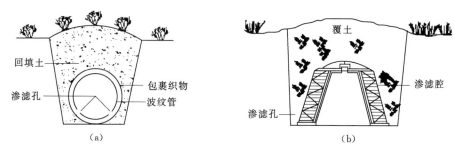

图 2-5 无砾石地下渗滤系统示意图

(a) 管式；(b) 腔室

中所带来的不良影响，可以重复利用的部件化装置，能够很方便地根据处理需要扩大或者缩小处理规模等。

5. "FILTER"（非尔脱）污水处理系统

非尔脱污水处理系统是由澳大利亚科学和工业研究组织的专家开发的，是一种集过滤、土地处理与暗管排水相结合的污水处理与再利用系统，其应用技术称为"非尔脱"污水灌溉新技术。这个系统一方面可以满足农作物对水分和养分的要求，另一方面能降低污水中氮、磷等元素的含量，使之达到污水排放标准。

6. 多级土壤渗滤系统

多级土壤渗滤系统是由渗滤层及土壤模块层以砖块交错结构垒砌而成的具备强化脱氮除磷功能的新型土地处理系统。目前，在日本、泰国、夏威夷等国家和地区都有成功的应用案例。

三、适用土壤渗滤技术的土壤条件

土壤是地下渗滤系统最重要的组成部分，直接决定了系统运行及污水净化效果。土壤条件主要包括土壤结构、土壤孔隙率、渗透性、通气性、有机质含量等。

1. 土壤结构

通过添加填料来改良土壤的结构，常见的填料有砂、粉煤灰、碳化稻壳等。研究发现：当土壤系统中含有 30％土壤、15％污泥、15％煤渣、30％砂、5％腐木、5％石灰石时，对生活污水中氮、磷的处理效果好。

2. 土壤孔隙率

土壤孔隙率（n）：是土壤颗粒之间的孔隙体积（V_v）占土壤总体积（V）的比率。通常用百分号（％）作为单位。在孔隙中，水分和空气可以自由的流动。粗砂土孔隙率为 33～35％，大孔隙较多。黏质土孔隙率为 45～60％，小孔隙多。壤土的孔隙率为 55～65％，大、小孔隙比例基本相当。

3. 渗透性

土壤的渗透性一般用渗透系数来表示土壤透水性的好坏。土壤的渗透系数是指当水力坡度等于 1 时的渗透速度。公式为

$$k=Q/(AI)=V/I \tag{2-1}$$

式中：V 为渗透水流的速度，mm/min；I 为水力坡度（高水位与低水位之差与渗透距离的比值）。

各类土壤的渗滤系数见表 2-1。

<table>
<tr><td>表 2-1</td><td colspan="4" align="center">各种土壤的渗透系数经验值</td></tr>
<tr><td align="center">土壤类别</td><td align="center">$K/(cm/s)$</td><td align="center">土壤类别</td><td align="center">$K/(cm/s)$</td></tr>
<tr><td align="center">粗砾</td><td align="center">$1\sim0.5$</td><td align="center">黄土（砂质）</td><td align="center">$1\times10^{-3}\sim1\times10^{-4}$</td></tr>
<tr><td align="center">砂质砾</td><td align="center">$0.1\sim0.01$</td><td align="center">黄土（泥质）</td><td align="center">$1\times10^{-5}\sim1\times10^{-6}$</td></tr>
<tr><td align="center">粗砂</td><td align="center">$5\times10^{-2}\sim1\times10^{-2}$</td><td align="center">黏壤土</td><td align="center">$1\times10^{-4}\sim1\times10^{-6}$</td></tr>
<tr><td align="center">细砂</td><td align="center">$5\times10^{-3}\sim1\times10^{-3}$</td><td align="center">淤泥土</td><td align="center">$1\times10^{-6}\sim1\times10^{-7}$</td></tr>
<tr><td align="center">黏质砂</td><td align="center">$2\times10^{-3}\sim1\times10^{-4}$</td><td align="center">黏土</td><td align="center">$1\times10^{-6}\sim1\times10^{-8}$</td></tr>
<tr><td align="center">沙壤土</td><td align="center">$1\times10^{-3}\sim1\times10^{-4}$</td><td align="center">均匀肥黏土</td><td align="center">$1\times10^{-8}\sim1\times10^{-10}$</td></tr>
</table>

4. 通气性

土壤通气性是土壤的重要特性之一，是保证土壤空气质量，植物正常生长，微生物进行正常生命活动等不可缺少的条件。土壤通气性产生的原因主要有两个：一是空气流动引起的整体空气交换；二是通过扩散作用进行的个别气体的成分交换。一般以土壤通气量表示，即单位时间、单位压力下，通过单位体积土壤的气体总量，单位常用 $mL/(cm^3 \cdot s)$。土壤的通气量大，表明土壤通气性好。土壤通气量（Q）与土壤通气面积（A，m^2）、空气压力（Δ_p，Pa）、通气时间（Δ_t，s）成正比，与土层厚度（d，mm）成反比。

$$Q \approx \frac{A\Delta_p\Delta_t}{d}, Q = k\frac{A\Delta_p\Delta_t}{d} \tag{2-2}$$

5. 土壤有机质含量

土壤有机质含量是指单位体积土壤中含有的各种动植物残体与微生物及其分解合成的有机物质的数量，一般以有机质占干土重的百分数表示。

生物是土壤有机物质的来源，是土壤形成过程中最活跃的因素。一般而言，森林土壤有机质含量要低于草地土壤。

▶2-3

四、土壤渗滤系统的工程设计要点

土壤渗滤系统的水力负荷决定系统的处理能力，偏低导致系统利用率降低，偏高难以实现良好的处理效果；渗滤沟的结构和布置影响污水的流动方式及布水均匀程度，进而影响系统对各种污染物的去除效果；监测系统可准确反映系统运行的实时状况，对土壤渗滤出水进行评估，方便调整系统运行参数。

1. 土壤渗滤系统的水力负荷

地下渗滤系统模拟装置如图 2-6 所示。

李晓东等利用室内模拟装置，对地下渗滤系统的水力负荷周期参数进行优化，研究不同水力负荷对污染物去除效果的影响。结果表明，水力负荷周期为 24h、12h 时，系统对 COD 的去除效果较好，COD 平均去除率分别为 76%、74%；6h、12h 时，对

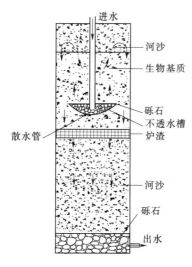

图 2-6　地下渗滤系统模拟装置

氨氮的去除效果好，平均去除率达到 97.6%、99.2%；综合考虑 COD 和氨氮去除效果，选择 12h 为最佳周期。合适水力负荷为 0.08m³/(m²·d)，此时，COD 和氨氮出水浓度能满足《城镇污水处理厂污染物排放标准》（GB 18918—2002）的一级 A 标准。

2. 渗滤沟的结构和布置

渗滤沟主要由五部分三个层次组成。底层又称布水层或垫层，由直径为 20～40mm 的砾石和粒径为 0.25～1.00mm 的粗砂组成，起承托渗滤层和使污水均匀分布的作用，内设埋深 0.6m 的布水管。渗滤层是污水净化的主要作用层，采用当地土壤和一定比例的特殊材料配置而成，此特殊土层厚 40cm 左右。表层由较肥沃的耕作土壤组成，是草坪植物的生长层，其上种植绿色期长的草坪植物"马尼拉"等，实现污水绿地利用。防渗层位于渗滤沟最底层，采用特定材料防渗，其作用是防止污水直接下渗，使砾石层经常处于水饱和状态，促使水分的毛细上升。隔离层设置在特殊土壤层下，由可透水的无纺布构成，以防止上层土壤下落填入砾石层，破坏均匀布水。人工土壤渗滤沟基本构造为上宽 1m、下宽 0.6m、高 0.65m 的梯形人工构造沟，每条长度为 20m，布水管路管径根据水力负荷设计。本设计将整个渗滤场分成 4 个单元，每个单元由平行铺设的 12 条 20m 长的渗滤沟组成，渗滤沟沟间距为 1.5m。渗滤场总占地面积约为 1600m²。如图 2-7 所示。

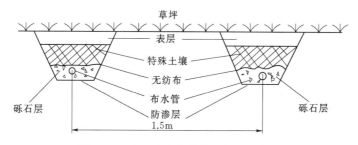

图 2-7　人工渗滤沟结构和布置示意图

3. 主要监测指标

土壤渗滤系统主要对渗滤液的 COD、NH_4^+-N、TN、TP、DO、SS 进行测定。

五、土壤渗滤技术的应用实践

土壤渗滤在一些国家和地区（如美国、日本、以色列、俄罗斯和西欧等国）得到了很好的应用和发展，已经在实际工程中取得了不少成果。经过几十年的研究发展，土壤渗滤技术在我国广大地区也有了很好的适应性和可行性，在工程实践中有较大发展。

1. 土壤渗滤技术在我国农村污水处理工程实例

土壤渗滤技术在我国农村污水处理工程实例见表2-2。

表2-2 土壤渗滤技术在我国农村污水处理工程实例

工程实例	设计处理水量/(t/d)	工程实例	设计处理水量/(t/d)
江苏省靖江市利民村	70	江苏省溧阳南渡镇石街村	15
广东省佛山市南庄镇利华员工村	200	江苏省靖江市水山村	70
江苏省武进雪堰桥费巷村	100	江苏省溧阳竹箦镇水西村	25

2. 土壤渗滤技术在我国再生水处理中工程实例

土壤渗滤技术在我国再生水处理中工程实例见表2-3。

表2-3 土壤渗滤技术在我国再生水处理中工程实例

工 程 实 例	建设时间	去除率/%			
		COD	$NH_3 - N$	TP	SS
沈阳工业大学土壤渗滤再生水回用示范工程	"八五"期间	95.9	87.9	—	87.8
上海虹桥机场围场河典型污染河段土壤渗滤污水处理系统	2006年	75.8	—	100	
上海嘉定区马陆镇大裕村土壤渗滤处理工程	2009年	85.7	96.7	96.0	
辽宁高速公路附属区污水回用工程	2008年	96.2	95.6	95.5	91.3
江苏太湖流域多级土壤渗滤示范工程	2009年	70.0	83.0	76.0	94.0

3. 土壤渗滤技术再生水处理与其他方法的比较

土壤渗滤技术再生水处理与其他方法的比较见表2-4。

表2-4 土壤渗滤技术与其他再生水处理技术比较

分类	作用机理	优缺点	典型工艺流程	适用范围
物理化学处理法	以混凝沉淀（气浮）和过滤技术相结合的基本方式，主要用于处理优质杂排水	优点：处理工艺流程短，运行管理简单方便，可间歇运行，占地面积相对较小。缺点：设备和运行费用较大，出水水质受混凝剂种类和数量的影响，有一定的波动性	原水-格栅-调节池-絮凝沉淀池-超滤膜-消毒-出水	适用于处理规模较小的工程
生物处理法	利用好氧微生物的吸附、氧化作用，降解污水中的有机物质	优点：出水水质较为稳定，投资和运行费用较少。缺点：水量负荷变化适应能力小，间歇运转适应能力差，装置的密封性差，会产生臭气，运转管理较复杂	原水-格栅-调节池-接触氧化池-沉淀池-过滤-消毒-出水	适用于大、小规模的工程

续表

分类	作用机理	优缺点	典型工艺流程	适用范围
膜处理法	使污水中难降解的大分子物质在膜生物反应器内有足够的停留时间，从而去除各种污染物，达到较好的处理效果	优点：出水水质好且稳定，占地面积较小，工艺简单，可实现自动控制。 缺点：工程投资和运行成本较高；渗滤膜易堵塞，需进行有效的反冲洗和清洗，以防止和减缓堵塞，否则利用率会大为降低	原水-格栅-调节池-膜生物反应器-超滤膜-消毒-出水	适用于小规模工程
土壤渗滤技术	充分利用土壤—微生物—植物系统的自我调控机制，在有效去除有机物的同时，也能够去除氮、磷等营养素及病原微生物等	优点：出水水质好、基建投资低、能耗较低、对周围环境影响小。 缺点：结构单一、脱氮效果不稳定，土壤孔隙易堵塞	原水-化粪池格栅-集水井土壤渗滤系统-出水井	适用于小规模的农村污水处理

▶2-5

▶2-1

知识点二 下凹式绿地技术

一、下凹式绿地的构造和作用

按照我国《海绵城市建设技术指南》，下凹式绿地（即下沉式绿地）具有狭义和广义之分，狭义上是指低于周边铺砌地面或道路在 200mm 以内的绿地，其典型构造如图 2-8 所示；广义上泛指具有一定调蓄容积（在以径流总量控制为目标进行目标分解或设计计算时，不包括调节容积），且可用于调蓄和净化径流雨水的绿地，包括滞留设施、渗透塘、湿塘、雨水湿地、调节塘等。若无特殊说明，一般是指狭义的下凹式绿地。

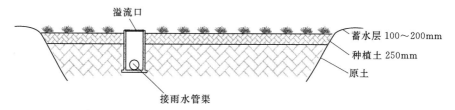

图 2-8 狭义的下凹式绿地典型构造示意图

1. 下凹式绿地的构造

城市硬化地面（包括渗透地面）的设计高程高于绿地高层 15～30mm，雨水口布置在绿地中，并高于绿地高程 5～15mm，而低于地面高程，有利于城市硬化地面（包括渗透地面）的雨水径流流入下凹式绿地，经下凹式绿地的调蓄入渗后，超蓄超渗雨水溢流排入雨水口，再通过雨水管道排出。

构造：溢流口、接雨水管渠的连接管、100～200mm 蓄水层、250mm 种植土以及原土。

2. 下凹式绿地的作用

下凹式绿地主要有补充地下水、调节径流和滞洪以及削减径流污染物三大作用。

（1）补充地下水。当绿地为下凹式、且汇集周围不透水铺装区的径流时，雨水蓄渗效果最好，不但充分利用了绿地的下渗能力，而且充分利用了绿地的蓄水能力。蓄水能力随下凹深度的增加而增强，当下凹深度为 15mm、最长蓄水时间为 21h，小于绿地一般植物耐淹时间，不影响绿地植物的生长。假设城市规划面积及绿地面积与不透水铺装区面积之比为 2:1，在这种情况下，若北京市规划面积为 1040km²，平均每年将有 1.55 亿 m³ 雨水转变为土壤水，3.66 亿 m³ 补给地下水，外溢水量只有 0.11 亿 m³。与非下凹式绿地相比，蓄水效果非常显著，土壤水增加 0.21 亿 m³，地下水补给增加 3.01 亿 m³，外溢水量减少 3.19 亿 m³。

（2）调节径流和滞洪。天津设置实验小区经过暴雨模拟设计得出：在相同设计暴雨频率情况下，下凹式绿地的径流系数明显小于凸式绿地，且下凹 10cm 的绿地小于下凹 5cm 的绿地。可见，采用下凹式绿地充分利用了绿地的蓄水能力，使整个降雨过程的蓄滞能力得到增强。10 年一遇的暴雨洪水，下凹 10cm 和下凹 5cm 的绿地比凸式绿地的径流量分别减少 40.3% 和 25.5%，洪峰流量分别减少 39.2% 和 8.1%。周丰等通过北京市下凹绿地试验场地实验，从入渗产流过程可以得出，各种降雨频率下的暴雨，单独下凹式绿地拦蓄率为 100%。当有 1 倍汇水面积、下凹式绿地下凹深度为 10cm 时，降雨频率为 20% 的暴雨的其拦蓄率为 100%。当有 2 倍汇水面积、下凹式绿地下凹深度为 15cm 时，降雨频率为 5% 的暴雨的其拦蓄率为 100%。降雨频率为 10% 的暴雨，能使雨水径流汇流滞后约 75min；降雨频率为 20% 的暴雨，能使雨水径流汇流滞后约 45min；降雨频率为 50% 的暴雨，能使雨水径流汇流滞后约 30min。

（3）削减径流污染物。城市下凹式绿地在收集雨水的同时，还起到削减径流污染物的作用。

例 2-1： 在华东师范大学校园，采用模拟城市绿地和降雨系统装置研究了城市绿地对径流雨水污染物的削减作用。通过对降雨过程及降雨后装置内土壤微生物数量、生化作用强度及土壤性质的分析，初步研究了城市绿地对雨水径流污染物的削减作用机理。结果表明在 2h 的降雨过程中模拟绿地对雨水中 COD、氨氮、硝态氮、TN 和 TP 的平均削减率分别为 41.3%、44.1%、38.5%、38.2% 和 39%。绿地系统对径流污染物的去除是生物与非生物共同作用的结果。在降雨过程中污染物的去除主要依靠土壤及植物根系的吸附、过滤和截留作用，降雨后的 5~8 天内土壤微生物的生化作用最强，并且土壤有机质、总氮和总磷含量逐渐降低，主要进行的是微生物对吸附于土壤颗粒表面的污染物的分解作用，两周后总氮和有机质在土壤中还有一定的累积，总磷含量基本达到降雨前的水平。

例 2-2： 在华东师范大学校园内，采用现场 7 次降雨 14 组径流污染监测数据为基础，探讨了下凹式绿地对城市降雨径流污染的削减效应，分析了径流污染负荷、绿地土壤与覆被植物、降雨历时等因素对污染削减率的影响。结果表明，当 COD、氨氮和 TP 的浓度分别为 56.0~216.0mg/L、0.27~2.97mg/L、0.20~0.95mg/L 时，下凹式绿地对 COD、氨氮和 TP 的平均削减率为 52.21％、48.98％和 47.35％。下凹式绿地对径流污染的削减过程可分为两个阶段：初期 1h 的径流污染削减规律符合一级动力学，后期径流污染削减规律可用二级动力学模式表示。降雨历时增加可提高污染物削减率，当降雨历时从 3h 增加到 20h 时，径流污染的综合削减率可从 40％上升到 65％。

二、下凹式绿地技术雨水渗透水量平衡分析

1. 绿地水量平衡分析原理

20 世纪中期，人们为评价不同水文条件下每个水文参数的重要性，在水文学上运用质量守恒原理进行水量平衡分析。

水量平衡分析指在满足绿地正常运行的条件下，计算一段时间内绿地的输入水量、输出水量及差值，根据差值确定绿地在现行状况下的水量盈亏情况。

以长沙市绿地水量平衡图为例进行水量平衡分析，如图 2-9 所示。绿地水量输出总量为绿地灌溉需水量、绿地植被蒸散需水量、绿地植被生长需水量、绿地土壤含水量之和；绿地水量输入总量为乔木土壤入渗量、乔灌草和灌草地土壤入渗量、草地土壤入渗量、裸地土壤入渗量之和。

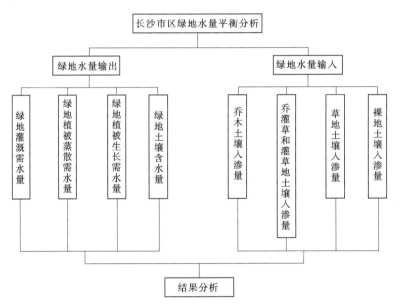

图 2-9　长沙市绿地水量平衡分析

绿地水量输出总量为绿地灌溉需水量、绿地植被蒸散需水量、绿地植被生长需水量和绿地土壤含水量之和；绿地水量输入总量为乔木土壤入渗量、乔灌草和灌草地土壤入渗量、草地土壤入渗量和裸地土壤入渗量之和。最后进行结果分析。

2. 水量平衡分析具体操作

（1）资料的收集与分析。

1）园区基础资料的收集与分析。基础资料包括总建筑面积、用地规划、土壤类

型、土质渗滤速率等。

2）园区所在地多年气象统计资料的收集与分析。气象统计资料包括至少10年以上的月平均降雨量、月平均蒸发量、当地的暴雨强度公式、一定设计重现期下的最大24h降雨量等。

（2）确定园区的规划方案。根据园区规划资料，确定水量的水面面积、调蓄高度、补水方案及水量、用水方案及水量、水体渗滤情况等。

（3）雨水渗透水量平衡分析计算模型（图2-10）。降雨过程中，下凹式绿地系统中同时发生降雨、汇流、蓄集、渗透、蒸发和溢流排放等多种水流运动，是一个复杂的过程。假定不考虑雨水的收集利用，超出绿地渗蓄能力的雨水就近排入雨水管道，根据雨水渗透的水量平衡原理，列出时段内存在水量平衡关系。

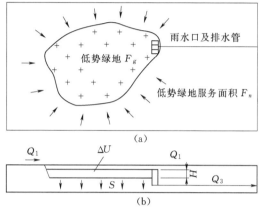

图2-10 雨水渗透水量平衡分析计算模型
(a) 平面图；(b) 剖面图

（4）雨水渗透水量平衡分析计算公式

$$Q_1 + U_0 = Z + S + U_1 + Q_3 \tag{2-3}$$

式中：Q_1 为计算时段内进入低势绿地的雨水径流量，m^3；U_0 为计算时段开始时低势绿地的蓄水量，m^3；S 为计算时段内低势绿地的雨水下渗量，m^3；Z 为计算时段内低势绿地的雨水蒸发量，降雨过程中蒸发量很小，忽略不计，m^3；U_1 为计算时段结束时低势绿地的蓄水量，m^3；Q_3 为计算时段内低势绿地的雨水溢流外排量，m^3。

水量平衡分析是用科学的理论分析指导实践中的下凹式绿地设计和用水规划，利用水量平衡分析可清晰地模拟雨水利用效果和下凹式绿地建成后的运行状况，指导下凹式绿地方案的合理设计，对节约用水、提高雨水资源利用率、降低投资和运行成本等具有重要意义。

三、下凹式绿地技术雨水渗蓄能力计算

1. 雨水渗蓄率

雨水渗蓄率指降雨过程中绿地渗透、蓄积雨水的量占进入绿地总雨水径流量的百分比，用 N 表示。可通过下式计算：

$$N = \frac{S + U_1}{(C_n H_z F_n + H_z F_g)/1000} \times 100\% \tag{2-4}$$

式中：N 为雨水渗蓄率，%；H_z 为降雨量，mm；F_n 为绿地服务区域面积（即集水面积），m^2；F_g 为下凹式绿地面积，m^2；C_n 为绿地服务区域的径流系数。

通过对雨水径流渗蓄率的计算，可反映下凹式绿地的雨水渗蓄能力。

2. 降雨量

根据当地降雨强度 $q(t)$，单位时间内的降雨量 H_z 可通过对降雨强度求积分获得：

$$H_z = \int_{t_1}^{t_2} q(t) \mathrm{d}t \qquad (2-5)$$

式中：t_1 为降雨初期，降雨强度随降雨历时增大过程中暴雨径流量等于绿地渗透量的时刻，min；t_2 为降雨中后期，降雨强度随降雨历时减少的过程中暴雨径流量等于绿地渗透量的时刻，min。

3. 雨水径流量

计算公式：

$$Q_1 = H_z(C_n F_n + F_g) \qquad (2-6)$$

式中：Q_1 为计算时段内进入低势绿地的雨水径流量，m^3；C_n 为汇水面的综合径流系数；F_n 为绿地服务区域面积（即集水面积），m^2；F_g 为下凹式绿地面积，m^2。

4. 下渗量

计算公式：

$$S = 60KJF_g(t_2 - t_1) \qquad (2-7)$$

式中：K 为土壤稳定入渗速率，m/s，与土质、土壤含水率等因素有关，有条件时现场实测；J 为水力坡度，垂直下渗时，$J=1$。

5. 雨水溢流量

计算公式：

$$Q_3 = Q_1 - S - U \qquad (2-8)$$

当 $Q_1 \leqslant S + U$ 时，低势绿地不产生溢流，此时 $Q_3 = 0$。如果土壤渗透能力好，基础、地下建筑物和地下水等条件允许，应尽可能让雨水蓄渗在低势绿地中，增加入渗量，使外排水减少。

四、下凹式绿地技术应用

1. 道路下凹式绿地

硬化道路地面（包括渗透地面）的雨水径流无法排入绿地调蓄及入渗，道路雨水径流量大、污染严重，对区域防洪和水环境产生较大的影响。通过调整道路绿地结构和雨水口位置，充分利用绿地的雨水调蓄入渗能力，达到下凹式绿地的雨水利用目的。同时还有分隔道路噪音、便于设置港湾式公交车站和避免排水管道维修对道路交通产生影响等优点。

2. 公园下凹式绿地

公园绿地面积大，植被截留雨水量有限，部分雨水尚需通过市政排水管网进行解决，加大了城市排水管网压力并增加建设投资。通过调整公园铺设材料、降低绿地建设高度、改变下渗层材质及绿地植被种类等，加大入渗能力，达到扩容城市"地下水库"的目的。

3. 小区下凹式绿地

小区的雨水径流量大，初期雨水污染严重，对区域防洪和水环境产生较大的影响。通过调整小区绿地结构和雨水排放系统，充分利用绿地的雨水调蓄入渗能力，达到下凹式绿地的雨水利用目的。

北京市地方标准《雨水控制与利用工程设计规范》（DB11 685—2013）要求，凡涉及绿地率指标要求的建设工程，绿地中至少应有 50％作为用于滞留雨水的下凹式绿地。公共停车场、人行道、步行街、自行车道和建设工程的外部庭院的透水铺装率不小于 70％。

五、下凹式绿地的影响

下凹式绿地的影响主要表现在对规划要求的影响、对景观的影响及对环境的影响三方面。

1. 对规划要求的影响

现在下凹式绿地的设计都是在自划定的绿地范围内进行，调蓄面积受到影响，只能通过改变下凹深度满足容积，这种方式有点本末倒置。在城市建设的进程中，应在土地使用规划及景观规划中预留足够的绿地面积，为设置下凹式绿地预留足够的空间，尽量减小下凹深度，提高安全性。

下凹式绿地的设计流程大致如下：

（1）根据项目规划，划分下凹式绿地的服务汇水面。

（2）综合下凹式绿地服务汇水面有效面积、设计暴雨重现期、土壤渗透系数等相关基础资料，合理确定绿地面积及其下凹深度。

（3）通过绿地淹水时间、绿地周边条件对设计结果进行校核。校核通过则设计完毕，否则返回（1），重新划分下凹式绿地服务汇水面，进行新一轮的设计计算，调整设计控制参数，直至得出合理的设计结果。

绿地下凹深度和绿地面积是下凹式绿地设计过程中的两个主要控制参数。它们的取值需综合绿地服务汇水面面积、土壤渗透系数、设计暴雨重现期、周边设施的布置情况、绿地植物的耐淹时间等多种影响因素后确定。

2. 对景观的影响

下凹式绿地在利用过程中，其植被种类受到耐淹时间、下凹深度等的限制，其景观性受到影响。且目前下凹式绿地设计比较简单，很少考虑其景观绿化效果。除此之外，下凹式绿地的建设对周边地块的建设产生一定的影响。因其下凹，其余景观与之的衔接受到一定的限制，故影响绿地本应有的美化功能。

3. 对环境的影响

大量学者针对土壤对雨水水质净化作用进行了研究，下凹式绿地对城市暴雨径流初期污水具有很好的净化作用。在水温 $17\sim28$℃条件下，当水力负荷小于 $0.867\text{m}^3/(\text{m}^2\cdot\text{d})$ 时，出水能达到《地表水环境质量标准》（GB 3838—2002）Ⅳ类水质标准。但城市暴雨径流水温、水力负荷等参数不固定，下凹式绿地对土壤的净化作用在其他状况下未知。同时，试验研究仅对一定时间内的工况进行了研究，对于长期运行的实际使用中的下凹式绿地对土壤及土壤微生物的影响还是空白。以上情况表明，下凹式绿地对环境的影响是一定的，且尚未知，大范围的推广还需要不断深入的研究。

下凹式绿地应用越来越广，其对规划要求、景观及环境的影响也不容忽视。在寸土寸金的城市中，下凹式绿地的应用技术尚须改进并辅以适当推广，将经济实用、景观美化、生态环境与人文环境有效结合。在地势高、卫生差、垃圾多、土质渗入差和植被生长难的地区，不适合建设下凹式绿地。

从国内外规划理论研究和实践的相关成果来看，21世纪特大城市绿地系统规划的发展趋势主要体现在区域性、生态性、舒适性、可利用性和可达性5个方面。首先要突出区域特征和资源特征，将规划扩大到市域甚至区域范围，建立城郊结合、城乡一体的大绿地系统。其次，规划要更加注重绿地的生态效应，最大限度地保存典型生态系统和珍稀物种繁衍地。

知识点三　透水铺装技术

一、透水铺装技术概述

1. 透水铺装的概念

相对于裸露地面和绿地，地面处理采用了透水铺装材料，这种情况可以称为透水铺装。透水铺装即透水性硬化路面及铺地的简称，其内部构造是一系列与外部空气相连通的多孔结构形成的骨架，同时又能满足路面及铺地强度和耐久性要求的地面铺装。所用的透水砖由多种级配的骨料、水泥、外加剂和水等加工制成，其骨料间以点接触形成混凝土骨架，骨料周围包裹一层均匀的水泥浆薄膜，骨料颗粒通过硬化的水泥浆薄层胶结而成多孔的堆聚结构，内部形成大量的连通空隙。在下雨或路面积水时，水能沿着这些贯通的孔隙通道顺利地渗入地下或存于路基中。

2. 透水铺装的优势

人类在城市化发展进程中，也在改变着大自然的环境，破坏着大自然的循环与平衡。原有的天然植被不断被建筑物及非透水性硬化地面取代，从而改变了自然土壤植被及下垫层的天然可渗透属性，破坏了大自然中水和气的原有循环，因而产生了很多负面问题。

（1）硬化路面的缺点。

1）硬化地面阻断了降水直接补充地下水的途径，使雨水从地面流失或者被阳光蒸发掉，城市地下水难以得到补充，造成城市地下水位下降，从而影响地表植物的生长。

2）不透气的地面很难与空气进行热量、水分的交换，对空气的温度、湿度的调节能力差，且由于硬化地面的高反射率，使它在大量吸收、储存了太阳辐射热之后，又将热量反射释放出来，城区的温度比郊区和乡村高2～3℃，产生"热岛现象"。

3）不透水的道路容易积水，当短时间内集中强降雨时，不透水路面导致排水不畅，雨量过度集中造成路面积水、内涝，而路面积水影响行车安全，甚至造成交通瘫痪，导致出现"城市看海"现象。

4）雨水只能通过排水设施排入河流，大大加重了排水设施的负担，并且雨水挟带路面的污染物注入江河造成二次污染，在城市里形成一种有雨洪灾、无雨旱灾的矛盾局面。

5）不透水铺装严重地破坏了城市市区地表土壤的动植物生存环境，改变了大自然原有的生态平衡，包括城市广场、建筑、道路等设施在内的城市下垫面代替了大自然原有的森林、绿地和田野，形成了"城市荒漠"，野生动植物逐渐失去了其赖以生存的环境而不断减少以至濒临灭绝。

（2）透水路面的优点。

1）补充地下水资源：透水铺装能够使雨水迅速地渗入地表，还原成地下水，使地下水资源得到及时补充，保持土壤湿度，改善城市地表植物和土壤微生物的生存条件。

2）缓解"热岛效应"：透水铺装具有较大的孔隙并与土壤相通，能积蓄较多的热量和水分，有利于调节城市的生态环境，缓解热岛效应。

3）透水铺装对于城市地表土壤生态环境具有改善作用：透水性铺装兼有良好的渗水性及保湿性，它既兼顾了人类活动对于硬化地面的使用要求，又能通过自身性能接近天然草坪和土壤地面的生态优势减轻城市非透水性硬化地面对大自然的破坏程度，透水性铺装地面以下的动植物及微生物的生存空间得到有效的保护，因而很好地体现了"与环境共生"的可持续发展理念。

4）透水铺装对于城市的防止内涝作用：透水性铺装地面由于自身良好的渗水能力，能有效地缓解城市排水系统的泄洪压力，径流曲线平缓，其峰值较低，并且流量也是缓升缓降，这对于城市防洪无疑是有利的，因此，铺装透水性地面不失为城市广场防涝的积极措施。

5）吸收车辆行驶时产生的噪音，创造安静舒适的交通环境。

3. 国内外透水铺装技术的发展

国内外对于透水铺装都有较多的研究和应用。1944年美国就有应用透水性沥青混凝土的试验路段，这时透水地面的主要作用是防止擦滑，提升安全性，以及降低路面噪音。透水性混凝土也被大量应用在广场、护坡等地。1992年，日本颁布"第二代城市下水总体规划"，正式将雨水渗沟、渗塘及透水地面作为城市总体规划的组成部分。在欧洲，透水性路面也被广泛应用。德国的路面很难看到积水，就是因为他们在人行道、自行车道等地段采用透水砖进行铺装，而居民区内步行道上会采用细碎石或细鹅卵石铺路。荷兰也是透水铺装技术应用非常广泛的国家。

我国透水铺装技术的发展情况：我国对透水铺装的应用最早可追溯到已有800年历史的北海团城。近年来随着城市环境问题的突出，相应的研究更加广泛。杭州市从2005年开始在城市市政建设中大规模推广使用透水工程材料；北京市仅在2008年奥运场馆建设中就铺装透水材料达10多万 m^2；2010年举办的上海世博会工程、特奥会训练基地建设大量采用透水混凝土铺装。目前，透水铺装材料已经包含了透水性混凝土、透水沥青、透水砖等。

号称"世界上最小的城堡"、迄今已有800多年历史的北海团城，270多 m 长的城墙没有一个泄水口，地面上没有排水明沟，无论下多大的雨，这个城池上只是雨过地皮湿，很快渗得一干二净。北海团城内的铺装系统就是典型的透水性铺装系统，地面铺设的是干铺倒梯形青砖，雨水通过砖与砖之间形成的缝隙引入地下，青砖铺装表层下由支撑层，有机质层和黄沙层三部分组成，支撑层厚 10cm，主要成分有谷壳、石灰等，这些成分能使地表水快速渗透，透水透气性好；有机质层厚 10cm，内部含有大量有机质，包括贝壳、骨头、活性钙、兽血、有机酸等，其中含有大量的磷及各种微量元素，历经数年，缓慢释放，有利于植物的生长；最下层为黄沙层，土壤透气性良好，能迅速降低树根附近的含水量，可避免积水。尽管已经存在了 800 多年，却依然发挥着作用，这对于现代城市铺装的透水结构具有很大的借鉴意义。图 2-11 为北海团城内透水铺装示意图。

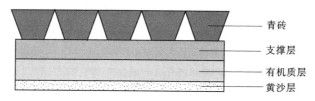

图 2-11　北海团城内透水铺装示意图

4. 透水铺装的类型

依据制备工艺的不同，透水路面大致可以分为现浇路面和砌铺路面。依据材料的不同，现浇路面可以分为水泥和沥青混凝土路面两种；砌铺路面砖可以分为混凝土透水砖和陶瓷透水砖。

5. 透水铺装的具体形式

（1）用透水性地砖或透水性混凝土、透水性沥青进行铺装，铺装材料本身即具有良好的透水效果，兼具景观性和生态性。

（2）用植草格或孔形混凝土砖进行铺装，材料本身不具透水性，制作成品的样式为孔洞形，一般都能达到 40％以上的孔洞率，可进行植草。

（3）用实心砖或石块铺装，砖或石块之间留出一定空隙，空隙中为自然泥。

（4）用细碎石或细鹅卵石，地面仅由大小均匀的石子散落铺成，地面透水性好，不长草。

（5）用孔型砖加碎石来铺路，即在带孔的地砖中撒入小卵石或碎石来铺地面，地面热反射大大低于全硬化地面。

6. 不同类型铺装方式的技术原理

（1）透水性沥青路面：采用单一级配的骨料，以沥青或高分子树脂为胶结材料的透水混凝土。与沥青路面相比，透水性沥青路面含有较大的孔隙率和较多的大粒径骨料。

（2）透水性水泥混凝土路面：透水性水泥混凝土是采用较高强度的硅酸盐水泥为胶凝材料及单一级配的粗骨料制备的多孔混凝土。这种混凝土制作简单，适用于用量大的道路铺装。但因为孔隙较多，改善和提高强度、耐磨性、抗冻性是难点。

（3）透水性路面砖：透水砖是由一定级配的粗骨料、胶结材料和水等经过特殊工艺制成的具有路面用砖形状的预制品，可分为混凝土透水砖、陶瓷透水砖。

混凝土透水砖是将粒径比较相近的砂、石颗粒用无机或有机胶凝材料经搅拌混合压制成型，使其黏结在一起，形成带有通道孔的砖坯，再经过养护成为具有一定抗压强度的混凝土透水路面砖。

7. 透水铺装方法及透水路面结构

透水铺装地面应在土基上营建，并自上而下设透水面层、透水找平层、透水基层和透水底基层。

参考《城市雨水利用工程技术规程》（DB11/T 685—2009），透水面层渗透系数应大于 1×10^{-4} m/s，可采用透水砖、透水混凝土、草坪砖等，透水砖的有效孔隙率应不小于 8%，透水混凝土的有效孔隙率不小于 10%；当采用透水砖时，其抗压强度、抗折强度、抗磨强度等应符合《透水路面砖和透水路面板》（GB/T 25993—2010)的规定。

⊙ 2-12

⊙ 2-8

二、透水铺装技术的设计与铺装过程

1. 多孔路面的前期勘测

在多孔路面设计前，应充分调研地质、地形、构造和气候条件；应用范围介于 $0.1 \sim 0.4$ hm²；只适用于缓坡的地形，坡度小于 5%。为避免对建筑物地基和水井水质的有害影响，透水路面应距建筑物至少 3m 远，与饮水井的最小距离为 30m；设计的入渗速度应通过土壤组分分析确定，多孔路面的入渗速度应取土壤入渗速度测得值的 1/2；对于设计为部分就地下渗的多孔路面，土壤基质的渗透速度应大于 7mm/h，黏土成分少于 30%，而对于设计为完全就地下渗的多孔路面，土壤基质的渗透速度应大于 13mm/h；多孔路面的设计标准应至少可以接纳处理最小径流量，也就是处理区域地表所产生的前 13mm 降雨径流量；在多孔路面的下坡方向末端设计安装一个检查井，以观测径流清除效率，检查井由直径为 $100 \sim 150$mm、带孔的 PVC 管制成，且顶部加盖。

2. 透水路面路基设计与施工

透水路面路基是个完整的系统，除了面层的透水层（现浇或预制块砌铺），还须有相应的贮水或排水层。透水路面基层的典型结构是自透水表层往下，依次为顶部过滤层、贮水层、底部过滤层、土工布层、未扰动底土，如图 2-12 所示。

（1）顶部过滤层：该层为粒径大小为 13mm，厚度为 $25 \sim 50$mm 的碎石层。该层主要起到稳定透水混凝土表层的作用，若采用合适粒径的碎石则可以使该层并入贮水层。若采用多孔水泥混凝土基层形式，为保证基层的力学强度、耐冲刷性能以及排水能力，基层的养护期应不少于 7d，且始终保持表面湿润。

（2）贮水层：该层填充材质为冲洗干净、粒径为 $40 \sim 60$mm 的鹅卵石（孔隙率约为 40%），300mm 厚的贮水层能够持留 120mm 的降雨量，并应能在满足设计暴雨径流时间条件下 48h 内排空。该贮水层底部和路基岩石层的距离应小于 60cm，并高于季

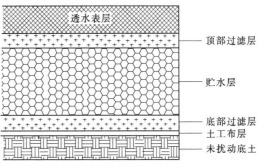

图 2-12 多孔混凝土路面剖面结构图

节性高水位 60cm。

（3）底部过滤层：底部过滤层应设在路基的表面，其成分为 150mm 厚的沙子或是 50mm 厚、粒径在 13mm 左右的碎石层，其表面完全整平，以促使雨水在整个表面进行渗透。该层起到稳定贮水层的作用，并防止路基受压。

（4）土工布层：采用土工布对透水路面的路基以及边沿在骨料浇筑前进行铺覆。土工布可以防止底部泥土向底部过滤层迁移，降低其贮水能力，该层也可以用乳化沥青、热沥青稀浆封层。

3. 透水面层设计

（1）透水沥青路面。透水沥青路面的面层为开放级配的多孔沥青混凝土混合物。该层的厚度依照当地的降雨强度及设计路面的要求而定，一般为 50~100mm，该层的孔隙率为 18% 左右，即 100mm 厚的多层混凝土层能够持留 18mm 的降雨量。

沥青与骨料表面有较好的黏附性，具有较小的针入度和较高的软化点、较好的抗裂性。为提高沥青与骨料的黏附性，在加入沥青的同时加入部分表面活性剂。

骨料为粒径均匀的粗颗粒石料，粒径大小的上限一般为 9.5mm，为保证透水所需的连通空隙，通常没有或很少有粒度 2.5mm 以下的细骨料。骨料必须经过充分的冲洗，并且在搅拌前进行烘干。如果骨料中粉质颗粒含量过多会影响胶凝剂和外加剂的使用量，从而降低多级混凝土路面的效果。

（2）透水性水泥混凝土路面。透水性水泥混凝土路面同样为开放级配的混凝土混合物，与沥青路面不同的是胶凝剂的改变。该层的厚度一般为 50~100mm，该层的孔隙率为 18% 左右，与透水沥青路面一致。采用水泥和水作为胶凝剂，其水量的控制对于骨料间的粘结强度以及路面的修建成功与否至关重要。过多的水将冲走骨料和水泥砂浆，过少的水将妨碍水泥砂浆与骨料的黏结。

由于多孔混凝土保持性能的范围很窄，所以，应避免在极端的天气情况下进行施工，并且多孔混凝土的超强透水能力，可以设计为常规混凝土路面与透水路面相间隔的条状结构。

1）运输与搅拌。透水性水泥混凝土应该在仅加骨料和水泥的情况下运输；进入施工场地再加水重新搅拌，以防止水分的蒸发和水泥的初凝。

2）浇筑和养护。搅拌完成后应立即进行摊铺浇料。浇筑时还应避免同一处倾倒过多混合料，应进行连续带状倾料。透水性混凝土为多孔结构，水分损失快，初凝快，因此刮平后应随即进行压实，碾压过程保持表面湿润，碾压完成后立即铺设土工织物或塑料薄膜进行覆盖养护，防止水分蒸发过快导致表面松散现象发生。

4. 透水砖铺砌路面

透水砖铺砌路面适用于交通流量较小的人行道、自行车道或停车场。可以按照较简易的结构进行铺装，如图 2-13 所示。

若当地降雨量小，设计交通流量小，可不设置基层。但降雨量较大，且交通负荷较高，必须设置基层。例如，上海新国际博览中心入口处的透水路面，自上而下依次为：100mm 厚的预制透水性混凝土铺块、50mm 厚的天然砂找平层、200mm 厚的 C30 现浇混凝土层、20mm 厚的三渣基层、100mm 厚的道渣层及夯实底土。

▶ 2-13

三、污染物的控制效果与设施运行维护

1. 控制效果概述

研究结果表明，通过多孔路面能够减少洪峰量的 83%。由于对暴雨径流进行了过滤，透水路面通过捕获、吸附污染物或是在透水路面的底层土壤中降解，从而对径流中的溶解态及颗粒态污染物具有较高的消除作用，对氮、磷及重金属具有较强的去除能力。

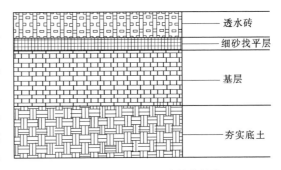

图 2-13　简易透水砖铺装结构

透水砖
细砂找平层
基层
夯实底土

多孔路面可以去除因大气沉降及附近地表精油携带的污染物。多孔路面去除污染物的机理为吸附、分解、网捕及土壤微生物降解。如果污染物能大量渗透入地下，则多孔路面对其的去除率高，表 2-5 列出了三种类型的多孔路面对污染物的去除范围。

表 2-5　　　　　　　三种类型的多孔路面对污染物的去除范围

污染物	多孔透水路面设计型号		
	每英亩❶不透水区域 0.5in 径流/%	每英亩不透水区域 1.0in 径流/%	2 年设计暴雨处理/%
TSS	60~80	80~100	80~100
TP	40~60	40~60	60~80
TN	40~60	40~60	60~80
BOD	60~80	60~80	80~100
细菌	60~80	60~80	80~100
金属	40~60	60~80	80~100

2. 对各类污染物的净化情况

（1）透水铺装地面对雨水的 pH 值具备一定调节作用。由于空气污染日益严重，不少地区酸雨问题非常突出。一方面酸雨具有很强的腐蚀性，另一方面酸性环境也不利于重金属元素在透水基层中以络合和表面沉淀的方式去除。研究发现，透水铺装地面的面层有良好的缓冲性能，可将雨水的碱度由 40mg/L 提升到 80mg/L，而出水的 pH 值稳定在 8 左右。

（2）透水铺装地面对金属元素的去除作用。惰性的基层材料对金属元素的去除率很低。为保证透水铺装地面对金属元素的有效去除，研究人员开发了不少吸附性能良好的基层材料。如用硝酸铁浸泡石英砂并烘干，得到负载铁氧化物的石英砂。经检测，石英砂在负载铁氧化物后，比表面积由 0.01~0.05m²/g 上升到 5~15m²/g，同时形成了可变电荷表面，从而有利于吸附金属元素。而填装了这种基层材料的实际装置的运行结果表明，经过净化的雨水中除钙、镁元素含量因基层材料的溶出而升高

❶　1 英亩≈4046.856m²。

外，锌、镉、铅、镍、锰、铜含量均有大幅度下降，总量减少在 80% 左右。经 5a 运行，金属元素的释放量很低，说明透水铺装地面对于金属元素的吸附很稳定。

基层材料可以去除金属元素，但如果材料选择不当反而会通过溶出对雨水产生金属元素污染。在英国诺丁汉特伦特大学（Nottingham Trent University）校园内的中试实验表明，以煤矸石作为基层材料的透水地面系统出水的电导率和重金属含量均有所上升，而相同条件下以砾石、碎花岗岩和石灰石为基层材料的透水铺装地面结构则没有出现这种现象，说明煤矸石中溶出的金属离子污染了出水水质。

（3）透水铺装地面对有机污染物的去除作用。城市面源主要来源于初期雨水对城市道路和屋顶的冲刷，而道路上大量存在的机动车产生了大量的 COD，油脂类物质和多环芳烃等。

透水铺装地面系统对有机污染物具有良好的生物降解作用。研究人员研究了润滑油在透水铺装地面结构中的降解作用，发现油类物质通过透水地面系统后，去除率达到 97.6%。随着油类物质的减少和 COD 的降低，系统内氧气含量不断下降，CO_2 含量逐步升高，同时伴随系统温度的逐步上升。运用红外光谱测试出水发现，水中的 CH_2、CH_3 基团大量减少。由此可以推测透水铺装地面结构中存在着活跃的微生物作用。研究发现，透水铺装地面基质层内微生物总量达到 1×10^4 个细胞/mL，是对照组的 70 倍。与此同时，透水铺装地面基层中还存在有大量的原生动物、后生动物，与细菌、真菌等一起构成了完整的食物链，使得系统内的生物膜可以不断更新。此外，有研究发现，通过原生、后生动物捕食病原细菌可以有效地保障透水铺装地面渗滤出水的生物安全性。作为生物反应器，透水铺装地面结构具有良好的适应性。透水结构层中的微生物经过短短数月的驯化，就可以使具有降解芳香烃类油污能力的微生物种群取得优势。长期实验证明，经过 4 年的使用，透水铺装地面系依然保持着良好的对油类物质的降解能力。

透水铺装地面通过物理化学作用降解有机污染物的作用也不容忽视。在高锰酸盐指数的降解过程中，基质材料的"过滤吸附—滞留"起着很大的作用，基质材料通过过滤水中固体颗粒，可以有效地滞留有机污染物，供微生物缓慢降解。

（4）透水铺装地面脱氮除磷作用。透水铺装地面脱氮作用，如在北京某小区内进行了透水铺装净化水质实验，结果表明，下渗雨水中 $NH_4^+ - N$ 的平均去除率为 91.19%，但 $NO_3^- - N$ 和 $NO_2^- - N$ 经过渗滤后反而升高。80%～90% 的 $NH_4^+ - N$ 转化为 $NO_3^- - N$ 和 $NO_2^- - N$。推测这是表层溶解氧以及碳源充足，促进了硝化反应的结果。而结构下层由于碳源不足，加之间歇性降雨，无法形成缺氧环境，反硝化过程被抑制，从而导致 $NO_3^- - N$ 和 $NO_2^- - N$ 的含量升高。

同时，透水路面还具有良好的生态效益：减少地面辐射及热岛效应，路面排水防滑，改善路面交通条件，增加地下水源补给，减轻排水压力，降噪。

3. 运行与维护

透水路面需要进行日常的清洗和养护，才能延长其使用寿命，以达到长期削减面源污染的目的。透水路面的修复可以用高压水枪对路面进行清洗；也可以用吸力式清洗机。要求业主定期对多孔路面进行清洗，防止木屑、沉淀物等杂物进入透水路面系统。多孔透水路面严禁添加细沙和尘土。多孔路面中的污点堵塞问题可以通过多孔沥青层钻孔（孔深为6mm）的方法进行缓解。具体维护措施及频率见表2-6。

表2-6　　　　　　　　　　　透水路面的维护措施及频率

维护措施	频率
最初的检查	铺设后每月1次，持续3个月
确保多孔路面无沉积物	每月1次
确保实施地区及相邻地区已经稳定，已完成植被收割	根据检查结果而定
高压真空抽吸多孔路面并采用高压水冲	每年4次
检查路面以防止腐化和破碎	每年1次
确保暴雨期间排水顺畅	雨后0h、24h、48h
采用钻孔的方法对堵塞的污点进行救治	堵塞后立即进行

▶2-14

✎2-9

四、透水铺装技术的应用

人行空间透水铺装模式的综合设计应用——以陆家嘴环路生态透水铺装改造示范段为例。

1. 背景——人行空间铺装的现状

人行空间单调，铺装品质不高，与周边楼宇环境不匹配。该路段现状主要是作为通行空间，绿地空间采用树池和绿篱围合，人行至此无法停留。铺装材料采用的是彩色水泥砖和广场砖，铺装品质不高，容易破损，与周边的高档楼宇景观不协调。陆家嘴景庭门前的铺装和上海海洋水族馆门前的人行铺装在材料与风格上不统一。

人行铺装的生态功能缺乏，节能环保不足。现状人行铺装材料均是不透水材料，现状树池高于地面，无法满足雨水收集功能，生态功能缺乏，节能环保不足。因此在对铺装透水模式探讨之前，须要重新对该地块进行景观改造设计，通过完善公共空间的功能，提升公共空间品质，最终实现"设施集约""空间精致"以及"生态环保"，形成具有个性化的使用空间的目标，而其中的生态环保目标的达成主要就是通过人行空间透水铺装来实现。由于该区域为金融中心，因此在改造设计上，为了营造出金融城的空间风格特征，创造出精致的商务休闲空间，需要铺装材料能够体现稳重、沉静的公共空间环境风格，以体现典雅、精致的空间品质，并且硬度高、耐磨性好，经久耐用，能承受高密度人流的踩踏。而目前市场上可以满足以上要求的铺装材料主要是花岗岩石材，但花岗岩不透水，针对这一矛盾，该案例中选择大面积的不透水材料（花岗岩）和小面积的透水材料（如彩色透水混凝土和透水路面砖等）作为该区域公共空间人行道的铺装材料，并且通过几种生态铺装透水模式设计，既解决了大量花岗岩铺装透水的问题，同时营造出宜人的步行空间环境。

2. 铺装透水模式设计

为了实现透水，将该示范段的人行空间分为两种类型：通行空间和边界空间，不论哪种空间类型，首先都需要在纵向上设计透水性结构以实现立体透水的目的，然后在横向上针对两种空间采用4种不同的铺装透水模式设计，分别为通行空间内的沟缝式、平面组合式和边界空间内的明沟式以及绿地休憩空间的雨水花池式，这些透水模式先是通过不同类型的铺装材料的平面组合设计，然后各种方式通过空间组合，实现了该路段人行空间透水模式的综合设计。

（1）透水铺装的纵向结构层。一般的人行道路断面结构可以分为：面层、基层、垫层、素土夯实层，而导致道路不透水的原因主要在于面层和基层，因此本案例中，面层采用的透水性材料（如透水烧结砖、砂岩、露骨料透水混凝土等）以及不透水花岗岩通过各种组合方式形成平面形式，然后采用透水混凝土为基层，级配碎石为垫层。遇到下暴雨的时候，单靠土壤透水排水容易导致垫层积水，因此在碎石垫层每隔 2m 设置 R30PVC 万孔管，万孔管直接接大容量的排水沟，保证垫层不积水。同时为了增加结构稳定性以及过滤作用，在碎石层与土路基之间增加土工布。如图 2-14 所示。

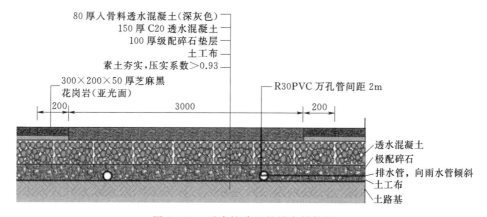

图 2-14　透水性路面的纵向结构图

（2）通行空间的铺装透水模式。通行空间是人行空间中重要的功能空间，它主要承担人的通行以及短暂停留的功能，结合陆家嘴金融城整体空间氛围，采用以花岗岩为主的铺装，在透水模式上主要采用下列两种模式。

1）渗水明沟透水模式。陆家嘴环路的现状场地地势是从商铺一侧向机动车道逐渐降低，降雨时，此处的雨水会随着地势流向机动车道的渗水沟，因此在靠近陆家嘴景庭和上海海洋馆一侧主要采用的是小容量渗水明沟透水模式。靠近机动车道一侧的步行道地势较低，在遇到降雨较大的情况下，容易汇集较多的雨水，因此设计采用大容量渗水明沟透水模式。

2）平面组合式透水模式。组合式透水模式主要是采用两种类型的铺装材料，即透水铺装材料和不透水铺装材料相结合，在平面上组成不同的铺装图案，构成点、线、面三种生态化透水的铺装形式，通过透水点、透水带、透水面达到生态透水的目的。同时根据场地的特征和排水需求的大小，在纵向上的透水性结构有两种：一种是在排水需求较大的地块，基层全部采用透水材料；另一种是在排水需求较小的地块，在对应透水铺装面的基层局部采用透水材料。

在主要的通行区域陆家嘴景庭的南侧采用面式透水，同时将线式透水应用于整体通行空间中部。这些地段通过营造充满现代感的空间氛围改造形成聚集广场，基层垫层全部采用透水材料，促进雨水下渗，以防此处形成积水，阻碍游人聚集交流。

（3）边界空间的明沟式透水模式。边界空间指人行通道与绿地、建筑或者设施的交界空间。该类型的空间不便于行人通行，但需要承载人行道上的一些功能设施：如花坛、树池、坐凳等，因此边界空间的透水可以结合这些设施进行设计，在人行道与绿地或者建筑的交接处，采用鹅卵石覆盖的明沟模式，并且改变传统明沟垫层不透水，只是采用底部每隔一段距离设置一个排水管道将收集的雨水全部排入市政的雨水管网的做法。在该次设计中，在海洋馆门口两侧的花坛与人行道的交界处，用覆盖鹅卵石的明沟联系两种空间，明沟基层全部采用透水材料，雨水排入明沟后通过基层的透水材料向下渗透，同时再通过排水管道将多余的雨水排入市政的雨水管网。

（4）雨水花池透水模式。雨水花池透水模式是将人行空间中的绿地、树池、花坛等休憩性空间做成雨水花池的形式。与原先绿地的地形高于路面，雨水排到市政管网的做法不同的是，雨水花池式的绿地的标高低于路面，收集来自人行道地面多余的雨水，然后通过雨水花池中的植物、沙土的综合作用使雨水得到初步的净化，并使之逐渐渗入土壤，涵养地下水，超出雨水花池渗水能力的雨水再排入市政的雨水管网，以减轻城市雨水管网的排水压力，同时还可以结合景观坐凳等，美化人行道景观，形成良好的休憩空间。在该案例中的绿地空间都采用雨水花池式，形成一个个生态绿岛，起到了空间与效果生态"集约"的作用。

（5）透水系统运行模式。陆家嘴环路人行道的排水方向是从陆家嘴景庭到市政道路上的雨水井。如果遇到比较大的降雨，雨水在经过陆家嘴景庭旁边的缝隙式小容量渗水沟时，一部分从小缝隙中被排入明沟，然后再逐渐下渗，来不及被排入的雨水再通过组合面式透水时，又有一部分雨水通过面层的露骨料和基层的透水混凝土和级配碎石等渗入地下，多余的雨水中还有一部分会被雨水花池边上的进水管收集，然后被排入雨水花池，再被水生植物净化、最后逐渐下渗。最后一道关口就是通过缝隙式大容量渗水沟，通过其上比较大的缝隙，将雨水排入其下的明沟，再通过明沟内的透水结构层渗入地下。经过四重截流、贮存与渗透、最后排入市政雨水井的雨量将大大减少，因此，通过这种透水材料以及透水结构的组合设计可以在降水量较大的情况下减轻市政雨水管网的雨洪压力。

陆家嘴环路生态透水铺装改造示范段的改造，不仅景观效果大大提升，还起到一定的雨水下渗的作用，减少短时间内的路面积水，更为重要的是，它已从单一的通过性空间升级成为既可通过、又可驻足休憩，并且具有生态示范作用的多功能空间。

任务二　曝气增氧技术

知识点一　人工曝气增氧技术

一、人工曝气增氧技术的概念、作用、应用及形式

1. 基本概念

人工曝气增氧技术就是采用人工的方法，向河道内的水体注入空气或纯氧，提高

水体中溶解氧的浓度，抑制厌氧菌和藻类的繁殖，去除水体黑臭现象，同时增加好氧菌的繁殖速度，增强水体的自净能力。

人工曝气增氧的效果主要取决于水生态系统内氧气在水中的溶解度和溶解速率。

2. 人工曝气增氧技术的作用

（1）可以提高水体内溶解氧浓度。

（2）恢复和增强水体内好氧降解有机物的微生物活力，使水体中的污染物质得以净化。

（3）能减缓底泥释放磷的速度，从而消除黑臭，改善河道水质。

3. 人工曝气增氧技术的应用

（1）在污水截流管道和污水处理厂建成之前，为解决河道水体的有机污染问题而进行人工充氧。

（2）在已经过治理的河道中设立人工曝气装置作为应对突发性河道污染的应急措施，突发性河道污染是指连续降雨时，城市雨污混合排水系统溢流，或企业因发生突发性事故排放废水造成的污染。

（3）在夏季因水温较高，有机物降解速率和耗氧速率加快，也可能造成水体的溶解氧降低，此时进行河道曝气复氧是恢复河道的生态环境和自净能力的有效措施。

4. 人工曝气增氧形式

根据需要曝气河流水质改善的要求（如消除黑臭、改善水质、恢复生态环境等）、水体条件（包括水深、流速、断面形状、周边环境等）、河段功能要求（如航运功能、景观功能等）、污染源特征等不同，人工曝气增氧的形式有两种，即：固定式充氧站和移动式曝气增氧设施。

（1）固定式充氧站。可采用两种曝气形式：鼓风曝气和机械曝气。

1）鼓风曝气。在河岸上设置一个固定的鼓风机，通过管道将空气或氧气引入设置在河道底部的曝气扩散系统，达到增加水中溶解氧的目的。这种曝气形式一般由机房（内置鼓风机）、空气扩散器和相关管道组成。

2）机械曝气。就是将机械曝气设备（多为浮筒式结构），直接固定安装在河道中对水体进行曝气，以增加水体中的溶解氧。

（2）移动式充氧。在需要曝气增氧的河段上设置可以自由移动的曝气增氧设施，其突出优点是可以根据曝气河道水质情况，灵活地调整曝气船的运行，达到经济、高效的目的。

5. 人工曝气设备分类

曝气设备按充氧所需的氧源分为纯氧曝气和空气曝气设备，按工作原理分为纯氧增氧系统、鼓风机微孔布气管曝气系统、叶轮吸气推流式曝气器、水下射流曝气设备、太阳能曝气机、喷泉曝气设备等。

人工曝气系统可单独使用，也可与其他微生物技术、植物净化技术、接触氧化工艺等组合使用。

2-16

二、纯氧增氧曝气

纯氧增氧曝气是指利用纯氧（富氧）代替空气进行曝气的过程。按照曝气器形成原理可以分为纯氧微孔曝气系统、纯氧射流曝气系统和纯氧涡旋曝气系统三大类。

1. 纯氧微孔曝气系统

（1）系统的组成。该系统主要由曝气机及微孔曝气器组成。微孔曝气器种类多，比较常见的有膜片式微孔曝气器、管式微孔曝气器及曝气盘。

（2）设备安装。主要是指曝气机与曝气盘的安装，一般有两种形式：固定式安装和移动式安装。

1）固定式安装。以液氧为氧源的曝气机，固定在岸边的绿化带即可。该设备占地面积小，不需建造专门的构筑物。同时，该系统不需动力装置，省却了供电、电控设备和电力增容费，运行可靠、无噪音。

2）移动式安装。曝气机以"曝气垫"的形式置于河床上，与曝气盘通过软管连接。该种曝气垫强度比较高，在河道中安装方便，应用灵活，而且不易堵塞。在水深小于5m的河道，湖泊充氧效率可达70%左右。

2. 纯氧射流曝气系统

（1）工作原理。纯氧射流曝气是利用水泵射入的高速混合液水流，形成负压吸入空气，空气和混合液在喉管中强烈搅动，致气泡粉碎，在扩散管内，细微气泡进一步压缩，氧迅速转移到混合液中，最终与水混合并提高水中的含氧量。

在这过程中，由于射流曝气器由扩散管喷出的空气泡直径属于微气泡曝气，因此也可以归类于鼓风曝气系统。

（2）系统组成。纯氧射流曝气系统由水泵、射流器等组成。射流器又由喷嘴、吸气室、喉管、扩散管等部件构成。

（3）系统分类。纯氧射流曝气系统分类方式比较多，最常见的有：按供气方式的不同，可分为自吸式与供气式；按压力的不同，可分为高压型与低压型；按喷射方式不同，可分为连续喷射、旋流喷射与脉冲喷射；按结构不同，可分为单级与多级。

3. 纯氧涡旋曝气系统

（1）工作原理。氧气首先经过涡轮变成极为细小的气泡，然后在推进器的作用下输送至湖底，而推进器产生的水流会使污水得到充分的混合。

（2）组成。该系统是由自吸式涡轮与特制的推进器组成。

纯氧增氧是一种高效的增氧方法，该技术相比普通空气增氧技术具有见效快的特点，同时随着纯氧增氧曝气技术的成熟及制氧成本的下降，纯氧增氧曝气将会在高污染河道中有越来越广阔的应用前景。

▶2-17

三、鼓风机微孔布气管曝气

1. 工作原理及组成

（1）工作原理。鼓风机将空气通过一系列管道输送至安装在河道底部的微孔布气管曝气器，通过曝气器，使空气在曝气器出口形成不同尺寸的气泡。气泡经过上升和随水循环流动，最后在液面处破裂，这一过程起到氧向污水中转移的作用。

（2）组成。鼓风机微孔布气管曝气设备是由主机（电动机）、鼓风机、储气缓冲装置、主管（PVC 塑料管）、支管（PVC 塑料管或橡胶软管）、曝气器等组成。

2. 设备类型

鼓风机微孔布气管曝气设备主要由曝气器及鼓风机组成。

（1）曝气器的类型。根据曝气器的结构形式不同，有微气泡、中气泡、大气泡、水力剪切、水力冲击及空气升液等。

（2）鼓风机的类型。鼓风机有离心式、罗茨式、回转式、水环式、空气压缩机类、吹吸气泵类等类型。

3. 系统的特点

（1）具有一定的风量。鼓风机曝气的目的是使水体或液体中增加足够的溶解氧，以满足好氧生物对氧气的需求。

（2）具有足够的压力。鼓风机曝气过程是气体与液体之间分子质量的传递过程，要使气体在液体中充分扩散和接触，并阻止液体中悬浮物下沉，曝气风机必须能够产生足够的压力，使氧气在液体中充分搅拌和溶解。

4. 设备的安装

（1）施工前准备工作。

1）确定增氧的水面，并接通电路。

2）平整放置增氧管道的河岸。

3）准备好固定管道和曝气管的工具。

4）准备好与曝气管器相匹配的主、干管长度与规格及其配件。

5）根据需要增氧的水面选购鼓风机。

（2）微孔管水下曝气增氧设备安装。曝气增氧设备安装的方式主要有条式安装法和盘式安装法。

1）条式安装法。以 1 亩❶为计算单元（参考值）：须配备 0.1kW 的鼓风机，曝气管总长度约 60m。安装时，管间距为 10m，高低相差不大于 10cm，并固定，距池底 10～15cm。

2）盘式安装法。以 1 亩为单位（参考值）：须配备 0.1～0.15kW 鼓风机，盘直径为 4～6mm 的钢筋，曝气管固定在钢筋框上，盘总长度为 15～20m，1 亩控制在 3～4 只（若盘总长度为 30m，1 亩控制在 2～3 只）并固定，距池底 10～15cm。

5. 设备的日常管理

（1）经常性检查时，如发现增氧设施运转有故障或有损坏，应立即报修。

（2）可用溶氧仪定期检测水质，如溶氧状况、充氧效果，并做好记录，以便采取相应措施。

6. 设备的维护

曝气盘的使用寿命在 2～3 年，定期清洗、暴晒，然后放置在阴凉处保存再用。安装曝气盘时要注意，应当控制在离水底 10～15cm 处。

---

❶　1 亩≈666.67m²。

四、水下射流曝气

1. 工作原理及组成

水下射流曝气是用潜水泵将水吸入，经增压从泵体高速推出后，利用设置在出水管道水射器将空气吸入，气-水混合物经水力混合切割后进入水体。设备主要由潜水曝气主机、射流喇叭口、进气管及消音器组成。

2. 使用条件及特点

(1) 使用条件。水下射流曝气设备对水质要求比较严格：水温度不超过 40℃；pH 值为 5～9；水密度不超过 $1150kg/m^3$。

(2) 特点。

1) 水下射流曝气机具有结构紧凑，占地面积小，安装方便的特点。因为曝气机主要由潜污泵、曝气器和进气管三部分组成，结构紧凑，占地面积小；而且曝气机安装便捷，维护方便。

2) 曝气效能高，应用范围广。曝气机具有高速的射流流态，液气混合充分，氧吸收率高，动力效率高。比传统曝气处理效率高 3～4 倍，曝气时间缩短，并被应用于各种污水处理。

3) 水下射流曝气机系统简单，可靠性高。因为曝气机不需要鼓风机等设备，系统简单，除吸气口外，其余部分均潜入水中运行，噪音小。

4) 投资和运行费用低。由于射流曝气机适用于较深的曝气池，使占地面积减少，系统简单，节约投资费用，处理效能高，运行费用低。

3. 设备的安装

(1) 安装前的准备。

1) 检查曝气机型号是否正确。

2) 清理水池或水道，防止杂物进入曝气口。

3) 用兆欧表检查电机主电缆三芯线，对地绝缘电阻不得低于 5 兆欧；用万用表检查控制电缆线；检查电压波动是否在额定电压±5％的范围内。检查曝气机专用控制柜接线是否正确，启动装置是否灵活，触头接触是否良好，启动设备的金属外壳是否可靠接地，检查所有接线处有无松动，并重新紧固一次。检查线路连接是否正确，曝气机的接地线必须连接牢靠，且比其他线长出 50mm。

4) 检查叶轮旋转方向。使用三相电源的潜水曝气机，在潜水曝气机初次启动或每次重新安装后都应检查转动方向，转动方向不正确，会降低效率，并损坏潜水曝气机。检查方法是：潜水曝气机在最终安装前，应举高并作简单的启动，从底部向上看潜水曝气机的吸水口，叶轮按逆时针方向旋转。如果旋转方向不正确可以交换控制柜或端子箱上三相线中的任意两条线的位置，就能改变转动方向。如果几台潜水曝气机连到一个控制柜或端子箱上，各台潜水曝气机必须单独进行检查。

(2) 安装。

1) 固定湿式安装。该安装采用自动耦合系统，潜水曝气机沿导轨下滑到底座，与出水口自动耦合并密封可靠。

2）移动式安装。以底盘支撑，底盘根据用户需要可固定或不固定在基础上，接上电源即可工作。

不论是固定湿式安装，还是移动式安装，吊装潜水曝气机时，必须切断电源，确保安全；在吊装过程中加强对电缆的保护，严禁划破、划伤电缆。

4. 设备的启动

（1）启动前必须确认叶轮的旋转方向。

（2）合闸后，不能立即启动潜水曝气机，应通过控制系统对潜水曝气机进行自检，如发现有故障出现（电控柜上出现闪光报警或警报报警），应检查并排除故障，然后方可启动，若电机不转，应迅速果断地拉闸，应检查并排除故障，以免损坏电机。

（3）潜水曝气机启动后，应注意观察电机及线路电压表和电流表，若有异常现象，应立即停机查明原因，排除故障后方能重新合闸启动。

（4）几台潜水曝气机由一台变压器供电时，不能同时启动，应按功率由大到小逐台启动；停止时，应由小到大逐台停止。

5. 设备的运行

（1）运行中电流监视。潜水曝气机的电流不得超过铭牌上的额定电流，三相电流不平衡度，空载时不超过 10%，额定负载时不超过 5%。

（2）运行中电压监视。电源电压与额定电压的偏差不超过 ±5%，三相电压不平衡度不超过 1.5%。

6. 设备的维修保养

（1）为防止曝气机内部积有杂质，应清洗曝气机。

（2）曝气机长期不用时，应清洗并吊起置于通风干燥处，注意防冻。若置于水中，每 15 天至少运转 30min（不能干磨），以检查其功能和适应性。

（3）电缆每年至少检查一次，若破损，应给予更换。

（4）每年至少检查一次电机绝缘及紧固螺钉，若电机绝缘下降可联系厂家；若紧固螺钉松动应重新紧固。

（5）定期注油与换油，如果发现机油中有水，应更换机油，更换密封垫，旋紧螺塞。三个星期后，需重新检查，如果机油又成乳化液，则机械密封应进行检查，必要时应更换。

五、喷泉曝气系统

1. 工作原理

利用浮水或沉底的喷泉式曝气设备，制造垂直循环流，使表层水体与底部水体交换，新鲜的氧气被输入水底，在水底形成富氧水层，消化分解底部沉积污染物，废气被夹带从水中逸出，底层低温水被输送到表层后，调节表层水温，抑制水体表面藻类繁殖及生长，改善微生态环境，强化水体自净能力。

2. 喷泉曝气的特点

（1）一体构造，体积小，易安装。

（2）无易损部件，可以延长维护时间。

（3）水花样式多，可根据环境选配。

（4）不需要机房，少占地。

（5）任何管道、泵、阀都不存在堵塞现象。

（6）水循环效果明显、低损耗、噪声小，节能低耗环保。

3. 设备种类

根据安装形式的不同，喷泉曝气设备分为：固定式、固定漂浮式和可移动式。

可移动式浮水喷泉曝气有浮箱式喷泉曝气和浮板式喷泉曝气两种。

4. 设备选用注意事项

在选择喷泉曝气设备时一定要注意以下几点：

（1）必须明确水体的需氧量、水体平面大小以及深度结构。

（2）根据使用水体和使用环境的不同，适当选择带有景观效果的水花类型（如带中心水柱的浮水喷泉曝气机、不带中心水柱的浮水喷泉曝气机）。

（3）选择漂浮浮体时，一定要考虑是否采用抗氧化性浮筒，是否具有抗冻性。

（4）使用寿命，如马达的质量、设备是否抗堵塞等。

5. 喷头造型

按照喷泉曝气所喷水水流的花样不同，喷头可分为树冰喷头、万向直流喷头、孔雀开屏喷头、中心直上喷头、雾状喷头、花柱喷头、旋转喷头、牵牛花喷头、扁嘴喷头、扇形喷头、可调玉柱喷头、涌泉（鼓泡）喷头、礼花喷头、加气喷头等形式。选择喷头时一定要结合周边景观效果。

▶ 2-20

6. 设备的安装方式

喷泉曝气系统安装方式有两种：固定安装与非固定安装。

（1）固定安装。固定安装是将喷泉曝气系统安装在河底（或湖底），首先进行管道制作安装、管道支架安装、设备安装调试等项工作。

◉ 2-12

（2）非固定安装包括曝气机浮水安装与曝气机沉水安装。曝气机浮水安装采用漂浮安装方式，无须专用的安装基础，可按需调整位置，一般须用尼龙绳索或钢丝简单牵引固定在插杆、木桩或石块上。曝气机沉水安装，采用非固定式安装方式，将曝气机安置在简易基础平台即可。

六、太阳能曝气

太阳能曝气技术是一种利用太阳能作为动力源，用于水污染治理的增氧曝气与水体循环技术。该技术突破了传统曝气机的供电瓶颈，克服了其他"曝气复氧"技术存在的高能耗及运行管理不便等问题，非常适用于河道、湖泊、水库、氧化塘、人工湖等供电条件不足的水体。

1. 工作原理

太阳能曝气机通过微动力方式解决水体自然分层问题，使表层高温富氧水体扩散至水体底部，激发底层生物活性，提高水体自净能力，同时防止磷的厌氧释放。表层水中的蓝绿藻在底部弱光低温环境下，生长繁殖受到抑制而衰减。

太阳能曝气机是一种高效曝气设备，依照曝气理论，通过机械手段，制造持续超大流量的纵、横向水体循环，最大限度地将表层溶解氧超饱和水体转移到水体底层，增加底层水体的溶解氧，并消除自然分层，提高水体自净能力。

2. 设备组成

太阳能曝气机由太阳能电池组件、控制系统、主机、浮体支架等部分组成，通过连接框架组成一体或者主机与太阳能组件各自独立。主机由专用潜水电动机、叶轮、浮筒、浮筒底座、电缆等组成。

3. 设备种类

太阳能曝气系统种类比较多，主要有浮岛太阳能曝气机、微泡式太阳能曝气机、推流式太阳能曝气机、扬水式太阳能曝气机、解层式太阳能曝气机等。

（1）浮岛太阳能曝气机。主要由太阳能电池组件、曝气机及控制器、浮岛及填料等组成。该设备主要形成垂直上升流，浮岛曝气一体化，形成一定景观效果。

（2）微泡式太阳能曝气机。主要由太阳能电池组件、静音鼓风曝气机、空气释放器及控制系统等组成。空气释放器采用固定微泡释放器，利用微孔曝气管、曝气盘，释放出极微小的气泡，延长气体在水中的停留时间，使曝气效率得到提升。

（3）推流式太阳能曝气机。以太阳能作为设备运转的直接动力，设置独特的转盘式复氧叶轮，通过转盘叶轮旋转拨动水循环，将水横向推送至远端，底部缺氧水体向上补充，实现循环推流、混合和复氧等多重功效。

（4）扬水式太阳能曝气机。主要由太阳能电池组件、鼓风马达、专用浮体、生物整流栅、导流筒、输气管路、空气释放器等组成的一体化净水设备。

通过导流手段，向水中注入空气，制造持续超大流量纵、横向水体循环，最大限度地将表层溶解氧超饱和水体转移到水体底层，使水体循环曝气，增加底层溶解氧，并通过其特有的生物载体，富集微生物分解水中污染物，提高水体自净能力。

（5）解层式太阳能曝气机。主要由太阳能电池组件、控制系统、主机、浮体等部分组成。解层式太阳能曝气机设置旋切提拉曝气叶轮，通过叶轮旋转提升作用，将底部缺氧水转移到水体表面与表层富氧水混合；表层富氧水通过离心旋转横向水平扩散、纵向进入底层缺氧区。由此实现水体解层、增氧和纵横向循环交换三重功效，最大限度地将表层溶解氧超饱和水体转移到水体底层，增加底层水体溶解氧，消除自然分层，提高水体自净能力。

4. 设备结构特点

太阳能曝气设备具有以下特点：①成本低、见效快，安装方便，无须日常人工操作；②水体在无动力层流方式下运行，实现大流量高效水循环；③出水口可根据需要设计，适合于深水湖泊或水库；④设备采用不锈钢和工程塑料等耐腐蚀材料，使用寿命长；⑤设备漂浮在水面，无须安装基础，不受水位影响；⑥生态环保，无须投加任何化学药剂，无二次污染。

2-21

2-13

七、叶轮吸气推流式曝气

叶轮吸气推流式曝气器也是河道、湖泊人工充氧中使用较广泛的充氧设备之一。

由电动机、传动轴、进气通道及叶轮等组成。

1. 工作原理

叶轮吸气推流式曝气器是通过在水下高速旋转的叶轮在进气通道中形成负压，空气通过进气孔进入水中，叶轮形成的水平流将空气转化为细微、均匀的气泡。

2. 类型

根据叶轮形状、位置、单叶或复叶的数量、进气通道的位置，可分为轴向流液下曝气器和复叶推流式曝气器。

3. 特点

（1）安装方便，只需将上浮筒的设备安置在水面上，用缆绳加以固定或锚固即可。

（2）由于设备漂浮在水面，因而，受水位影响较小。

（3）设备安装在河道内，除了电控设备外，基本不占地。

（4）维修简单方便。

4. 缺点

（1）叶轮容易堵塞、缠绕；由于一些河流的漂流杂物较多，这些杂物（尤其是塑料袋、旧衣服等）会将设备的叶轮缠住，影响充氧效率。这个缺点很大程度上可以通过在设备上安装防护网来克服。复叶推流式曝气器由于进水口与出水口距离较远，不易被堵塞缠绕。在水深较浅的河流中使用该类设备易将底泥搅起。

（2）对于有航运要求的河道，会影响航运。

（3）运行时可能会在水面上形成一些泡沫，影响环境美观。

八、人工曝气增氧技术的适用性

人工曝气技术的运用，既取决于河道、湖泊的特征，如分层特性、面积和水深等，也要考虑设备的适用性。

对于小型湖泊、河道，运用人工曝气技术比较适宜。对于大中型湖泊、河道，由于需要多套设备，成本、运行费用较高，维修点增多、且分散，不利于管理和维护，所以不宜大规模使用。也可在局部重污染区运用。

在选用曝气设备类型时，要考虑河道的如下情况：

（1）当河水较深，需要长期曝气复氧，且曝气河段有航运功能或有景观功能要求时，宜采用鼓风曝气或纯氧曝气的形式。

（2）当河道较浅，没有航运功能要求或景观要求，主要针对短时间的冲击污染负荷时，一般采用机械曝气的形式。

（3）当曝气河段有航运功能要求，需要根据水质改善的程度机动灵活地调整曝气量时，就要考虑可以自由移动的曝气增氧设施。

（4）在大规模应用河道曝气技术治理水体污染时，还需要重视工程的环境经济效益评价，即合理设定水质改善的目标，以恰当地选择充氧设备。

2-22

2-4

知识点二 跌 水 曝 气 技 术

一、跌水曝气技术的概述

1. 技术原理

2-14

跌水是指水流从一定高度跌落，由于水流落差使水流在与下一级水体接触前就具有一定的动力势能，在跌落水流与下一级水体接触后，水流能量传递给水体，由此受纳水体接受能量后流态由层流转变为紊流，液面搅动卷入空气，进行充氧。同时，液面的不断搅动使气液接触面不断更新，利于氧不断地向水体转移，由此可以实现高效低耗的污水充氧。

2. 复氧途径

跌水曝气复氧的途径有两种：

1）在重力作用下，水滴或水流由高处向低处自由下落的过程中充分与大气接触，大气中的氧溶解到水中，形成溶解氧。

2）水滴或水流以一定的速度跌入水面，会对水体产生扰动，强化水和气混掺产生气泡，在其上升到水面的过程中，气泡与水体充分接触，将部分氧溶入到水中形成溶解氧。

3. 跌水曝气形式

跌水曝气根据地形、水流状态，表现的形式有三种：跌水、瀑布及叠水。跌水是由于地形突然的高差变化而产生水流跌落的现象，跌水又分为直跌式和陡坡两种；瀑布是地形较大的落差变化，使平面的水流呈现直落或斜落的立面水流；叠水是地形呈阶梯状的落差和地貌的凹凸状变化，使水流呈现层叠流落的水流现象。

叠水和跌水是常用的两种水处理方式。叠水的横向铺展过程要大于纵向跌落过程，因而它适用于平面的水景表现；而跌水的纵向下落要大于横向过程，所以它在纵向的立体空间上有着很好的表现力。不过，在景观设计中往往会把叠水和跌水融合在一起，使水景层次更丰富。城市景观河道常常结合景观效果，将二者有机地结合起来。

4. 跌水曝气的优势

（1）生态环境保护。对于跌水曝气来说，可以因地制宜地设计，将山地丘陵的劣势化为优势，利用高差跌水充氧，从而减少土石方的开挖和混合液曝气所需电能的消耗，而这样仅仅只需要改变曝气系统就可以实现，非常方便，不影响现有污水处理技术的运用。可以集中发挥两者之间的优点，当然跌水曝气也有它的劣势，特别是对空气环境要求来说，由于跌水曝气系统会将污水提升到一定高度，然后在露天的情况下进行跌落，以达到给污水充氧的目的，这必然会把污水难闻的气味带入空气中，不利于环境的保护，会造成二次污染，但这也不是绝对的，在偏远人少和开阔的郊区影响也就小得多。

2-23

（2）经济性。就跌水曝气系统的经济性而言，可以从污水处理设施的投资来分析，它的主要投资有以下几点：技术研发、土建、设备和运行维护费用。首先，跌水曝气系统可以利用现有的污水处理技术，这一项就可以大幅度减少开发新的污水处理工艺所需的研究费用。其次，在土建方面，跌水曝气系统可以有效地利用中国多山区和丘陵地带的特点，在既不破坏原有的生态环境，又可以有效地减少土石方开挖的前提下，达到生态环境保护和节省投资的双重目的。

二、跌水曝气技术影响因素、景观效果及应用

1. 影响跌水曝气的因素

影响跌水曝气效果的因素有许多，主要有跌水高度、跌水流量、跌水深度、水力跌水等。对跌水曝气效果影响因素与复氧量的研究结果显示：

（1）跌水高度。跌水高度越高，复氧量越大。在具有一定坡度的地方，如山地、丘陵地带建造人工湿地，可以利用地势条件使跌水高度尽量高些。如果是利用泵把水提升到高处再跌水曝气，就不能只追求跌水高度而不考虑其他因素，应该结合水质、水量、处理要求等实际情况进行综合考察，选取最佳高度，实现基建费用和运行成本低廉及曝气效果良好的统一。

（2）跌水流量。跌水流量越小，越有利于复氧。可以通过设置更多、更细的湿地出水管道或在管道上钻一些出水小孔以实现分流增氧。但应注意管道或小孔不能太小，否则可能导致堵塞，在水量大时还可能会流水不畅而使污水溢出，同时水流太细也容易受到外界因素的影响。

（3）跌水深度。研究表明跌水曝气的充氧效果是随着跌水深度增加而减小，建议跌水水深：$0.6m > H > 0.2m$。

（4）水力跌水。水力跌水复氧措施对去除天然河道水体中氨氮、COD 的效果好于硬化河道。

2. 景观效果

（1）跌水曝气形成景观效果影响因素。

1）地形落差决定瀑布形成的高低和水声。

2）地貌凹凸决定瀑布流落的形状。

3）水量大小决定瀑布落水的形式。

4）出水口大小决定瀑布规模的宽窄。

（2）跌水产生的景观功能。

1）跌落的水携带大量的氧进入河流，给河流中的动植物和微生物提供良好的生长条件。

2）飞溅的水花增加了空气湿度，过滤空气中的尘埃。

3）可视、可听，具有独特的景观效果。

3. 跌水曝气在水环境修复方面的应用

（1）自然跌水曝气在水体自净中的强化作用。污染物进入河流后，由于环境的变化（如基质减少、日光杀菌、水温及 pH 值不适、存在化学毒物及吞食细菌的原生动物等），使污水中带来的细菌、病原菌、病毒等逐渐死亡，从而使水体在一定程度上得到自然净化。同时，由于地形的影响，河水流动过程中不断紊动跌水曝气，及时补充水体微生物消耗的氧，使底质中微生物作用更强，从而使底质中的有机污染物质发生分解，水体环境得到进一步净化。

（2）人工强化跌水曝气对水环境的修复。城市中一般都有河流环绕。当这样的水体受到污染后，水体中的微生物就会大量繁殖起来，这些微生物消耗水中溶解氧的速率有可能超过空气中的氧气向水中溶解的速率（称为复氧速率）。一旦如此，水中的溶解氧浓度就开始迅速下降，直到浓度降到接近零，使水体呈无氧或缺氧状态。在无氧或缺氧状态下，好氧微生物的生长受到抑制，而厌氧微生物则大量繁殖，承担了大部分的自净工作。但是厌氧反应后所产生的臭气严重影响了城市的形象和居民生活。因此，目前城市中的河流整治重点还是利用好氧微生物。

城市中的河流一般没有明显的自然高差，因此城市中的水环境修复只能靠人工强化。

三、跌水曝气工程形式及水力计算

1. 跌水曝气工程形式

（1）山区及丘陵地带。利用地理条件，河床产生垂直、阶梯形或陡坡状变化，造成水体突然、阶梯或快速下落，有天然和人工之分，属于动态水。特点：水经过之处，多由坚硬扁平的岩石组成，边缘轮廓线明显。

跌水形式有自然式和规则式两种。自然式是指水流界面由自然山石组成，模拟自然的落水景观；规则式是指水流界面是由砖、石料或混凝土构成的几何形状构筑物，由此组成落水景观。

（2）平原区。利用拦河工程，抬高河道水位，采用单级、多级拦河坝或橡胶坝等拦河枢纽工程，抬高水面高度，形成单级或多级跌水；利用提水工程，抬高河道水位，采用提水工程，形成人造瀑布或跌水景观，达到改善水质、增加景观效果的目的。

2. 跌水水力计算

跌水水力计算包括进水口水力、消力池水力、出水口水力及消力池护砌厚度计算等。

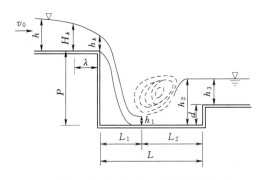

图 2-15　跌水水力计算示意图

（1）进水口水力计算（图 2-15）。为了采取适当加固措施，尚需计算进水口处的最大流速 V_{max} 及 h_k，计算公式如下：

$$V_{max} = \frac{Q}{H_k b} \qquad (2-9)$$

$$h_k = \sqrt{\frac{Q^2}{b^2 g}} \qquad (2-10)$$

式中：V_{max} 为进口处的最大流速，m/s；h_k 为进口跌水墙处水深，m；Q 为河道、跌坎设计流量，m^3/s；H_k 为距跌水墙 λ 处的水深，m；b 为河道、跌坎的宽度，m；g 为重力加速度，$9.8 m/s^2$；

（2）消力池水力计算。消力池的长度，由射流长度与水跃长度组成，即 $L = L_1 + L_2$

射流长度 L_1 的计算公式：

$$L_1 \approx 2\varphi \sqrt{0.667 h_0 (P + 0.333 h_0)} \qquad (2-11)$$

$$P = \frac{\sum P}{N} + d$$

式中：φ 为流速系数，$0.95 \sim 1.0$；h_0 为考虑上游水头损失在内的上游水头，m；P 为消力池落差，m；$\sum P$ 为指总落差，m。

水跃长度 L_2 的经验公式：

$$L_2 = 2.5(0.9 h_2 + a) \qquad (2-12)$$

式中：a 为水跃高度，$a = h_2 - h_1$。

其中 h_1 与 h_2 为共轭水深，计算方法有试算法、图解法。

共轭水深：

$$h_1 = \frac{h_2}{2}\left(\sqrt{1 + 8 \frac{Q^2}{g b^2 h_2^3}} - 1 \right) \qquad (2-13)$$

$$h_2 = \frac{h_1}{2}\left(\sqrt{1 + 8 \frac{Q^2}{g b^2 h_1^3}} - 1 \right) \qquad (2-14)$$

其中消力池深度 d：

$$d = (1.05 - 1.10)(h_2 - h_1) \qquad (2-15)$$

消力池出水口部分下游水深 h_3 可通过下式计算：

$$Q = \rho \sqrt{2g} h_3^{3/2} \qquad (2-16)$$

式中：ρ 为流量系数，与坎前水深及坎壁厚度有关，为 $0.30 \sim 0.50$。

3. 消力池护砌厚度计算

消力池池底应进行护砌，护砌厚度 t 与流量 Q、底宽 b 及落差 P 有关，以浆砌块石护底为例，估算如下：

当 $\dfrac{Q}{b} < 2.0$ 时，$t = 0.35 \sim 0.40$m。

当 $\dfrac{Q}{b} = 2.0$ 时，$P < 2.0$，$t = 0.5$m；$P = 2.5$，$t = 0.6 \sim 0.7$m。

当 $2.0 < \dfrac{Q}{b} < 5.0$ 时，$P = 3.5$，$t = 0.8 \sim 1.0$m。

对于山丘区，可利用当地石板进行护底，浆砌块石护底的厚度不应低于此标准。

任务三　生物-微生物深度净化技术

知识点一　微生物强化技术

一、技术原理与技术经济特征

1. 技术原理

在河流水环境中，微生物作为分解者，对水体净化作用重大。具备污染物降解能力的微生物在水体中的数量和活性直接关系到水体自净能力的大小，也影响到水体微生物修复技术应用的成功与否。所以微生物强化技术的核心在于提高污染水体中微生物的数量和活性，加快水体中污染物的降解和转化。目前，污染河流的原位微生物强化技术主要有两种方式。一种是微生物强化技术（bioaugmentation），即普遍使用的投菌法，通过选择一种或多种混合功能的菌种，按一定的要求投加到受污染水体中，以促进水中微生物处理效率的提高。投加的菌种可以是从自然界或处理系统中筛选出的高效菌种，也可以是经过处理的变异菌种或经基因工程构建的菌种。另一种是向受污染水体中补充能促进微生物生长和活性的生物促进剂，一般是微生物必需的营养元素，如微量元素、维生素、天然激素、有机酸、细胞分裂素、酶等营养物质。现在这两种方式通常是组合使用。

2. 技术流程

河流水体环境特征调查与分析是整个技术实施的基础，生物制剂的选取、投放剂量及投放方式要考虑到水温、pH 值、污染物种类和污染程度、河水体积等因素。生物菌剂的选种、培养和活化是整个技术的核心部分，直接影响水体污染物的去除率（图 2 - 16）。

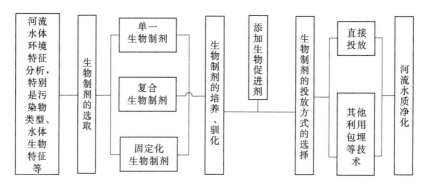

图 2 - 16　投菌法的技术流程

3. 微生物的投加方式

污染河流一般均具有流动性，外加微生物菌剂和生物促进剂容易流失。因此，须要保证投加的微生物菌剂与污染物、生物促进剂与微生物菌剂之间有充分的接触时间。通常有以下几种应用方法。

（1）直接投加法：若城市河流水体流动性较弱，可直接向受污染水域表面均匀泼洒微生物菌剂和生物促进剂；在流动性较好的河流中使用，则可在河流上游进行投加，使其在随水流往下游移动的过程中与污染物有充分的接触时间发生作用，具体投菌地点最好通过污染物降解动力学和水文学等方面的计算来确定。操作简便是这种方法的最大优点。

（2）吸附投菌法：使微生物菌体先吸附在各类填料或载体上，再将填料或载体投入待治理的河流或底泥中，可有效降解该区域内的污染物。分子筛、蛭石、沸石等都可以作为吸附材料使用。这种方法可以防止菌体的大量流失。

（3）固定化投菌法：通过物化方法将微生物封闭在高分子网络载体内，它具有生物活性和生物密度高的特点。在受污染河流或底泥中投加固定化微生物，可避免微生物快速流失，加快污染物降解，提高处理稳定性。应用于受污染河流的固定化微生物球体不宜过小，以防悬浮流失。此外，也可借鉴医药缓释胶囊的技术，通过缓慢释放固定的微生物菌种，使投菌区域保持较高的微生物浓度。

（4）根系附着法：通过微生物在水生植物根系的富集作用，使大量外加微生物附着于受污染水域中的水生植物根系上，在提高受污染区域外来微生物浓度的同时，使微生物的分解产物被水生植物利用。根系附着法可以直接将菌种投加到受污染区域的水生植物根系附近的水体中，也可尝试在室内栽有水生植物的培养液中投加微生物菌种，使其先在水生植物根系挂膜，成功后再将水生植物移入受污染水体和底泥中。也可用类似的办法投加生物促生剂营养液。该法可充分发挥微生物和植物的共代谢作用，但作用区域偏小。

（5）底泥培养返回法：取出一定量受污染河流的底泥，将底泥放入培养皿中，定期往底泥中投放营养液，并提供微生物生长的其他环境条件，使土著微生物在底泥中大量生长，待数量达到一定程度后，再将底泥脱水做成泥球、泥饼或泥块，放回受污染河流中。泥球或泥饼在水体中逐渐分散，使大量土著微生物被释放进入受污染水体和底泥中。该法可大量快速培养土著微生物，但需一些辅助设备。这种方法对营养液的作用发挥较有效。

（6）注入法：利用注射工具将营养液直接注入受污染水域表面底泥中，直接促进底泥中土著微生物的生长，使微生物对底泥中的有机物进行降解。也可采取这一方式外加微生物。该法主要用于底泥污染物的削减，适用于受污染面积较小的水域。

4. 技术经济特征

（1）微生物强化技术的优点：

1）针对性强。可有效提高对目标去除物的去除效果，污染物的转化过程在自然条件下即可高效完成。

2）微生物来源广、易培养、繁殖快、对环境适应性强和易实现变异。通过有针对性地对菌种进行筛选、培养和驯化，可以使大多数的有机物实现生物降解处理，应用面较广。

3）处理效果好。微生物处理不仅能去除有机物、病原体、有毒物质，还能去除臭味、提高水体的透明度、降低色度等。

4）污泥产生少，对环境影响小，通常不产生二次污染。

5）就地处理，操作简便。

（2）微生物强化技术的不足之处：

1）广谱性能差。通过微生物强化技术筛选得到的菌种可能仅对某一类污染物较有效，但对其他类型污染物降解较差。

2）菌种的筛选、驯化过程难度大、周期长。实验室筛选得到的高效菌不一定能够在环境竞争中成为优势菌，还需要驯化以适应新的环境。

3）投加菌种不能一次完成，还需要定期补投。尤其是直接投加的菌体容易造成流失，或者被其他生物吞噬，影响投菌法的处理效果。

2-26

二、微生物菌剂

处理污染水体所使用到的微生物菌剂，有单菌种，比如光合细菌、芽孢杆菌、硝化细菌、聚磷菌、酵母菌等，也有复合菌种，主要是通过菌群间的协同作用实现对污染物的去除。

1. 光合细菌

（1）概述。光合细菌（photosynthetic bacteria，PSB）是具有原始光能合成体系的原核生物的总称。它是一类以光作为能源，并能在厌氧光照或好氧黑暗条件下利用自然界中的有机物、硫化物、氨等作为供氢体兼碳源进行光合作用的微生物。光合细菌在光照厌氧条件下，能够利用多种二羧酸、糖类、低级脂肪酸、醇类以及芳香族化合物等低分子有机物作为光合作用的电子受体，进行光能异养生长。在黑暗条件下它能够利用有机物作为呼吸基质进行好氧或异养生长。在厌氧光照条件下，它不仅能利用光能同化二氧化碳，而且在某些条件下还能进行固氮作用和在固氮酶作用下产氢。由于光合细菌的生理类型具有多样性，因此它是细菌中最复杂的菌群之一。在不同的自然条件下，光合细菌的生理生化功能表现出差异性，例如固氮、固碳、脱氢、硫化物氧化等。

（2）分类。根据光合细菌所含光合色素和电子供体的不同，将光合细菌分为产氧光合细菌和不产氧光合细菌两类，其中蓝细菌和原绿菌属于产氧光合细菌；紫色细菌和绿色细菌属于不产氧光合细菌。用于污水治理的主要是厌氧的光合细菌，如紫色无硫菌科中的菌种，使用的最多的是红假单胞菌属（Rhodopseudomonas）。

（3）特征。光合细菌是一类代谢多样、生存广泛、适应能力强的细菌，它能通过自身的代谢活动去除水体中的有机物、氨氮、硫化氢等，增加水体中的溶解氧，在污水处理中应用十分广泛。光合细菌用于污染河流水体修复中，具有处理效率高、操作方便、成本低廉等特点。

但是由于我国现在对光合细菌的应用还处于初级阶段，在应用中还存在许多局限性，比如：①在水体有机污染物浓度很高时，光合细菌易于死去，需要不断地添加新鲜菌体，这样就增加了成本；②光合细菌的个体十分微小，很难自然沉降，需要通过其他方法使其沉降，增加了处理费用；③光合细菌菌体的培养、保存也是在实际应用前必须解决的问题。

2-15

2. 芽孢杆菌

（1）概述。芽孢杆菌属于革兰氏染色阳性菌，是普遍存在的一类好氧性细菌，能分泌出活性强的多种酶类，在其生命过程中又能以孢子体形式存在，易于生产和保存，广泛存在于土壤、水体、植物表面以及其他自然环境中，属于化能有机营养型细菌。芽孢杆菌可以降低水体中硝酸盐、亚硝酸盐的含量，从而起到改善水质的作用，还可与其他细菌竞争营养并且抑制其快速生长。

芽孢杆菌可以产生大量的胞外酶（如蛋白酶、淀粉酶和半纤维素水解酶等），这些酶类可以促进水及底泥中的蛋白质、淀粉、脂肪等有机物分解、吸收，可起到降低水体富营养和清除底泥的作用。芽孢杆菌还可以通过消灭病原体或减少病原体的影响来改善水质。其生物膜的早期形成依赖于悬浮微生物的浓度及其增长活性，增大悬浮微生物浓度有助于提高微生物和载体的接触频率，而细菌活性较高使其分泌体外多聚糖能力强，这种物质可以在细菌和载体之间起到生物黏合剂的作用，使细菌容易实现在载体表面的附着、固定，所以芽孢杆菌有利于固定化。

（2）分类。目前可以利用的芽孢杆菌有枯草芽孢杆菌、凝结芽孢杆菌、地衣芽孢杆菌和蜡样芽孢杆菌等。一般应用较多的是枯草芽孢杆菌。

枯草芽孢杆菌对人畜无害，在自然界中分布广泛，国内外均允许将其用于饲养添加剂。枯草芽孢杆菌菌群进入水体后，能分泌丰富的胞外酶系，及时降解水体中的有机物，可有效避免有机物在水体中的累积。同时，能有效减少水体中有机物分解耗氧，间接增加水体溶解氧，保证有机物氧化、氨化、硝化和反硝化的正常循环，保持良好的水质，从而起到净化水质的作用。

（3）特征。芽孢杆菌在微生物菌剂中以芽孢状态存在，因而具有下列优点：①耐酸、耐盐、耐高温（100℃）及耐挤压；②在贮藏过程中以孢子形式存在，处于休眠期，不消耗养分，不影响品质，复活后，能够迅速转变成具有新陈代谢作用的营养型细胞；③具有多种有效促活性成分，富含多种氨基酸（10种以上），能产生蛋白酶、脂肪酶、淀粉酶等多种胞外酶，还具有平衡或稳定乳酸杆菌的作用。

由于芽孢杆菌制剂是以芽孢形式存在的，所以对各种恶劣的环境因素都有很强的抵抗性，其活性稳定、宜保存。因其制剂无毒、无残留、无污染，故成为目前研究和生产应用的热点，已被越来越多地研制成微生物制剂应用到污染河流的修复中。

3. 硝化细菌

（1）概述。硝化细菌（nitrifying bacteria）是一种好氧性细菌，它能够在有氧的水中或砂层中生长，在氮循环水质净化过程中扮演着重要的角色。硝化细菌是一种化能自养型细菌，它具有生长速率低、好氧、依附性以及产酸性等特性。当水体中溶解氧浓度低于 0.5mg/L 时，硝化作用明显减低。多数硝化细菌的适宜生长温度在 15～35℃之间，硝化细菌保持活性较高的最适温度为大于 20℃，但温度超过 35℃时将失去活性，导致硝化作用消失。温度低于 20℃时，氨的转化率会受到影响。

硝化细菌不能利用光能，但能利用二氧化碳作为碳源，以氨、亚硝酸盐作为能源物质，通过氧化无机氮化合物获得的能量进行有机物合成。硝化细菌的生物硝化作用机理是：通过亚硝化细菌的作用，将氨氮转化成为亚硝酸盐，再通过硝化细菌的作用，将亚硝酸盐最终转化成为硝酸盐，供植物利用。在这个生物硝化作用过程中，亚硝化细菌只能转化氨氮，而硝化细菌则只能转化亚硝酸盐。

（2）分类。硝化细菌包括两个亚群：一类是亚硝酸细菌，又称为氨氧化菌，它的作用是将氨氧化，转化成亚硝酸盐；另一类是硝酸细菌，又称为亚硝酸氧化菌，它的作用是将亚硝酸盐氧化成为硝酸盐。这两类细菌通常在一起共同作用，可避免亚硝酸盐的积累。硝化细菌具有多种形态，包括杆状、球状和螺旋状。硝化细菌在自然界中分布广泛，一般分布于土壤、淡水、海水中。

▶ 2-27

4. 聚磷菌

（1）概述。聚磷菌（polyphosphate - accumulating bacteria）也称为摄磷菌，并

不是指某个菌种，而是指具有兼性特性的，在好氧或缺氧状态下能超量吸收水体中的磷，使体内的磷含量超过一般细菌体内的磷含量数倍的一大类细菌，这类细菌被广泛地应用在污水的生物除磷上。

当聚磷菌生活在富营养水体中，并在其进入对数生长期前，细胞能从水中大量摄取溶解态的正磷酸盐，在细胞内合成多聚磷酸盐，并加以积累，供对数生长期核酸合成用。另外，细菌经过对数生长期而进入停滞期时，大部分细胞停止繁殖，核酸的合成停止，而对磷的需求也很低，但如果环境中的磷仍有剩余，同时细胞又具有一定能量时，聚磷菌仍能从外界吸收磷，这种细菌对磷的积累大大超过微生物正常生长所需的磷含量，可达细胞重量的 6%～8%，甚至可达 10%，以多聚磷酸盐的形式积累于细胞内作为贮存物质。

当细菌细胞处于极为不利条件时，如好氧细菌处于厌氧条件下，即处于细菌"压抑"状态时，聚磷菌可吸收污水中的甲酸、乙酸、丙酸及乙醇等极易生物降解的有机物质，以储存在体内作为营养源，同时将体内储存的多聚磷酸盐分解释放到环境中来，以便获得能量，供细菌在不利环境中维持其生存所需，此时菌体内多聚磷酸盐就逐渐消失，而以可溶性单磷酸盐的形式排到体外环境中。如果该类细菌再次进入富营养的好氧环境时，它将重复上述的体内积磷过程。

（2）特征。聚磷菌在解决水体富营养化的问题上有其特殊的优势，富营养化往往表现为蓝藻的大量繁殖，其中磷含量超标是根本原因之一，因而含有聚磷菌的生物制剂的作用就非常明显，是既环保又经济的富营养化防控手段，实践证明效果较好。但硝酸盐在厌氧阶段存在时，反硝化细菌比聚磷菌可优先利用水和底物中的甲酸、乙酸、丙酸等低分子有机酸，聚磷菌处于劣势，这也会抑制聚磷菌对磷的释放。

5. 酵母菌

（1）概述。酵母菌（yeast）属于单细胞真菌，一般呈卵圆形、圆形、圆柱形或柠檬形，其直径一般为 $2～5\mu m$，长度为 $5～30\mu m$，最长可达 $100\mu m$。酵母菌具有发酵型和氧化型两种类型，前者是发酵糖类生成乙醇（或甘油、甘露糖等有机物质）和二氧化碳，主要应用于制作面包、馒头及酿酒；后者则是氧化能力较强，但发酵能力弱甚至无发酵能力的酵母菌，这类酵母菌主要用于石油加工工业和废水处理过程。

酵母菌是废水处理中极为珍贵的菌种资源。酵母菌对污染物降解和去除的范围很广，通过生物吸附和氧化作用，对生活废水、高浓度有机废水、含重金属离子废水、有毒废水都有很好的净化作用。酵母菌在快速分解污染物的同时，还可以利用无机氮源或尿素来合成蛋白质，既消除了环境污染，又进行了综合利用，在生态系统稳定性的维持以及污染环境的治理方面具有重要作用。

（2）分类。在生态环境中分布的酵母菌种类在不同的文献中有不同的描述。在 1984 年 Kregervan Rij 编写的 *The Yeasts*，*A Taxonomic Study*（第三版）中指出生态环境中酵母菌有 60 属 499 种；在 1990 年 Barnett 等编写的 *Yeasts*：*Characteristics and Identification* 中包含了酵母菌的变种，认为酵母菌一共有 81 属 590 种。因而，与其他微生物相比，尤其是丝状真菌和细菌，酵母菌的种类较少，但是它的分布范围却很广泛。

6. 复合菌

（1）概述。复合菌是由两种或是多种微生物按合适的比例共同培养，充分发挥群体的联合作用优势，取得最佳应用效果的一种微生物制剂。

复合菌群中既有分解性菌群，又有合成性菌群，既有厌氧菌、兼性菌，又有好氧菌。作为多种微生物共存的一种生物体，复合菌群通过驯化，在污染水体中迅速生长繁殖，可以快速分解水体中的有机物，同时依靠相互间共生增殖及协同作用，代谢出抗氧化物质，生成稳定而复杂的微生态系统，并抑制有害微生物的生长繁殖，抑制含硫、氮等恶臭物质产生的臭味，激活水中具有净化功能的原生动物、微生物及水生植物，通过这些生物的综合效应达到净化河流水体的目的。复合菌群对控制水体中的氮和磷，减轻水体富营养化方面十分有效，相比于单种微生物菌剂具有更好的处理效果。

（2）常用的复合菌代表。当今常用的一种高效复合菌被称为 EM 复合菌群（effective microorganisms），相应技术被称为 EM 技术（EM technology）。它是由世界著名应用微生物学家比嘉照夫教授在 20 世纪 70 年代发明的，是目前世界上应用范围较大的生物工程技术之一。EM 菌群是由光合细菌、乳酸菌群、酵母菌群、放线菌群、丝状菌群等 5 科 10 属 80 余种微生物组成的，光合细菌、乳酸菌、酵母菌和放线菌是其主要的代表性微生物。

▶2-28

⏼2-16

▷2-7

知识点二　生物膜技术

一、生物膜

生物膜技术就是以滤料表面作为介质，将微生物附着在上面，进而形成了一层以微生物为主要成分的生物膜。待污水与之接触后，污水中的溶解性有机物容易吸附在生物膜上，产生生物污泥，进而产生净化效果的污水处理方法。

1. 生物膜及其形成过程

微生物细胞几乎能在水环境中的任何适宜的载体表面牢固地附着，并在其上生长和繁殖。而由细胞内向外伸展的胞外多聚物，使微生物细胞形成纤维状的缠结结构，便形成了生物膜。生物膜主要是由微生物细胞和它们所产生的胞外多聚物所组成。

生物膜是在惰性载体表面形成的，有时均匀地分布在整个载体表面，而有时却非常不均匀；有时仅由单层的细胞所组成，而有时却相当厚，随着营养底物、时间和空间的改变而发生变化。由于生物膜是由微生物细胞和它们所产生的胞外多聚物所组成，因而生物膜通常具有孔状结构，并具有很强的吸附能力。所以，我们所观察到的生物膜通常还含有大量被吸附和镶嵌于内的溶质和无机颗粒，从这个角度上说，生物膜是由有生命的细胞和无生命的无机物所组成的结构。

2. 生物膜的微生物相

生物膜主要是由微生物及其胞外多聚物所组成，这些只有在显微镜下才能观察到的微生物，形态迥异，种类繁多，但归纳起来主要有细菌、真菌、藻类、原生动物和后生动物等。这些微生物体，有的细胞结构简单，有的细胞结构较复杂。

（1）细菌。细菌是微生物膜的主体，而其产生的胞外多聚物为生物膜结构的形成奠定了基础。生物膜上细菌的种类取决于其生长速率和生物膜所处的环境，诸如水中营养状况、附着生长状况、细菌在生物膜中所处的位置和温度等环境条件。根据所需营养的不同，细菌可分为无机营养型的自养菌和有机营养型的异养菌，其中异养菌是生物膜中的主要细菌类型，能够从流经生物膜表面的水中获得足够的能量底物。

生物膜中常出现的细菌种类有：球衣菌、动胶菌、硫杆菌属、无色杆菌、埃希式大肠杆菌、副大肠杆菌、亚硝化单胞菌属和硝化杆菌等。

（2）真菌。真菌是具有明显细胞核而没有叶绿素的真核生物，大多数具有丝状形态，包括单细胞的酵母菌和多细胞的霉菌。真菌可利用的有机物范围很广，特别是多碳类有机物，故有些真菌可降解木质素等难降解的有机物。当污水中有机物的成分变化、负荷增加、温度降低、pH值降低和溶解氧水平下降时，很容易滋生丝状菌。

生物膜中常出现的丝状菌有：瘤胞属、灿烂微重真菌、红色浆霉、水镰刀霉、白地霉、皮状丝胞酵母等。

（3）藻类。藻类是受阳光照射的生物膜中的主要成分，如在明渠和溪流的岩石上就经常发现有藻类，普通生物滤池表层滤料的生物膜中及附着生长污水稳定塘的填料上亦有大量的藻类。一些藻类如海藻是肉眼可见的，但绝大多数却只有在显微镜下才能观察到，有的只是单细胞，而有的则是多细胞结构。由于藻类含有叶绿素，故藻类能够进行光合作用，即将光能转化成化学能。尽管藻类不是生物膜主要的微生物群，但藻类却作为水生环境中的生产者是受阳光照射水体中的生物膜微生物的主要构成部分。由于出现藻类的地方只限于生物膜反应器中表层很小部分，因而对污水净化起不到很大作用。

生物膜中常出现的藻类有：小球藻属、绿球藻属、席藻属、颤藻属、毛枝藻属和环丝藻属等。

（4）原生动物。原生动物是动物界中最低等的单细胞动物，在成熟的生物膜中它们不断捕食生物膜表面的细菌，因而在保持生物膜细菌处于活性物理状态方面起着积极作用。原生动物或者以胞饮方式（一部分细胞壁凹入摄取外部环境中大分子并夹紧形成其体内液泡）摄取有机物质，或者以噬菌的方式吞噬细菌、藻类和其他粒子并消化它们的营养物质。在诸如滴滤池的污水处理生物膜反应器中经常可以观察到原生动物捕食并因此而影响生物膜累积和性能的情况。浮游的原生动物甚至通过在生物膜内运动产生紊动而影响到生物膜深处的传质情况。原生动物主要包括鞭毛类、肉足类、纤毛类和孢子类等。

（5）后生动物。后生动物是由多个细胞组成的多细胞动物，属无脊椎型。生物膜中经常出现的有轮虫类、线虫类、寡毛类和昆虫及其幼虫类。

二、微生物在载体表面的固定机理与生物膜载体的选择

1. 微生物在载体表面的固定机理

微生物在载体表面的附着固定过程，可以看作载体表面与微生物表面间的相互作用，大量研究表明微生物在载体表面附着固定一方面取决于微生物的表面特性；另一方面依赖于所用载体的表面物理化学特性。从理论上讲，微生物在载体表面附着、固

⊙ 2 - 29

定过程可以划分为以下几个步骤,如图 2-17 所示。

(1) 微生物向载体表面的运送。微生物从液相向载体表面的运送主要是通过以下两种方式完成的:

1) 主动运送:这种方式是指微生物借助于水力动力学及各种扩散力向载体表面迁移。

2) 被动运送:它是通过布朗运动、细菌自身运动、重力或沉降作用完成。

一般来讲,主动运送是微生物从液相转移到载体表面的主导力量,特别是在动态环境中,它是微生物长距离移动的主导力量。另一方面,微生物一般都非常小,通常在 $1.0\mu m$

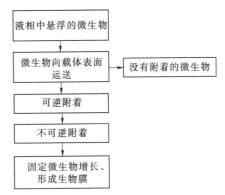

图 2-17 微生物在载体表面固定的一般过程

左右。在尺度上,微生物可按胶体粒子处理,微生物自身的布朗运动增加了微生物与载体表面的接触机会。值得强调的是,在微生物附着、固定静态实验中,由浓度扩散而形成的悬浮相与载体表面间的浓度梯度对微生物从液相向载体表面移动起着不可忽视的直接作用。悬浮相中的微生物正是借助于上述各种力从液相被运送到载体表面,促成了微生物与载体表面的直接作用,因而我们可以讲在整个生物膜形成过程中,这一步是至关重要的。

(2) 可逆附着过程。微生物被运送到载体表面后,二者间将直接发生接触,通过各种物理或化学力作用使微生物附着固定于载体表面。在微生物与载体表面接触的最初阶段,二者间首先形成的是可逆附着。微生物在载体表面的可逆附着实际上反映的是一个附着与脱析的双向动态过程。原因在于,环境中存在的水动力或是简单的布朗运动或是微生物自身的运动都可能使已附着在载体表面的细菌重新返回到液相中去。

(3) 不可逆附着过程。不可逆附着过程是可逆附着过程的延续。这种不可逆附着过程通常是由于微生物分泌的一些黏性代谢物质所造成的,例如多聚糖等。这些体外多聚糖类物质起到了生物"胶水"作用,因此这阶段附着的细菌不易被中等水力剪切力冲刷掉。在实际运行中,若能够保证细菌与载体间的接触时间充分,即微生物有时间进行生理代谢活动,那么不可逆附着固定过程就可以发生。事实上,可逆与不可逆附着的区别就在于是否有生物聚合物参与细菌与载体表面间的相互作用。值得提出的是,不可逆附着是形成生物膜群落的基础。

经过不可逆附着过程后,微生物在载体表面获得一个相对稳定的生存环境,它将利用周围环境所提供的养分进一步增长繁殖,逐渐形成成熟的生物膜。

2. 生物膜载体的分类选择

目前所应用的生物膜载体种类非常广泛,但从根本上可以划分为两大类,即无机类载体和有机类载体。

(1) 无机类载体:这种载体主要由无机材料构成,它们在生物膜技术发展的各个阶段,均起到了不可估量的作用。从最早的砂石到今天广为应用的活性炭均为无机类载体。在当今生物膜技术发展中,常用的无机类载体有砂子、碳酸盐岩、各种玻璃材料、沸石类、陶瓷材料、碳纤维、矿渣、活性炭、金属类等。

大多数无机类载体机械强度相对较好，但是自身比重较大，正是由于这个缺点，在目前所使用的悬浮载体生物膜反应器中的应用受到了限制。

（2）有机类载体：由于无机类载体存在一些缺点，大量不同种类的有机类载体越来越受到广泛的重视。随着聚合物加工技术的不断进步，具有不同功能的聚合物载体不断出现，这些载体在强度、比重等各方面都具有较为明显的特点，在实际应用中最为广泛。有机类载体主要有 PVC、PS、PE、PP、各类树脂、塑料（包括各类泡沫材料）、纤维、明胶等。有机类载体可以根据过程的需要，加工成各种形状，以便最好地满足反应器物理、生物特性的需要。

3. 生物膜载体的选择原则

生物膜载体的选择是生物膜反应器技术成功与否的关键一步。生物膜载体选择得当、正确，就可以使反应器高效运行，但是，一旦错误地选用了不适宜的生物膜载体，可能导致整个生物膜过程的失败，或需付出沉重的运行、管理代价。在实际应用中，生物膜载体的选择应遵循以下原则。

（1）机械强度。在大多数生物膜过程中都存在着不同强度的水力剪切作用以及载体之间的摩擦碰撞过程，因此，作为生物膜载体必须具有与所使用生物技术相适应的机械强度。一般来讲，生物膜反应器从启动至稳定运行需要较长的时间，如果生物膜载体本身不具有一定的机械强度，那么在反应器运行过程中势必引起不同程度的破损而丧失其功能，这将引起生物膜反应器中所持有的生物量不规律变化。在污水生物处理过程中，其直接后果是导致出水水质的扰动。因此，正确选择生物膜载体的第一步是确定其机械强度是否可以满足所用生物膜反应器的需要。

（2）物理形态。生物膜载体的物理形态主要是指其几何形态，包括空间体积和形状两方面因素。

1）空间体积。载体的空间体积主要是指通常所说的载体大小，生物膜载体的大小是根据研究目的及反应器种类确定的，它可以变化的幅度很宽，例如从直径十几厘米的球体载体到粒径只有几十微米的微型载体等。在固定床中，生物膜载体的空间体积变化较大，而在流化床等一系列需悬浮生物膜载体的生物膜反应器中，载体空间体积的确定应在水力学实验基础上做出优化选择。一般来讲，单个生物膜载体的空间体积越大，其所具有的比表面积越小，即单位载体质量所能提供的生物膜增长面积较小。另外，在确定空间体积时必须考虑到传质效率、能量损耗及操作运行的方便性等。

2）形状。生物膜载体的形状各异，根据生物膜反应器类型及实验目的不同各有选择。目前常用载体形状主要有球形、颗粒状、管状、圆柱状、平板式、长方体或立方体状以及软性载体。生物膜载体的形状直接决定其比表面的大小，另外不同形状的载体所具有的传质效率及对微生物所起的屏蔽作用也不同。在选择生物膜载体的形状时，可考虑以下几个方面的因素：载体所提供的比表面积尽可能大；对固定微生物有较好的保护作用；具有较好的传质特性；尽可能减少载体间的碰撞几率；减少反应器的运行能耗；较少堵塞及便于冲洗。显然，生物膜载体的选择并不是盲目的，它存在很强的目的性。

（3）生物、化学及热力学稳定性。生物膜反应器系统是一个繁杂的多元体系。生物膜载体必须具有较好的生物、化学及热力学稳定性，这样才能使得载体本身不参与系统内生物化学反应。因此在选择生物载体时必须考虑到稳定性问题。

生物膜在代谢过程中会产生各种各样的代谢产物，这些代谢产物有些会对载体产生腐蚀作用。因此，所选用的载体必须具有惰性，不参与生物膜的生物化学反应，并且载体本身是不可生物降解的。在生物膜反应器工程中，应避免使用金属及易生物降解材料作为微生物固定的载体。

微生物生存的介质是由各种化学成分组成的。当生物膜载体置于这样的介质中时，生物膜载体的化学稳定性就显得重要了。简而言之，生物膜载体必须对环境中所发生的化学反应表现为最大的惰性，并具有抗环境的化学腐蚀能力。

生物膜载体的热力学稳定性狭义指对周围温度变化的惰性反应，例如在厌氧生物膜反应器中运行温度有时可达到 40℃ 左右。

（4）亲疏水性及表面电性。亲水性微生物易于在亲水性载体表面附着、固定，而疏水性载体有利于疏水性微生物在其表面的固定。微生物在其生存环境的 pH 值条件下，一般带有负电荷，为了利用静电吸引力促进微生物固定，载体表面若带有正电荷将有利于生物固定过程的进行。

（5）孔隙度及表面粗糙度。生物膜载体表面的孔隙度及表面粗糙度通过以下途径直接影响生物膜的形成、发展及稳定过程：增加了载体与微生物接触的有效面积；可以保护固定微生物免受强水力剪切作用；减缓由于载体间的碰撞所造成的固定微生物失落速度；在某种程度上，有利于传质效率的提高。因此，生物膜载体表面具有一定的孔隙率及粗糙度有利于生物膜反应器的成功运行。

（6）比重。生物膜载体的比重对于悬浮载体生物膜系统即流化床的运行是一个必须考虑的因素。载体比重过大，造成载体悬浮困难或是能耗过高。然而，若载体比重过小，又不易维持载体在反应器中的一定流态。因此，对流化床或其他载体需要悬浮的生物膜反应器，载体的比重一般控制在 1.03～1.10 为佳。

（7）对生物膜活性的影响。作为生物膜载体，其本身必须对固定微生物无害、无抑制性作用，这是选择生物载体的最基本要求。如果固定细胞或酶技术应用于生产各种生物制品，那么载体本身必须对人类机体无害。因此，在环境生物技术领域，所选用的载体材料不能显著影响固定微生物的生物活性，这是选择载体的又一基本要求。

（8）可再用性。从经济角度讲，生物膜载体应具有可再用性，这一点在大规模工业工程中更具有重要意义。从工程角度讲，一般应避免选用一次性材料作为污水生物处理技术中的载体。

（9）价格。在选用生物膜载体时，价格因素也是工程师需要考虑的因素之一。在载体的性能及价格间做出优化选择，即要兼顾两者。在不影响设计或研究目标时，一般选用廉价载体为宜。

▶ 2-30

▶ 2-17

三、微生物固定技术

1. 表面吸附固定技术

表面吸附固定技术是指微生物与载体表面间直接发生作用，进而实现微生物在载体表面的固定，它可分为自然吸附固定以及通过化学键作用产生表面吸附两种形式[图2-18（a）]。在大多数生物膜反应器启动的早期，所应用的都是表面吸附固定原理。表面吸附固定技术是常用的生物膜反应器授种方式之一，它具有简单易行的特点。

2. 键联固定技术

键联固定技术是指微生物通过与载体表面的某些活性基团形成共价键的形式固定到载体表面，如图2-18（b）所示。这种固定方式要求生物膜载体表面具有某种活性基团，通常可对载体表面进行改性，达到携带活基的目的。

3. 细胞间自交联固定技术

细胞间自交联是自然界普遍存在的一种现象，如活性污泥系统中菌胶团的形成以及厌氧污泥床中颗粒污泥的产生均是通过细胞间自交联实现的。为了进一步强化细胞间或酶间的这种自交联程度，可以人为加入一些交联剂形成细胞间的稳固结合。交联剂在活性污泥系统中也有应用，有时人为地向曝气池内投加一定量的交联剂能得到更好的菌胶团，它有利于二次沉淀池中泥水分离及有助于控制曝气池内微生物的浓度（图2-19）。

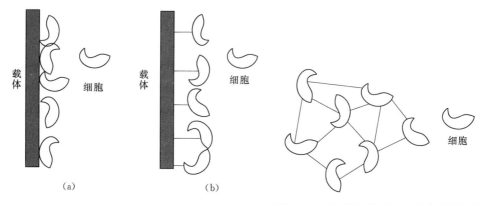

图2-18 表面吸附、键联固定技术示意图　　图2-19 细胞间或酶间通过交联剂固定
（a）吸附；（b）键联

4. 多聚体包埋技术

多聚体包埋是指通过某些多聚体化合物包裹微生物，从而达到固定微生物的目的。在污水生物处理中，人们应用较多的包埋剂为PVA及海藻酸等。经过多聚体包埋处理后的微生物分布于多聚体骨架内，可以将它们制成颗粒或方块状等不同形状的材料。

多聚体包埋技术有两大特点：一是可快速、简捷地获得固定微生物；二是可以选择性地同时固定不同菌属的微生物。但是，多聚体在包埋了微生物后，一般其机械强度不够理想，加之微生物在包埋体中的增长，使得包埋体的破损率较高，这无疑在一定程度上限制了多聚体包埋技术在污水生物处理中的大规模应用。

5．孔网状载体截陷固定技术

这种技术主要是利用孔网状载体的特殊结构截陷微生物，达到使其固定的目的。这种技术主要是利用载体的特殊空间结构对固定微生物起到屏护作用。

6．各固定技术比较

上述各种固定技术的比较见表 2－7。

表 2－7　　　　　　　　　各种固定技术的比较

固定技术	优　点	缺　点
表面吸附固定技术	1．简单、便宜； 2．对微生物活性没有影响； 3．可选用载体类型多； 4．载体可再生回用	1．固定初期受各种环境因素影响； 2．细胞与载体间作用力较弱，需长时间完成初始固定过程
键联固定技术	1．受环境因素影响较小； 2．细胞与载体间作用力较强	1．可能改变细胞活性基； 2．可选用载体相对较少； 3．费用较高
细胞间自交联固定技术	1．细胞间交联紧密； 2．可保留大部分细胞活性； 3．可选用交联剂较多	1．准备过程中损失部分细胞活性； 2．不适合应用于大分子底物系统； 3．机械强度相对较弱
多聚体包埋技术	1．没有对细胞产生化学修饰； 2．易于固液分离； 3．可工业化操作	1．增加了扩散阻力； 2．准备工艺复杂； 3．导致细胞部分失活； 4．不适于大分子底物系统； 5．机械强度较弱，可使用寿命较短
孔网状载体截陷固定技术	1．对细胞活性没有影响； 2．易于固液分离； 3．可工业化操作； 4．载体可根据要求制作； 5．对固定细胞有保护作用	局部扩散阻力增加

总之，每一种固定技术均有其一定的使用范围，在实际工作中，必须根据研究目标选择合适的微生物固定技术，才能达到最理想的效果。

四、生物膜的增长过程

微生物在经过不可逆附着过程后，附着在载体表面的微生物开始通过代谢环境所提供的底物进行繁殖、增长。生物膜的增长过程一般认为与悬浮微生物的增长过程类似。主要经历适应期、对数增长期、线性增长期、减速增长期、稳定期及衰减期六个阶段。

1．适应期（潜伏期）

这一阶段是微生物在经历不可逆附着过程后，开始逐渐适应生存环境，并在载体表面逐渐形成小的、分散的微生物菌落。这些初始菌落首先在载体表面不规则处形成，这一阶段的持续时间取决于进水物质质以及载体表面的特性。在实际生物膜反应器启动时，要控制这一阶段是很困难的。

▶2-31

2. 对数增长期（动力学增长期）

适应期形成的分散菌落开始迅速增长，逐渐覆盖载体表面。在此阶段由于有机物、溶解氧及其他营养物的供给超过了消耗的需要，附着微生物以最大速度在载体表面增长。在此阶段，生物膜多聚糖及蛋白质产率增加，底物浓度迅速降低，污染物降解速率很高，大量溶解氧被消耗，此时生物膜主要由细菌等活性微生物组成。在此阶段结束时，生物膜反应器的出水底物浓度基本达到其稳定值，这意味着生物膜去除底物的能力亦趋向于最大。因此，在生物膜反应器实际运行中，对数增长期起着非常重要的作用，它决定了生物膜反应器内底物的去除效率及生物膜自身增长代谢的功能。

3. 线性增长期

在对数增长期结束后，生物膜在载体表面出现一段以恒定速率增长的阶段。此时出水底物浓度不随生物量的积累而显著变化；对于好氧生物膜，其好氧率保持不变；在载体表面形成了完整的生物膜三维结构。在此阶段观察到的生物膜总量的积累主要源于非活性物质，活性物质所占比例很小，且随生物膜总量的增长呈下降趋势。从实用角度讲，生物膜的线性积累阶段对底物去除并没有明显贡献。

4. 减速增长期

减速增长期是生物膜在某一质量和膜厚上达到稳定的过渡期。在此期间，生物膜对水力学剪切作用极为敏感，出水中悬浮物浓度明显增高，这是由于生物膜在水力剪切力作用下脱落所造成的。水力剪切作用限制了新细胞在生物膜内的进一步积累，生物膜增长开始与水力剪切作用形成动态平衡，生物膜质量及厚度都趋于稳定值。

5. 稳定期

在此阶段，生物膜新生细胞与由于各种物理力所造成的生物膜损失达到平衡，生物膜相及液相均已到稳定状态。稳定期时间的长短与运行条件诸如底物供给浓度、剪切力等密切相关。

6. 衰减期（脱落期）

随着生物膜的成熟，部分生物膜发生脱落。造成这一现象的因素很多，生物膜内部细菌自解、内部厌氧层过厚及生物膜与载体表面间相互作用的改变等均可加速生物膜脱落。另外，某些物理作用，诸如作用于生物膜上的重力及剪切力等变化也可引起生物膜脱落现象的发生。在此阶段，由于生物膜脱落，出水悬浮物浓度增高，直接影响出水水质；生物膜部分脱落，必将影响底物的降解，致使污染物去除率降低。从实际应用角度看，生物膜反应器应避免运行在脱落期。

▶ 2-32

▶ 2-18

五、典型生物膜反应器——生物滤池

生物滤池是根据土壤净化原理，在污水灌溉的实践基础上，经较原始的间歇砂滤池和接触滤池而发展起来的人工生物处理技术。污水长时间以滴状喷洒在块状滤料的表面上，在污水流经的表面上就会形成生物膜，栖息在生物膜上的微生物摄取污水中的有机物作为营养，从而使污水得到净化。进入生物滤池的污水，必须通过预处理，去除原污水中的悬浮物等可能堵塞滤料的污染物，并使水质均化，因此，在生物滤池前往往须要设置初次沉淀池；滤料上的生物膜会不断脱落更新，而脱落的生物膜随处理水流出，因此，在生物滤池后还须设二沉池，以截留脱落的生物膜，保证出水水质。生物滤池处理系统的基本结构如图 2-20 所示。常见的生物滤池包括：普通生物滤池、高负荷生物滤池和塔式生物滤池。

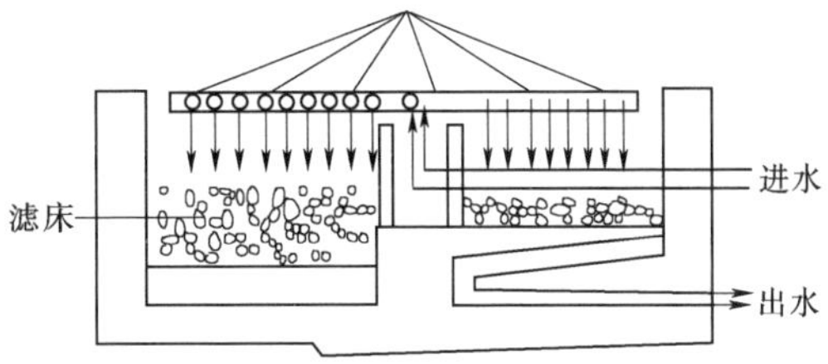

图 2-20　生物滤池处理系统的基本结构

1. 普通生物滤池

普通生物滤池又称为滴滤池，是早期出现的生物滤池类型，它由池体、滤床、布水装置和排水装置四个部分组成。普通生物滤池在平面上多呈方形或矩形，池壁多用砖石筑造，一般应高出滤料表面 0.5～0.9m。滤床一般采用碎石、卵石或炉渣等材料，铺成厚度为 1.5～2.0m 的床体，生物膜便生长在这些滤料上。布水装置的作用是使污水均匀洒在滤床上，而排水装置的作用是使滤床底部汇集的经滤床处理过的水，通过二沉池排出。普通生物滤池虽然具有处理效果良好、运行稳定、易于管理、节约能源等优点，但因为承受的污水负荷低、占地面积大而不适宜于处理量大的污水，而且床体容易堵塞，卫生状况差。

2. 高负荷生物滤池

高负荷生物滤池是生物滤池的第二代工艺，是针对普通生物滤池存在的弊端进行革新而开创出来的。它大幅度地提高了滤池的负荷率，其 BOD 负荷率是普通生物滤池的 6～8 倍，水力负荷率则高达 10 倍。高负荷生物滤池的构造基本上与低负荷生物滤池相同，但所采用的滤料粒径和厚度都较大，而且一般均采取处理水回流的运行措施。由于负荷较高，水力冲刷能力强，滤料表面所积累的生物膜量不大，不易形成堵塞，卫生条件较好，比较适宜于浓度和流量变化较大的废水处理。

3. 塔式生物滤池（滤塔）

塔式生物滤池是在 20 世纪 50 年代初由德国化学工程专家应用气体洗涤塔原理开创的第三代生物滤池，它具有占地面积小、基建费用低、净化效率高等优点，得到了较为广泛的应用。塔式生物滤池一般高达 8～24m，直径为 1～3.5m，形似高塔，塔身一般沿高度分层建造，在分层处设格栅，格栅承托在塔身上，使滤料荷重分层承担。塔式生物滤池的构造如图 2-21 所示。塔式生物滤池内部通风良好，污水从上向下滴落，水流紊动强烈，污水、生物膜和空气的接触时间非常充分，提高了传质效率和污染物处理能力。塔式生物滤池的水力负荷比普通生物滤池提高了 5～10 倍，有机负荷也提高了 2～6 倍。

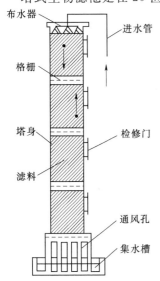

图 2-21　塔式生物滤池的构造

较高的有机负荷使生物膜生长迅速，而较高的水力负荷又使生物膜受到强烈的水力冲刷而不断脱落和更新，这样，池内的生物膜能够经常保持较好的活性。塔式生物滤池滤层中存在明显的生物分层现象，在不同的滤层上，由于流经的污水水质的不同而栖息着不同微生物种群为优势的生物群落。也就是说，在某一滤层上生活的微生物是与流经该层的污水水质相适应的，更有利于有机污染物的逐步降解与去除。也正因为如此，塔式生物滤池能够承受较高有机负荷的冲击。所以，塔式生物滤池常作为高浓度工业废水二级生物处理的第一级工艺使用，以大幅度地去除有机污染物，使第二级处理工艺可以保持良好的净化效果。

六、典型生物膜反应器——生物转盘

1. 生物转盘的结构

生物转盘是由固定在一根轴上的许多间距很小的圆盘或多角形盘片组成，盘片可以用聚氯乙烯、聚乙烯、泡沫聚苯乙烯、玻璃钢、铝合金或者其他材料制成。盘片可以是平板，也可以是同心圆或放射状波纹板等形式，也有平板和波纹板组合的形式。盘片有将近一半的面积浸没在半圆形或矩形的氧化槽内。在电机的带动下，盘片组在水氧化槽内缓缓转动，废水在槽内流过，水流方向与转轴垂直，槽底设有排泥管或放空管，以控制槽内废水中悬浮污泥的浓度（图 2-22）。

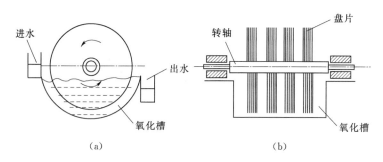

图 2-22 生物转盘工艺流程原理
（a）平面图；（b）剖面图

2. 生物转盘的净化机理

氧化槽内充满污水，生物转盘以较低的速度在氧化槽内转动，转盘交替地和空气与污水相接触。经过一段时间后，在转盘上附着一层栖息着大量微生物的生物膜。微生物的种群组成逐渐稳定，其新陈代谢功能也逐步地发挥出来，并达到稳定的程度，污水中的有机污染物被生物膜所吸附降解。

转盘转动离开污水与空气接触，生物膜上的固着水层从空气中吸收氧，固着水层中的氧是过饱和的，并将其传递到生物膜和污水中，使槽内污水的溶解氧含量达到一定的浓度，甚至可能达到饱和。在转盘上附着的生物膜与污水以及空气之间，除有机物（BOD、COD）与 O_2 外，还进行着其他物质（如 CO_2、NH_3 等）的传递。

生物膜逐渐增厚，在其内部形成厌氧层，并开始老化。老化的生物膜在污水水流与盘面之间产生的剪切力的作用下而脱落，脱落的破碎生物膜在二沉池内被截留，并形成污泥，密度较高且易于沉淀。

生物转盘在实际应用中有多种构造类型，最常见的是多级转盘串联，以增加生物膜与污水污染物的接触概率，提高处理效果。但级数一般不超过四级，级数过多，处

理效率提高不大。根据圆盘数量及平面位置，可以采用单轴多级或多轴多级的形式。

3．生物转盘的优点

（1）微生物浓度高。特别是最初几级的生物转盘，这是生物转盘效率高的主要原因之一。

（2）微生物相分级。在每级转盘生长着适应于流入该级污水性质的生物相，这种现象对微生物的生长繁殖、有机物降解非常有利。

（3）污泥龄长。在转盘上能够繁殖世代时间长、生长较长的微生物，如硝化菌等，因此，生物转盘具有硝化、反硝化的功能；污泥龄指生物固体平均停留时间。

（4）采取适当措施，生物转盘还可用于除磷。由于无须污泥回流，可向最后几级氧化槽或直接向二沉池投加无机混凝剂去除水中的磷。

（5）耐冲击负荷。对 BOD 值达 1000mg/L 以上的超高浓度有机污水到 10mg/L 以下的超低浓度污水都可以采用生物转盘进行处理，并能够得到较好的处理效果。

▶ 2-34

（6）生物膜上的微生物的食物链较长，因此，产生的污泥量较少，约为活性污泥处理系统的 1/2 左右。

（7）氧化槽不需要曝气，污泥也无须回流，因此，动力消耗低，这是本技术最突出的特征之一。

⏱ 2-19

（8）不须要经常调节生物污泥量，不存在产生污泥膨胀的麻烦，复杂的机械设备也比较少，因此，便于维护管理。

（9）设计合理、运行正常的生物转盘，不产生滤池蝇，不出现泡沫，也不产生噪声，不存在二次污染的现象。

（10）生物转盘的流态，从一个生物转盘单元来看是完全混合型的，在转盘不断转动的条件下，氧化槽内的污水能够得到良好的混合。

▶ 2-35

4．生物转盘的不足

（1）价格高、投资大。

（2）因为无通风设备，转盘的供氧依靠盘面的生物膜接触大气，废水中挥发物质将会产生污染。因此，生物转盘最好作为第二级生物处理装置使用。

（3）生物转盘的性能受环境温度及其他因素影响较大。在北方设置生物转盘时，一般置于室内，并采取一定的保温措施。建于室外的生物转盘都应加设雨棚，防止雨水淋洗使生物膜脱落。

Ⓟ 2-8

知识点三 生态浮床技术

一、生态浮床技术概述

1．生态浮床的定义

生态浮床又称人工浮床、人工浮岛、生态浮岛（图 2-23）。是以水生植物为主体，运用无土栽培技术原理，以高分子材料等为载体和基质，应用物种间共生关系和充分利用水体空间生态位和营养生态位的原则，建立的高效的人工生态系统，以削减水体中的污染负荷。即：把特制的轻型生物载体按不同的设计要求，拼接、组合、搭建成所需的面积或几何形状，放入受损水体中，将经过筛选、驯化的吸收水中有机

图 2-23 生态浮床

污染物功能较强的水生、陆生植物，植入预制好的漂浮载体种植槽内，让植物在类似无土栽培的环境下生长，植物根系自然延伸并悬浮于水体中，吸附、吸收水中的氨、氮、磷等有机污染物质，为水体中的鱼虾、昆虫和微生物提供生存和附着的条件，同时释放出抑制藻类生长的化合物。在植物、动物、昆虫以及微生物的共同作用下使环境水质得以净化，达到修复和重建水体生态系统的目的。生态浮床如图 2-23 所示。

2. 生态浮床技术原理

生态浮床的技术原理如图 2-24 所示。一方面，表现在利用表面积很大的植物根系在水中形成浓密的网，吸附水体中大量的悬浮物，并逐渐在植物根系表面形成生物膜，膜中微生物吞噬和代谢水中的污染物成为无机物，使其成为植物的营养物质，通过光合作用转化为植物细胞的成分，促进其生长，最后通过收割浮床植物和捕获鱼虾减少水中营养盐；另一方面，浮床通过遮挡阳光抑制藻类的光合作用，减少浮游植物生长量，通过接触沉淀作用促使浮游植物沉降，有效防止"水华"发生，提高水体的透明度，其作用相对于前者更为明显，同时浮床上的植物可供鸟类栖息，下部植物根系形成鱼类和水生昆虫生息环境。

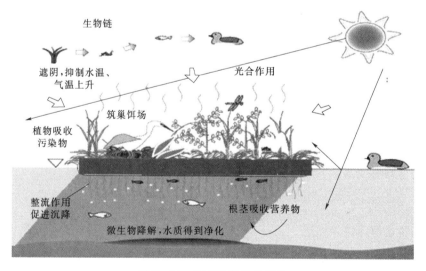

图 2-24 生态浮床技术原理

3. 生态浮床的特点

（1）将浮床陆生植物作为先锋种植于河湖水面，利用陆生植物生长过程中对大量氮、磷吸收和光合作用，去除水中氮、磷，无须施肥，避免肥料对水体污染，且病虫害少，生物生产量高。

（2）生态浮床不受光照等条件限制，可避免沉水植物人工种植后，由于光照等生境条件难以保障其正常生育而死亡的现象。浮床植物生物量高且易收割，可实现污水资源化利用。

（3）陆生植物水上种植后，能形成较大生物量，特别是发达的根系，可吸收大量藻类等浮游生物，根系释放出能降解有机污染物的分泌物，加速污染物分解。

（4）生态浮床可创造一定的经济效益和美化污染水体的水面景观。如种植水生蔬菜等能达到美化景观的功能。造价低、供试植物和浮床载体材料来源广，结构组装方便，较好抗风浪能力，载体可移动拼装，是其经济效益的体现。

4. 生态浮床的分类

生态浮床的分类如图 2-25 所示。

二、生态浮床技术发展现状

1. 对富营养化水体的净化效果

人工浮床最早出现在 20 世纪的德国，EST-MAN 公司第一个生产了人工浮床，对水质的净化也取得了一定的效果。1995 年，日本研究者在霞浦进行一次隔离水域试验，发现生态浮床能够削减植物性浮游生物，在人工浮床占有率只有 25%

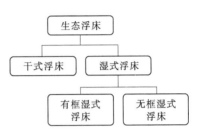

图 2-25　生态浮床的分类

的地方，植物性浮游生物被削减了 94%，去除水体中氮、磷等营养物质，并能对重金属进行吸收、富集，具有一定的去除水体重金属污染功能，而且还能抑制藻类的生长。

在没有人工浮床处，藻类的繁殖很快，相当于有浮床处藻类的 10 倍；COD 的去除也较为明显，设置人工浮床处能够削减 50% 的 COD。

我国的人工浮床技术研发及应用正处于快速发展时期。从 1988 年起，在位于无锡市南端的五里湖，利用浮床植物技术直接治理富营养湖泊的可行性和有效性研究，涉及的总水域面积达 $8hm^2$。

1999 年，在杭州市南应加河长实施的人工浮床示范工程，经过 5 个月左右的治理，全河的水体感官性状和水质均取得了较大改善，异臭味得到了有效控制，围隔河段的水质发生了巨大的改变，水体的透明度从原来的 4.9cm 提高到了 1m，溶解氧（DO）的质量浓度在几乎为 0 的条件下增加到了 4mg/L，氨氮和磷的含量也明显降低。

上海市在人工浮床应用进行处理河道水质上也取得了较为明显的成果，其中对徐汇区金家塘等地区的 TN、TP、COD 和 BOD_5 的去除率分别为 50.8%、58.2%、50.3% 和 46.6%。

2. 浮床植物选择

在人工浮床的利用中，植物的选取对氮磷的去除尤为重要，我国在浮床植物净化水质的效果研究上已经有了很大进步。

有研究表明，人工浮床对汾河水质的净化中发现，在选取的植物中，狐尾藻的净生产量最高，其次是圆币草。

在美人蕉和风车草人工浮床治理临江河的研究中发现，美人蕉和风车草在氮的去除效果上相差不大，但是美人蕉对 COD 的去除相对而言比风车草好，而风车草在磷的去除上更占优势。

在城市景观污染水体人工浮床植物筛选中研究发现青叶碧玉、绿萝和美人蕉 3 种植物在实验水质条件下生长更好，其中青叶碧玉对污水中氮磷的去除效果最好。

3. 人工填料引入强化净化效果

人工填料在浮床中的应用是现在的研究热点，在浮床中加入人工填料之后，一般采用陶粒、塑料等，填料表面巨大的表面积有易于生物挂膜，微生物能够在填料表面附着生长，经过新陈代谢作用，对水体中的有机物和相关的营养元素进行去除。

在浮床中加入水生动物后，能够通过食物链的加环作用，提高水体中的有机物的可溶性和氨化作用，改善植物的吸收效果以及改善微生物的基质条件，促进微生物的生长和活性，有效控制水中的富营养化情况，对氮、磷的吸收起到很好的效果，大大提高浮床净化水质的能力。微生物进行代谢作用，释放出二氧化碳，供植物吸收进行光合作用，增加水体中的溶解氧（DO），为微生物的代谢提供必要物质，微生物生长良好、活性强，处理水质的效果更好。

4. 其他技术研究现状

组合式人工浮床在流动水体中对水体的处理时间相对较短，以及经济等问题导致浮床不能够在河流中大面积覆盖，因此去除效率也很低。需要采用其他辅助技术来加强对水体中的污染物的去除。

水生植物的遗传因素和环境条件是水生植物去除水体中的营养物质、净化水质的限制条件。

▶2-37

三、生态浮床技术净化机理

1. 概述

植物对污染水体的净化包括截留、吸附、沉降、吸收等多重作用。水生植物根系发达，与水体接触面积大，可以截留水体中的大颗粒污染物质，在其表面进行吸附、沉降等。同时，通过大气复氧及植物光合作用输送氧气至植物根部，供植物呼吸作用及根际区微生物的生长繁殖，还可在根部形成厌氧-好氧区，有利于反硝化细菌-硝化细菌的生长，从而加速脱氮过程。生态浮床净化机理如图 2-26 所示。

2. 生态浮床净化机理

（1）物理作用及化学沉淀。物理作用主要是指植物根系对颗粒态氮磷和部分有机质的截留、吸附和沉降等作用。由于植物根系茂盛，与水体接触面积很大，能形成一层浓密的过滤层。当水流经过时，不溶性胶体就会被根系吸附而沉淀下来。同时，附着于根系的菌体在内源呼吸阶段发生凝集，凝集的菌胶团可以将悬浮性的有机物和新陈代谢产物沉降下来。

（2）植物的吸收作用。植物在生长过程中需要大量营养元素，而污染水体中含有的过量氮磷可以满足植物生长的需要，最终通过收获植物体的方式将营养物质移出水体。植物对营养物质的摄取和存储是临时的，植物只是作为营养物质从水中移出的媒

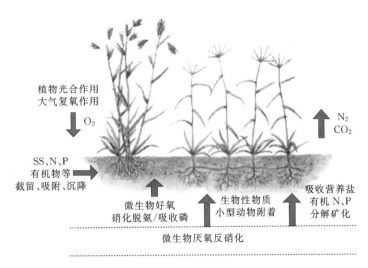

图 2-26　生态浮床净化机理

介，若不及时收割，植物体内的营养物质会重新释放到水体中，造成二次污染。植物
吸收氮磷的特性与植物自身有关。不同植物种类及植物体不同器官的吸收能力不同。

（3）氧气的传输作用。植物能通过枝条和根系的气体传输和释放作用，将光合作
用产生的氧气或大气中的氧气输送至根系，一部分供植物进行内源呼吸，另一部分通
过浓度差扩散到根系周围缺氧的环境中，在根际区形成氧化态的微环境，加强了根区
好氧微生物的生长繁殖，并有助于硝化菌的生长，然后通过微生物对有机污染物、营
养盐进一步分解。

（4）微生物降解作用。高等植物根系为微生物及微型动物提供了附着基质和栖息
的场所。光合作用产生的氧气和根系释放的氧气一方面氧化分解根系周围的沉淀物，
另一方面使水体底部和基质形成许多好氧和厌氧区域，为微生物的活动提供了条件。
同时根系表面的生物膜增加了微生物的数量和分解代谢面积，使根部污染物被微生物
分解利用或经生物代谢作用去除。

（5）藻类的抑制作用。

1）竞争性抑制。水生植物和浮游藻类都要利用光能、CO_2、营养盐等来维持生
长，两者相互竞争。通常植物的个体大，吸收营养物质的能力强，能很好地抑制藻类
的生长。

2）生化性克制。水生植物在旺盛生长时会向湖水中分泌某些生化物质，可以杀
死藻类或抑制其生长繁殖。

3）捕食抑制。植物的根系还会栖生一些以藻类为食的小型动物，更加限制了藻
类的恶性繁殖。

▶ 2-38

⊘ 2-20

⊘ 2-21

四、生态浮床结构与设计

1. 浮床的大小与形状

整个浮床由多个浮床单体组装而成，每个浮床单体边长可为 1～5m。但为了方便

搬运和施工及耐久性等问题，一般采用2～3m。在形状方面，以四方形为多。但考虑到景观美观、结构稳固的因素，也有三角形及六边蜂巢型等。

2. 浮床结构及材料的选择

典型的湿式有框浮床包括四部分：浮床框体、浮床床体、浮床基质、浮床植物。具体结构如图2-27所示。

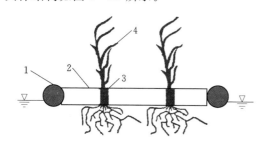

图2-27 生态浮床结构图
1—浮床框体；2—浮床床体；3—浮床基质；
4—浮床植物

（1）浮床框体。浮床框体要求坚固、耐用、抗风浪，目前一般用PVC管、不锈钢管、木材、毛竹等作为框架。PVC管无毒无污染，持久耐用，价格便宜，重量轻，能承受一定冲击力。不锈钢管、镀锌管等硬度更高、抗冲击能力更强，持久耐用，但缺点是质量大，需要另加浮筒增加浮力，价格较贵。木头、毛竹作为框架比前两者更加贴近自然，价格低廉，但常年浸没在水中，容易腐烂，耐久性相对较差。

（2）浮床床体。浮床床体是植物栽种的支撑物，同时是整个浮床浮力的主要提供者。目前主要使用的是聚苯乙烯泡沫板。这种材料具有成本低廉、浮力强大、性能稳定的特点，而且原材料来源充裕、不污染水质、材料本身无毒疏水，方便设计和施工，重复利用率相对较高。

此外还可将陶粒、蛭石、珍珠岩等无机材料作为床体，这类材料具有多孔结构，适合微生物附着而形成生物膜，有利于降解污染物质。但局限于制作工艺和成本的问题，这类浮床材料目前还停留在实验室研究阶段，实际使用很少。

以漂浮植物进行浮床栽种的话，可以不用浮床床体，依靠植物自身浮力而保持在水面上，利用浮床框体、绳网将其固定在一定区域内。这种方法也是可行的。

（3）浮床基质。浮床基质用于固定植物植株，同时要保证植物根系生长所需的水分、氧气条件及能作为肥料载体，因此基质材料必须具有弹性足、固定力强、吸附水分、养分能力强，不腐烂，不污染水体，能重复利用等特点，而且必须具有较好的蓄肥、保肥、供肥能力，保证植物直立与正常生长。

目前使用的浮床基质多为海绵、椰子纤维等，可以满足上述的要求。另外也有直接用土壤作为基质，但缺点是重量较重，同时可能造成水质污染，目前应用较少，不推荐使用。

（4）浮床植物。植物是浮床净化水体的主体，须要满足以下要求：适宜当地气候、水质条件，成活率高，优先选择本地种；根系发达、根茎繁殖能力强；植物生长快、生物量大；植株优美，具有一定的观赏性；具有一定的经济价值。目前经常使用的浮床植物有美人蕉、芦苇、荻、水稻、香根草、香蒲、菖蒲、石菖蒲、水浮莲、凤眼莲、水芹菜、水雍菜等。在实际工作中要根据现场气候、水质条件等影响因素进行植物筛选。

3. 浮床的设计原则

生态浮床有多种类型，能实现不同的功能。要根据不同的目标、水文水质条件、气候条件、费用，进行浮床的设计，选择合适的类型、结构、材质和植物。浮床的设计必须综合考虑以下五个因素：

（1）稳定性。从浮床选材和结构组合方面考虑，设计出的浮床须能抵抗一定的风浪、水流的冲击而不至于被冲坏。

（2）耐久性。正确选择浮床材质，保证浮床能历经多年而不会腐烂，能重复使用。

（3）景观性。考虑气候、水质条件，选择成活率高、去除污染效果好的观赏性植物，能给人以愉悦的享受。

（4）经济性。结合上述条件，选择适合的材料，适当降低建造的成本。

（5）便利性。设计过程中要考虑施工、运行、维护的便利性。

▶ 2 - 39

▶ 2 - 22

五、生态浮床技术发展前景与改进建议

1. 生态浮床技术发展前景

（1）资源化方面

人工浮床所选用的植物，不仅能够去除水体中的氮、磷、COD 等，防止富营养化的发生，改善水质状况，还能够作为经济作物，如水稻可作为粮食作物，花可以作为观赏性的物种，蔬菜等可以食用。另外有些大型水生植物在收割之后可以用作动物的饲料，一些水生植物在收割之后可以用来作为沼气的来源。

（2）基质研究

有专家学者以农业秸秆作为植物生长的浮床基质。采用批式实验或连续流实验方式，研究了农业秸秆作为浮床基质和生物载体时对氮素污染物的去除效果。

结果发现，相比于塑料填料作为基质浮床和纯植物浮床，以农业秸秆作为生态浮床的基质和生物载体时，氮素污染物的去除效果明显优于其他两种生态浮床而且，亚硝酸氮的积累量非常少。同时，植物生长量和生长状况也明显优于其他两类浮床。

（3）生态浮床模型。生态浮床的模型能够定量地反映出浮床在其作用范围内对其周围的任意点处的生态作用强度及其综合效应。生态场概念的提出可能会引起以下内容研究的兴起：

1）如何提高生态浮床的"生态场"的场强度，或通过提高生物量或采用其他物化技术改善场强度分布等，提高生态浮床修复水体的辐射效果和净化效果；罗佳等研究发现，距离生态浮床越近的区域内出现的微生物含量差别甚大，而且微生物种群（硝化菌和反硝化菌）Shannon - Wiener（多样性指数）和丰度明显高于相对远离区域，表面生态浮床表现为"生态场"的特征。

2）深入研究生态浮床"生态场"的等强线、演变规律、强度规律等，为深入研究生态浮床的净化效果、机理，及其人工强化提供参考。

2. 生态浮床技术改进的建议

人工生态浮床技术在水污染控制方面的应用正处于快速发展时期，而人工生态浮

▶ 2 - 40

床净化机理方面的研究则相对滞后，目前人工生态浮床对各种污染物的去除反应动力学模型仍未完整地建立起来，现有的模型基本为一些经验模型，无法得到广泛的应用。应该对人工生态浮床的材料进行改进，塑料泡沫板对环境始终是有危害的，需要找到合适的替代材料作为浮板，以减小对环境的伤害。

任务四 生态拦截技术

知识点一 缓冲带技术

一、缓冲带技术概述

1. 缓冲带的定义

通过人为改变和切断导致生态系统退化的主导因子或过程，减轻负荷压力，调整、配置和优化系统内部及其与外界的物质、能量和信息流动过程，依靠生态系统的自我恢复能力使其向有序的方向演化，使遭到破坏的生态系统逐步恢复并向良性循环方向发展，此为生态修复。缓冲带修复技术是生态修复的一项重要手段，缓冲带的本意是指位于两个或多个区域之间的隔离区或过渡区。缓冲带是湖滨带以外（最高水位以上）的陆向辐射带，是湖滨带的重要保护圈。缓冲带图片如图2-28所示。

图 2-28 缓冲带实景图

2. 缓冲带的功能

（1）缓冲功能。河流两岸一定宽度的植被缓冲带可以通过过滤、渗透、吸收、滞留、沉积等河岸带机械、化学和生物功能效应使进入地表和地下水的沉淀物、氮、磷、杀虫剂和真菌等减少。

草本植物和乔木缓冲带对沉淀物的吸附效果都非常好。小颗粒的沉淀物主要是被渗透移除，而大部分大颗粒的沉淀物会在缓冲带最开始的3～10m被拦截。河岸缓冲带可以通过吸附、渗透和微生物降解来减少由农田流失到河流的杀虫剂总量。研究表明，地表径流在缓冲带上分布得越均匀，缓冲带的渗透能力越强，对杀虫剂的吸附率越高。

缓冲带主要通过两个途径来影响氮流通，植物的吸收利用和土壤微生物的反硝化作用。在大西洋海岸平原，通过森林缓冲带后，氮的浓度降低了90%。缓冲带还能有效减少沉淀物中的磷，一般来说，增加缓冲带的宽度能吸收更多的含磷微粒。

（2）稳固河岸。受植物根系作用影响，河岸沉积物抵抗侵蚀的能力比没有植物根系时高，这是由于植物根系可以垂直深入河岸内部；但当河岸较高时，植物根系不能深入到河堤堤脚，则会增加河岸的不稳定性；短期的洪水侵蚀和水位经常发生变化时，草本植物可以有效发挥其防洪和防侵蚀作用，但水位淹没时间较长时，就需要寻求更好的护岸方法。

与没有植被缓冲带的河岸相比，具有缓冲带的河岸其地下水能够较缓慢地进入河流，保持河流流量的相对稳定。缓冲带可以通过吸收地表径流和降低径流流速来减少水流对河岸和河床的冲刷。

（3）调节流域微气候。在夏天，河岸缓冲带的植被可为河流提供遮阴：在小流域，仅1%～3%的太阳光能到达河水表面，降低夏天的水温。研究发现，如果清除河岸边的植被会导致夏季水温上升6～9℃。在冬天，植被缓冲带吸收反向辐射，会提高水温。同时植被还会减少流域附近的蒸发和对流。因此，河岸植被可创造缓和的微气候。

（4）为河溪生态系统提供养分和能量。河岸植被及相邻森林每年都向河水中输入大量的枯枝、落叶、果实和溶解的养分等漂移有机物质，成为河溪中异养生物（如菌类、细菌等）的食物和能量主要来源。

当水流经过滞留在河溪中的大型树木残骸时，由于撞击作用，增加了水中的溶解氧。大型树木残骸还能截留水流中树叶碎片和其他有机物质，使其成为各种动物食物的主要来源。随着时间的流逝，河溪中的粗大木质物将逐渐破碎、分解和腐烂，缓慢地向河水释放细小有机物质和各种养分元素，成为河溪生态系统的主要物质和能量来源。

▶ 2-41

（5）增加生物多样性。河岸植被缓冲带所形成的特定空间是众多植物和动物的栖息地，目前已发现许多节肢动物和无节肢动物属于河岸种。许多研究表明，河岸缓冲带中动、植物种类数量要明显高于其他生态系统。

二、湖泊缓冲带生态环境建设

湖泊缓冲带生态环境建设是指通过生物、生态以及工程等措施手段，依据环境管理目标，控制人类活动产生的污染负荷，使生态系统的组成结构和生态功能恢复到一定的或者被干扰前的水平。湖泊缓冲带的生态环境建设必须在深入研究其生态系统的组成结构、生态功能的基础上，识别影响湖泊缓冲带生态功能正常发挥的关键因素，制订具体的生态环境建设方案。近年来，我国科研人员已经在太湖、洱海、抚仙湖等湖泊和流域，对湖泊缓冲带的生态环境建设进行了示范性探索与实践，但是这些尝试还处于初期阶段，对于与其相关的机理探讨、技术优化组合与效益评估等还须进行深入研究。该研究对湖泊缓冲带的生态环境建设的原则、思路和技术体系进行了初步的总结和探讨。

1. 湖泊缓冲带生态环境建设的原则

湖泊缓冲带的生态环境建设一般遵循三个原则：

（1）控源与生态修复相结合。既要控制湖泊缓冲带内的污染源，做到少产污、少排污，又要在湖泊缓冲带内进行生态建设，修复缓冲体系，净化自身排放及外来汇入的污染物，从而达到改善环境、恢复生态健康的目的。

（2）自然恢复与人工强化相结合。对于生态状况较好的区域采取自然恢复为主的生态保育措施，对于生态状况较差的区域采取人工强化措施改善生境条件，借助人工辅助引导自然恢复，开展生态修复、生态重建。

（3）生态建设与长效运行管理相结合。生态建设很重要，但是往往建设容易，长期的维护运行管理很难，并且所有的技术措施都要以运行管理为保证，这是一个多层次的系统工作。

2. 湖泊缓冲带生态环境建设的总体思路

湖泊缓冲带的生态环境建设必须首先从控源着手，减少人类生产、生活活动的污染物排放，降低湖泊缓冲带自身产污量；其次，人们也已认识到，在某些情况下，进一步控源，存在成本很高、效益不高的问题，并且存在法律法规和管理条例方面的障碍，因此在控制污染源的同时，开展生态修复工作是必须而且可行的选择；最后，进行生态建设与环境保护，必须要提高人的积极性。设立缓冲带应当考虑当地居民的生存和发展的需要，须要考虑相应的环境经济政策与管理方式。

（1）控制污染源，降低湖泊缓冲带自身的污染物排放。减少湖泊缓冲带自身的污染，一方面需要在区域环境质量和生态健康的约束条件下，制订适合湖泊缓冲带的、严格的环境管理制度，落实"低能耗、低排放、低消耗"的产业标准，调整产业结构、优化功能布局，推广清洁生产和循环经济技术；营造湖泊缓冲带生态景观，实施景观生态战略，既能改善环境、提高生态效益，也是发展湖泊缓冲带社会经济的重要途径。另一方面实施更严格的污染物排放总量控制和污染源处理排放标准。目前，工业污染、生活污染和集约化养殖污染等点源污染控制技术相对比较成熟，主要是建设费用、运行成本和管理体制问题。湖泊缓冲带内最主要的还是农村面源污染。以太湖为例，湖泊缓冲带内农田、村落产生的面源污染负荷占整个缓冲带有机污染物负荷的43％，总氮负荷的62％，总磷负荷的57％。所以缓冲带内的面源污染控制十分重要，应该分析农业产业结构与面源污染的内在关系，提出湖泊缓冲带内生态农业发展的适宜模式，并通过对相关利益主体的博弈分析，设计促进低污染生态农业发展的激励机制。

在这里须要特别注意的是，如果仅仅控制湖泊缓冲带自身的污染，而不同步管理和减少周边地区的污染排放负荷，是很难达到预期目标的。很多情况下，环境污染可能仅仅是少数个别区域引起的，重点改善加强对这些区域的土地管理就可能在很大程度上改善环境质量。因此，在治理湖泊缓冲带污染的同时，对周边地区进行同步治理是极其必要的。

（2）开展生态建设，充分发挥湖泊缓冲带内现有缓冲体系的功能。湖泊缓冲带内通常具有自然分布的河流、支浜、小型湿地、草林系统，这些生态系统的有机组合构成了一个在村落、农业与受纳水体之间天然的缓冲体系，通过截留和净化陆域面源污染物，可以很好地发挥缓冲净化功能，改善水体水质，减少水体污染负荷。但是，目前普遍存在的情况是，湖泊缓冲带内的支浜、湿地、草林生态系统退化，污染严重，其本身就是一个污染源，难以承担缓冲净化的功能。

3. 湖泊缓冲带生态环境建设的技术体系

湖泊缓冲带生态环境建设技术以生态系统或复合生态系统为研究对象，通过调控生态系统内部的结构和功能，来提高生态系统的自净能力和环境容量，同步取得生态环境、经济和社会效益。因此，所有能达到生态环境建设目的的工程技术都可以应用，并没有一个排他性的界定。按照湖泊缓冲带内主要污染类型和缓冲体系构成特点，比较重要的是湖泊缓冲带内的农村面源污染控制技术和缓冲体系改善技术。

2-42

三、缓冲带设计

1. 位置

一般情况下，处于河流上游较小支流的河岸带最需要保护。考虑到积水区内的累积效应，在分水岭这样具有连接作用的特殊地方也同样应该设置缓冲带。当然整个流域都需要健康的河岸缓冲带。

对于具体地段而言，科学地选择缓冲带位置是缓冲带有效发挥作用的先决条件。从地形的角度，缓冲带一般设置在下坡位置，与地表径流的方向垂直。对于长坡，可以沿等高线多设置几道缓冲带以削减水流的能量。在溪流和沟谷边缘一定要全部设置缓冲带，间断的缓冲带会使缓冲效果大大减弱。

在计划建立河岸缓冲带之前，还需要了解这个区域的水文特征。如果只是一个一级或者二级的小溪流，缓冲带可以紧邻河岸。如果在一个比较大的流域，考虑到暴雨期洪水泛滥所产生的影响，植被缓冲带的位置应选择在泛洪区边缘。

2. 植物种类

构建植被缓冲带的目的是影响植物选择的一个重要因素。乔木发达的根系可以稳固河岸，防止水流的冲刷和侵蚀，同时，乔木可为那些沿水道迁移的鸟类和野生动物提供食物，也可为河水提供更好的遮蔽。草本缓冲带就像一个过滤器，可通过增加地表粗糙度来增强对地表径流的渗透能力，并减小径流流速，提高缓冲带对沉淀物的沉积能力。在具有旅游和观光价值的河流两岸，可种植一些色彩丰富的景观树种；在经济欠发达地区可种植一些具有一定经济价值的树种。

在植被缓冲带建立的初期，河岸植被缓冲带有时会遭到外来物种的侵害，这些外来物种往往会使缓冲带的功能减弱。因此，外来植物品种引进工作应非常慎重。如果发现有侵略性的外来物种，一定要提前做好防治工作。

3. 结构和布局

植被缓冲带种植结构影响着缓冲带功能的发挥。在缓冲带宽度相同的条件下，草本或森林—草本植被类型的除氮效果更好。而保持一定比例的生长速度快的植被可以提高缓冲带的吸附能力。一定复杂程度的结构使得系统更加稳定，为野生动物提供更多的食物。

　　美国林务局建议在小流域建立"三区"植被缓冲带。紧邻水流岸边的狭长地带为一区，种植本土乔木，并且永远不进行采伐。这个区域的首要目的是：为水流提供遮阴和降温；巩固流域堤岸以及提供大木质残体和凋落物。紧邻一区向外延伸，建立一个较宽的二区缓冲带，这个区域也要种植本土乔木树种，但可以对它们进行砍伐以增加收入。它的主要目的是移除比较浅的地下水中的硝酸盐和酸性物质。紧邻二区建立一个较窄的三区缓冲带，三区应该与等高线平行，主要种植草本植被。三区的首要功能是拦截悬浮的沉淀物、营养物质以及杀虫剂，吸收可溶性养分到植物体内。为了促进植被生长和对悬浮固体的吸附能力，每年应该对三区草本缓冲带进行 2～3 次割除。

　　4. 宽度

　　河岸缓冲带功能的发挥与其宽度有着极为密切的关系。将草本过滤带由 4.3m 增加到 8.6m 可以减少地表径流和沉淀物穿过缓冲带的总量，但在降水强度较大时，比较宽的缓冲带的效果并不明显，这也许是径流流速加快造成的。地表径流中营养物质的消除效果也是随着缓冲带的宽度、污染物的类型和化学结构的不同而有所变化。

▶ 2-43

▶ 2-23

四、湖泊缓冲带管理

　　1. 概述

　　湖泊缓冲带的管理涉及通过环境管理优化经济发展、生态工程长效运行管理和环境经济政策与生态补偿三个方面，主要内容包括实施严格的湖泊缓冲带环境准入标准，优化产业结构和产业布局；开展生态环境建设工程长效运行管理；实施特殊的湖泊缓冲带环境经济政策和生态补偿措施。对该区域的管理可以借鉴生态功能区、水生态功能区的管理体制。

　　2. 湖泊缓冲带的管理体制

　　（1）实施严格的湖泊缓冲带环境准入标准，优化产业结构和产业布局。作为限制开发的湖泊缓冲带，在生态环境功能区规划和主体功能区规划中明确湖泊缓冲带的生态功能与保护目标，严格保护区域内的山体、水体及已有的林地和湿地资源、具有防护隔离功能的生产防护用地，以及具有生态涵养和景观塑造等功能的生态用地；实施差别化的环境管理政策，制订项目准入标准、控制污染排放总量，明确建设开发活动的环境保护要求，并落实到规划环评和项目环评的审批中；实施有效的奖惩激励，引导产业发展方向和科技创新与升级，推动产业生态化改造，鼓励发展生态农业、生态旅游和生态健康产业，提高区域建设开发活动环境决策科学性，促进区域生产力布局与生态环境承载力相协调。

　　（2）湖泊缓冲带生态建设工程长效运行管理。目前，生态建设工程普遍存在管理方法落后、管理机制欠缺、长期运行效果监测及考核体系不完善等问题。湖泊缓冲带生态建设工程的运行管理需要从管理平台、硬件支撑、监测体系、制度保障四个方面出发，构建湖泊缓冲带生态建设工程综合管理信息系统平台，提升信息化管理水平；按标准配套管理设备，提供功能完善、经济实用的硬件支撑与技术规范；建立湖泊缓冲带生态建设工程运行监测、绩效评估和诊断预警体系；设计和创新工程管理模式与激励机制，制订湖泊缓冲带生态建设工程运行维护管理考核办法，建立"有力、可控、长效"的工程运行机制，充分发挥生态建设工程的长期环境效益，切实改善缓冲带入湖水质，促进区域经济社会生态可持续发展。

（3）实施特殊的湖泊缓冲带环境经济政策和生态补偿措施。在湖泊流域生态环境保护中，设立湖泊缓冲带，制订特殊的环境经济政策、实施生态补偿措施是实现流域健康的重要基础。我国生态补偿处于探索起步阶段，存在补偿机制层级分明但衔接不足、目标明确但实施方案模糊、政策支持突出但资金来源单一、补偿方式多样但侧重事后治理等问题。

因此，对于湖泊缓冲带内的环境经济政策和生态补偿的管理须要进行认真的前期调查，提出切实可行的生态补偿方案，不能使政策变成一纸空文。

2-44

五、美国在缓冲带技术方面的经验

1. 法律保障

美国走了近 20 年的坎坷之路，直到 2002 年颁布的土地法案给予了生物缓冲带高度的认知和支持，才使生物缓冲带能长期地提高环境质量和保护自然资源。

2. 资金来源多元化

美国在推广生物缓冲带技术的过程中涌现出来大量的保护计划。这里面有私人出资的，也有国家提出的，包括费用分摊计划、激励和报酬的发放、为建设提供贷款支持等。生物缓冲带的不同来源资金主要赞助对象包括家畜用水替代工程、湿地扩张计划、生物缓冲带护栏工程、树木种植等。

3. 配套设施多样化

为了顺利地推广生物缓冲带，适当的宣传也是必不可少的。美国主要的措施为：向土地所有者发放含有理论和实例的材料，并在每份材料之后附上获得更详细资料的方式。除此之外，更是将河岸和湿地的保护计划对保护河岸和湿地的管理者进行专门的宣讲。

4. 利益驱动

对于生物缓冲带在美国的顺利推广真正起作用的不是那些计划，而是一定程度上的附加效益，即让土地所有者真正从生物缓冲带建设本身获得经济效益。美国从联邦政府到各州政府通过多个计划，提供不同途径的资金，以鼓励土地所有者增加树木种植。他们首先是可以收获高经济价值的阔叶树，同时创造了能够生产林木特殊副产品的环境而增加经济效益。与此同时，为了鼓励人们选择生物缓冲带这种方式，政府还鼓励建立示范基地。

5. 开展多部门合作

为了更加有效地保护野生动植物资源，改善水质，减少土壤侵蚀，生物缓冲带这种综合性项目需要多个部门的协作，如佐治亚州的生物缓冲带项目推广中，合作的部门包括美国水土保持委员会、佐治亚州林业委员会、国家自然资源保护协会和农地服务机构等机构。

6. 建立服务中心提供技术支持

美国成立了专门的技术服务中心来指导全国的生物缓冲带建设。中心的任务就是为了加快农林技术的发展和应用，获得更经济、更环保和具有社会可持续性的土地利用系统。为了完成这项工作，中心和其他美国内部的部门展开多方面的合作，如开展实验、深化实用技术和设施、建立示范基地等，并向美国内部资源保护专家们提供有效的技术指导。

7. 与科研机构密切联系

与科研机构合作建立流域污染物的监测系统，了解水内污染物的数量和污染准确来源，并能够在土地利用发生变化时检测水质，预测水质在未来的变化情况。

知识点二 生态沟渠技术

一、生态沟渠技术概述

1. 生态沟渠的定义

生态沟渠通过坡种草、岸种柳、沟塘种植水生植物和设置多级拦截坝来固定坡、岸泥沙（图2-29），大大降低水体中的氮、磷含量，达到"三清除"（清除垃圾、淤泥、杂草）和"三拦截"（拦截污水、泥沙、漂浮物）的作用，被认为是一种低投资、低能耗、低处理成本的污水生态处理技术，对于广大城镇和农村具有广阔的应用前景。

图 2-29 生态沟渠实景图

2. 生态沟渠的组成

生态拦截型沟渠系统，主要由工程部分和植物部分组成（图2-30），能减缓水速，促进流水携带颗粒物质的沉淀，有利于植物对沟壁、水体和沟底中逸出养分的立体式吸收和拦截，从而实现对农田排出养分的控制。

工程部分主要包括渠体及生态拦截坝、节制闸等，植物部分主要包括渠底、渠两侧的植物；两侧沟壁和沟底可以选择由蜂窝状水泥板等组成，两侧沟壁具有一定坡度，沟体较深，沟体内相隔一定距离构建小坝减缓水速、延长水力停留时间，使流水携带的颗粒物质和养分等得以沉淀和去除。

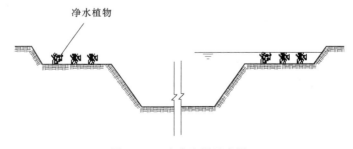

图 2-30 生态沟渠示意图

3. 生态沟渠的作用

生态沟渠能够通过截留泥沙、土壤吸附、植物吸收、生物降解等一系列作用，减少水土流失，降低进入地表水中氮、磷的含量。生态拦截沟渠主要用于收集面源污染径流，并对收集的径流进行预处理。

4. 生态沟渠的特点

（1）由工程和植物两部分组成的生态拦截型沟渠系统，能减缓水速，促进流水携带的颗粒物沉淀，吸收和拦截沟壁、水体和沟底中溢出的养分，同时水生植物的存在可以加速氮、磷界面交换和传递，从而使污水中氮、磷的浓度快速减小，具有良好的净化效果；

（2）收割植物解决二次污染问题，沟渠中水生植物对污水中的氮、磷有很好的吸收能力，水生植物能被农民收割，解决了二次污染问题；

（3）建造灵活、无动力消耗、运行成本低廉。

2-46

二、生态沟渠设计

1. 生态沟渠的设计原则

灌溉渠道输水效益是工程设计不能忽视的因素，与排水沟相比，灌溉渠道的生态化设计需要更多考虑渠道防渗以及水流速度。在工程设计过程中，须要坚持以下原则。

（1）维持渠道输水功能。灌溉渠道在农田水利设施中的功能是提供适时、适量、适宜水质的灌溉用水，渠道的生态化设计，需在满足输水效率的基础上考虑减小对生态环境的影响。因此，材料的选择应尽量以低透水性、低糙率为标准。

（2）符合结构安全要求，如在寒冷地区须考虑防冻胀因素。

（3）尊重原有自然环境，尽量减少工程对原有自然生态条件的扰动。

（4）保障田间动物自由通行不受阻碍。一是要保障水域与陆域间的通行，以不阻碍动物在水陆域间的自由来往为原则；二是要保障动物在渠道上下游的来回活动，应尽量避免阻隔横越的构筑物。

（5）设置栖息避难及多孔质空间，提供田间动物栖息、繁殖、摄食以及避难的空间，以维持动物正常的田间活动。

（6）保护田间生物：注重保护田间原生物种或特别被重视的生物，如萤火虫、鱼类、青蛙等，注意维护其生息条件。

（7）营造多样化的水流环境。

（8）增加水路两侧绿化，缓和水温的变化，制造野生动植物栖息的有利环境。

（9）设计中除了要考虑结构安全及自然生态环境外，在景观生态方面，要注意与周围自然景观的协调，与当地景观相配合。

2. 生态沟渠的设计要点

灌溉渠道每年都有一段时间的非灌溉期，灌溉期间水位高且流速大，非灌溉期则部分干涸无水，水位变化过大，也是影响其生态化的因素之一。故针对灌溉渠道的生态化设计，除了与排水沟共通的缓坡设计、提供多孔质空间以及扰流结构等生态工法外，可着重在渠道防渗与生态化的结合，并于非灌溉时期，让灌溉渠道也保有最低流量。灌溉渠道分为干、支、斗、农 4 级，不同等级和规格的渠道，生态化设计的技术要点均有所区别。

生态沟渠设计要点主要包含以下 10 个方面：

（1）缓坡设计。

（2）混凝土与块石结合。

（3）造型模板混凝土护岸。

（4）生态孔洞设置。

（5）深槽。

（6）复式断面。

（7）半生态混凝土渠道。

（8）膨润土防水毯渠道。

（9）改良的植生型防渗砌块渠道。

（10）动物脱逃斜坡与青蛙保育设计。

三、生态沟渠的测量和开挖

1. 总体设计

生态沟渠应因地制宜，等高开沟，保证沟渠内有一定的设计水深，使水流平缓，延长滞留时间，提高拦截效果。

2. 某施工案例介绍

生态沟渠施工流程为：沟渠测量工程→沟渠开挖工程→膨润土防水毯铺设工程→驳岸工程→护坡工程。

各工序呈一定时间差作分段流水作业，各作业段内施工均采用由下游至上游方向进行。

（1）沟渠测量工程。地形整理完成后即可进行沟渠的定位放线，根据施工图坐标基点，按沟渠设计的中心线坐标，准确地找出各放线点，设立控制桩，标明桩号。然后再根据沟渠宽度，以中心线为基准定边桩，放出沟渠的水平曲线、竖向标高曲线。根据沟渠做法不同确定开槽工作面。

（2）沟渠开挖工程。

1）土方开挖工艺流程如图 2-31 所示。本工程土方开挖采用机械挖土、人工辅助。土方开挖前了解落实有无地下管网或其他障碍物并进行处理保护。依据定位方格网和图纸尺寸撒灰线控制开挖区域，在灰线处每隔 5m 设置高程控制桩，控制开挖深度。机械开挖时，控制桩要明显，加插

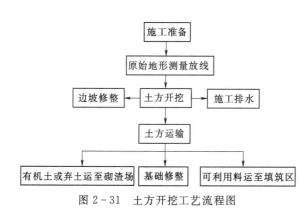

图 2-31　土方开挖工艺流程图

小红旗，给予提示，且基底预留 2～4cm，以防超挖。开挖出来的土方在场地有条件时留足回填用的土，多余土方运走避免二次倒运，基槽挖好后，经检验合格后，报监理检验合格后进行下道工序。

2）施工准备。

a. 工作面安排：沟渠土方施工，拟分为五个区段全线施工，每个区域开两个工作面，拟投入 20 台挖掘机及 4 台推土机，50 辆自卸汽车，进行沟渠土方开挖，护坡施工及时跟进。

b. 施工机械设备配置：主要施工机械设备共投入 74 台套，其中挖掘机 20 台，推土机 4 台，自卸汽车 50 辆。

3）施工顺序。一般遵循自上而下、分梯段进行施工的原则；先进行植被清理、表土清挖，形成周边截排水系统，再进行削地皮开挖；在崩窝、跌坎等急需特殊处理的部位，尽量加大人工和设备的投入，保证开挖顺利按时完成。

4）施工方法。

施工排水：在施工区域内设置临时性或长期性排水沟，将地面水排走；排水沟纵向坡度一般不小于 2%，使场地不积水；在堤顶设置截水沟、排洪沟，在地面需要地段内修筑水堤堰阻水，阻止坡顶雨水流入开挖区域内。

a. 机械削坡开挖：首先进行测量定位，找平放线，定位开挖宽度，按放线分块（段）分层挖土。根据水文地质情况及开挖深度确定开挖范围、坡率及分层情况。预留 20cm 保护层进行机械削坡开挖。采用反铲多层接力开挖法，用多台反铲挖掘机在不同作业高度上同时挖土，边挖土，边将土传递到上层，由地表挖掘机挖土装车，开挖一周前，在开挖区两侧设临时排水沟和截水沟，以利于排出开挖段内地表积水。对边坡稳定进行验算，挖掘机离边坡应有一定的安全距离，以防塌方造成翻机事故。同时施工时随时注意土层变化情况，如发现裂纹或部分坍塌等异常现象，应及时让施工设备撤离，保证设备的安全。开挖时由深而浅，坡面要控制预留 20cm 保护层，再用人工修坡、找平，以保证边坡坡度正确，避免超挖和土层遭受扰动。上层开挖为下层开挖预留的施工道路，在下层开挖完成后，由反铲退挖清除。

b. 人工削坡开挖：机械削坡开挖时预留的 20cm 保护层采用人工削坡。

c. 土方开挖过程中注意的问题：注意对桩位、水准点的保护，并经常性测量和校核其平面位置；禁止基底超挖，如果个别地方超挖，则回填后部分采取必要的夯实措施；开挖尺寸不足，除结构宽外，根据施工需要增加工作面宽度；注意沟底基槽不平、不直，加强检查和检修，认真验收。

5）压实作业要求。沟渠开挖后应分层碾压，分层厚度和压实遍数应通过碾压试验确定，土料采用振动压路机压实，底层及边角部位采用 2.8kW 蛙式打夯机压实。各段应设立标志，以防漏压、久压和过压，上下层的分段接缝位置应错开。碾压时，碾压机械行走方向应平行于堤轴线。分段分片碾压时，相邻作业面的搭接宽度，平行堤轴线方向不应小于 0.5m，垂直堤轴线方向不应小于 3m。机械碾压时应控制行车速度，振动碾压不超过 2km/h。机械碾压不到的部位，应辅以蛙式打夯机或其他夯具夯实，夯实时，应采用连环套打法，夯迹双向套压；分段分片夯实时，夯迹搭压宽度应不小于 1/3 夯径。

6）土方压实施工控制与质量检查。

a. 土壤的含水量控制：土料的含水量将影响到土体的压实效果，故必须对天然的土料进行适当处理，以改变其含水量来满足压实工作的要求。对于过干土料需在土料中加水，增加其含水量。加水方法一般有施工面加水，可用洒水或输水软管来进行，并力求喷洒均匀，为了使水分沿铺土厚度方向均匀分配，可以先将 1/3 的水量洒在铺土层的底部，再将 2/3 的水量均匀喷洒在该层土料。对于过湿土料的处理方法，主要采用翻晒土料的方法，并尽量在开挖取土地点薄层开挖以利于土壤自然风干。

b. 压实质量检查：在压实土体的施工过程中，要注意保证每个重要施工环节的质量。控制质量的施工环节包括：土料的质量、含水量、土块的大小、均匀程度、铺土厚度、层面处理及结合情况、碾压遍数、接头部位结合情况、土砂结合情况；反滤层、排水材料的规格、尺寸、质量等各个方面。进行施工控制主要靠现场检查人员的经验，用目估并进行必要的常规抽样检查和特别抽样检查来保证施工质量以判明是否满足设计的质量要求，是否按施工规范的规定施工等。

土料压实质量检查一般采用常规试验方法，采用现场环刀取样或灌砂法。

（3）膨润土防水毯铺设工程。膨润土防水毯是一种新型土工合成材料，它由经过级配的天然纳基膨润土颗粒和相应的外加剂混合均匀后，通过特殊的工艺及设备，靠成千上万纤维的强度把高膨胀性的纳基膨润土层均匀、牢固地固定在两层土工布之间，如此制成的膨润土防水毯，既有土工材料的密封、隔离和增强作用，又具有优异的防水（渗）性能，是现代许多土木工程中不可或缺的重要材料之一。

1）膨润土防水毯施工要点。膨润土防水毯的贮运应防水、防潮、防强烈阳光暴晒。贮存时地面应采取架空方法垫起，运至现场的膨润土防水毯应在当日用完。在进行下道工序或相邻工程施工时，应对已完成工序的膨润土防水毯妥善保护，不得有任何人为损坏。应尽量避免穿钉鞋、高跟鞋在膨润土防水毯上踩踏；车辆等机械不得碾压膨润土防水毯。在膨润土防水毯的施工中，已铺设完成的膨润土应在当日完成铺设 500mm 厚黏土保护层；当日不能完成保护层的施工，应对膨润土进行覆盖，以防下雨而使膨润土进行水化及强烈阳光对膨润土的暴晒。

2）膨润土防水毯施工方法。

a. 工艺流程：基层处理，找平去角→测量尺寸、预定下料次序→防水毯驳岸和河底的铺设→施工验收→回填保护层。

b. 主要机具：铲车、压路机、壁刀纸、卷尺、直尺、锤子、抹刀、钳子等。

c. 基层处理：沟渠的防渗主要有坡面施工和底面施工，但一般需要连续统筹安排。铺设膨润土防水毯前必须采用必要的设备将底部进行整平夯实，出现大块的岩石须特殊处理（剔除或通过碾压把大块石子碾小），在大的缝隙里塞入细纱，直至表面平整，压实度达 85% 以上。

表面应基本干燥，不能有明显的水渍和坑洼。膨润土防水毯可以在潮湿的环境下施工，但应避免浸泡在水中。如基础土层底部标高低于地下水位，应采取有效的降水措施排干积水。

基层和驳岸部分应做成圆弧形或钝角。

膨润土防水毯的施工应在基底支持层工程验收合格后进行。

d. 膨润土防水毯铺设前的准备工作。

做下料分析，画出膨润土防水毯铺设顺序和裁剪图。检查膨润土防水毯的外观质量，记录已发现的机械损伤和生产创伤、孔洞等缺陷，以便在铺设时进行修补。防水毯的施工应在无雨、无雪天气下进行。施工时如遇雨、雪，应用塑料薄膜进行遮盖，防止膨润土防水毯提前水化。

e. 膨润土防水毯的铺设。

在基础达到要求后，防水毯的铺设应沿水流方向顺水搭接，按先坡岸（护岸）后底层的顺序进行，即上游的膨润土防水毯搭接在下游的膨润土防水毯上。搭接应平整且搭接长度不少于300mm。搭接处均匀撒上$0.4 \sim 0.6 kg/m^2$的膨润土粉。考虑基础的下沉变形，必要时膨润土防水毯可以在底部打皱1~2个，打皱长度为100mm。膨润土防水毯铺设完毕后，上面再用500mm厚夯实的黏土覆盖，当坡底与坡壁防水斜面的角度比例大于1：3时，在坡壁防水斜面上用100mm厚素混凝土覆盖。如遇到管线或桩头等穿越膨润土防水毯，先用一块完整的膨润土防水毯依其管径加上周径300mm做一个底部加强处理，整卷铺设后，再用水将膨润土粉搅拌成浆状涂补管边。如遇到膨润土防水毯破损或较复杂的接缝处，用一块完整的膨润土防水毯依其破损或接缝处尺寸再加周径300mm进行覆盖，重叠部分两层膨润土防水毯之间撒膨润土粉。

f. 立面护岸和坡岸的膨润土防水毯铺设施工。

根据现场施工的实际情况，建议采用由上往下的顺序铺贴防水毯。对于角度小的坡面，可以直接在坡岸上开卷铺设。并尽快做好保护层。

护岸在墙施工的阴、阳角处应做成圆弧形或钝角，阴角部位最好先裁剪400mm宽度的防水毯做加强处理，然后再进行大面的铺设。驳岸立面上铺设膨润土防水毯时，为避免其不贴实，可用25mm长钢钉加垫片将其固定，也可直接用砖石预压。

除了在防水毯重叠部分和边缘部位用钢钉固定外，整幅防水毯中间也需要视平整度加钉，务求防水毯稳固服帖地安装在墙面和地面。

钉孔部分和重叠部位要涂抹膏状膨润土密封剂进行处理。

护岸最下面的防水毯要和底面的防水毯搭接、固定，以达到形成一个完整的防水体系。防水毯铺设时，应使编织布一侧朝向墙体，使无纺布面朝向迎水面一侧。

防水毯在立面施工搭接时，在接缝处由于无法使用膨润土粉状密封剂加强防水，可将膨润土粉用水调成膏状涂抹于搭接缝处。

防水毯应尽量避免在立面和坡岸搭接。如果防水毯需要在立面和坡岸搭接时，应使高处的防水毯在外侧、低处的防水毯在内侧（紧贴在墙面上），以防止回填土时有异物进入搭接缝。

立面和坡岸铺设完成后，应在底面留下足够长度的防水毯（不少于2m）以便与河底大面防水毯的搭接，并在边缘用PE膜进行保护，避免防水毯提前遇水膨胀。

g. 膨润土防水毯的河底面大面铺设工艺。

宽幅、大捆防水毯的铺设宜采用机械施工；条件不具备及窄幅、小捆防水毯，也可采用人工铺设。

按规定顺序和方向，分区分块进行防水毯的铺设。防水毯应以品字形成布，尽量避免有十字形叠口出现。

防水毯两边的土工织物分别为无纺布和编织布，铺设时无纺布应对着迎水面：即无纺布朝上。铺设至加强部位时需先去除临时的PE保护膜，再继续铺设。

防水毯平面搭接施工方法：搭接宽度应为250mm，在搭接底层防水毯的边缘150mm处撒上膨润土粉状密封剂，其宽度为50mm、重量为0.5kg/m。遇有大风天气时可将粉状密封剂用等量清水调成膏状，再按上述要求涂抹于毯上。

防水毯应自然松弛与支持层贴实，不宜折褶、悬空。

使用砂浆作为保护压层的部位，在防水毯铺设施工时，还应包敷一层PE膜，避免因雨水或意外来水导致防水毯提前遇水膨胀，同时保证砂浆压层的充分养护。

在河底的各边界处铺设防水毯时，应使防水毯与坡面或护岸预留的防水毯搭接完好，对土质基础则应适当提高搭接量。

铺设过程中应随时检查膨润土防水毯的外观有无破损、孔洞等现象。发现有孔洞或损伤时，应及时用膨润土或膏修补，并用破损部位周边放大25cm以上的膨润土防水毯进行局部覆盖修补，边缘部位按搭接的要求处理。

h. 膨润土防水毯的固定。

斜面自然驳岸时，河、湖四周均设锚固沟，深度不少于400mm，宽度不少于400mm，将膨润土防水毯边缘翻入并回填锚固。

垂直驳岸时，用钢钉与周边结构固定。

i. 保护层的施工。

保护层的施工是保证防水毯防水效果的非常关键的环节，必须符合下列要求：

铺设施工完的防水毯，必须于当日（保证不被水淋湿）完成保护层的施工。

河底可以直接用土回填，夯实后回填土厚度要大于500mm。所有回填土最好用砂子或过筛后的土，不得含有10mm以上的石子等杂物。回填土每回填500mm厚度时，要进行夯实（或压实、振捣等），回填土的密度须大于85%。

在夯实、压实过程中，尽量不要损坏防水毯。如有损坏，应及时进行修补。

j. 施工质量的检验。

防水毯铺设完成后，应由质检和监理人员对其质量进行检验，要注意以下几个工序：全部搭接部位（缝）是否符合要求；破损修补的部位是否符合要求；前次检验未合格而再次修补的部位是否符合要求；防水毯与其他设备、基础结构等的连接部位是否符合要求；钢钉固定的部位是否符合要求；防水毯及其搭接部位是否与基层贴实，有无褶皱和悬空；确认防水毯没有遇水而发生前期膨胀；回填土或保护层是否符合要求；质量检验应随施工进展进行，自检合格后应经监理检验，验收合格后，方可进行下道工序。

（4）驳岸工程。本标段驳岸工程采用石笼生态驳岸，其施工流程为：施工前准备→测量放样→基础开挖→石笼组装绑扎→石笼就位组装→石笼装填封盖→箱型砌块C25混凝土基础施工→养护→生态砌块安装→回填→景观石填充。基础开挖后，进行基础处理，持力层承载力达到设计要求后进行石笼基础施工。

1）石笼基础处理施工。根据设计断面进行石笼网箱的组装，双绞石笼网箱在组装时间隔网与网身应成 90°相交，经绑扎形成长方形或正方形网箱组或网箱。绑扎钢丝材质应按施工图纸要求。每一道绑扎必须是单圈-双圈交替绞合。构成网箱组或网箱的各种网片交接处绑扎时间隔网与网身的四处交角各绑扎一道，间隔网与网身交接处每间隔 10～15cm 绑扎一道，间隔网与网身间的相邻框线每间隔 10～15cm 绑扎一道。网箱组间连接绑扎时相邻网箱组的上下四角各绑扎一道，相邻网箱组的上下框线或折线，必须每间隔 10～15cm 绑扎一道，相邻网箱组的网片结合面则每平方米绑扎不小于 2 处，在绑扎相邻边框线下角一道时，如下方有网箱组，必须将下方网箱一并绑扎，以求连成一体，裸露部位的网片，应在每次箱内填石 1/3 高后设置拉筋线，呈八字形向内拉紧固定。

a. 填充石料施工：生态挡墙底部石笼具有竖向承载要求，选用块石填筑。填充双绞石笼网箱的石料规格质量，须符合设计要求。石料填充须同时均匀地向同层的各箱格内投料，严禁将单格网箱一次性投满，填料施工中，控制每层投料厚度在 30cm 以下，一般 1 米高网箱分 4 层投料，填充石料顶面适当高出网箱，裸露的填充石料，表面以人工或机械砌垒整平，石料间应相互搭接。

b. 箱体封盖施工：封盖必须在顶部石料砌垒平整的基础上进行，先使用封盖夹固定每端相邻结点后，再加以绑扎，封盖与网箱边框相交线，每间隔 10～15cm 绑扎一道。

c. 石笼在施工过程中应符合下列要求：网箱组砌体平面位置符合设计图纸要求；须铺设土工织物或反滤层时，按设计要求施工。

2）基础浇筑。

石笼基础处理后进行 C25 素混凝土基础浇筑，每隔 10m 分 1 道缝，缝宽 20mm，缝内贴 BW 闭水板。达到设计强度后进行仿石箱型生态砌块的安装。

3）仿石箱型生态砌块安装。

a. 准备工作。检查基础混凝土的高度及完成情况并确认其凝固时间是否达标，此外，针对目前的状况对起重机或挖掘机的设置位置进行讨论，选定相应的工作半径。制品位置确认：用墨线画出制品在基础混凝土上摆放的位置。铺灰浆工：基础混凝土面和制品之间有间隙的情况下，用灰浆铺平整，必须让混凝土和制品贴紧。必须确认连接孔里有没有混凝土毛刺或泥等异物。起吊工具：对起吊所用的金属零件、绳索等进行充分的安全检查，起吊作业时不要在制品下方进行监视。

b. 连接：连接生态护坡时，水平方向用螺栓连接，上下方向用连接销来连接。连接螺栓是以 M12 螺栓 1 根（J3 型 M10），垫片 2 张，螺母 1 个为一套，确认后按规定的顺序通过制品孔用连接螺栓将制品合并，通过扳手等把螺栓连接到轻紧固程度为止。

4）填充。

a. 内部回填材料的粒径的选择。要求填充粒径不小于 200mm 的景观卵石。另外，不使用非常扁平的河卵石和细长的河卵石。表层卵石填充高度高于砌块表面

100mm，且自然堆叠至岸坡，宽度不小于1m。

b. 植被的恢复。在内部回填的卵石上播撒土砂，让其空隙填充，给植被提供有利的生长环境。在内部回填材料使用土砂的情况下，前面、侧面的开口，以及内部回填材料中切换处的底部铺设土工布。

c. 内部回填材料的注意点。内部回填材料为卵石的情况下，为了不冲击到制品，尽可能在低的位置开始填充。人工作用使表面附近充分咬合，铺块平整工作面要比制品的顶端稍微低一点。上层制品的内部回填石和下层制品顶端面充分咬合，确保制品之间有足够的滑动摩擦。

d. 土工布铺设。为防止制品背部回填材料流入制品内，应在制品的背面铺设土工布。根据制品的背面的阶段形状铺设土工布。土工布的叠加是上游的土工布在上面，重合10cm以上。

e. 吊装孔的填埋。吊装孔填埋灰浆是为了防止吊装锚生锈。

f. 开口部施工。施工线路连接部的开口在30mm以下时候用连接螺栓连接，开口超过30mm的时候用混凝土浇灌；与障碍物的结合，最小限度的除去制品，使之与障碍物自然结合，间隙用混凝土浇筑。

g. 回填土工。制品背部回填土的工序按以下步骤进行。回填期限：回填期限应以制品施工完一段时间后尽快回填作为原则。回填材料的投入：人力或用适当的规格的挖掘机进行。考虑到播种的厚度，应在尽量不影响制品的情况下慎重地进行。回填的厚度：回填材料每一层的厚度保持在25cm以下。压实方法：每层的压实，主要采用振动器械和人力捣棒等，压实度不小于0.91。

h. 搬运及保管。对生态护坡的实体，连接构件，土工布以及内部回填材料进行搬运、搬入及保管时，必须注意不要损伤制品及材料。在现场放置制品时须用砧木等，以免发生因自重倾斜或跌倒。另外，在长时间放置制品的情况下或者有施工人员以外的居民近距离接触的情况下，制品附近必须采取隔离措施。

（5）护坡工程。本标段沟渠护坡分为嵌草砖、三维植被网、景石护坡三种类型。

1）嵌草砖护坡。

a. 铺设工艺。根据设计的要求，河床开挖，清理土方，并达到设计标高；检查纵坡、横坡及边线，是否符合设计要求；修整河床，找平碾压密实，压实系数达95%以上，并注意地下埋设的管线。

b. 植草砖铺设。植草砖铺设时，应轻轻平放，用橡胶锤锤打稳定，但不得损伤砖的边角。然后用营养土填充砖孔，再植草，浇水养护，质量要求符合《联锁型路面砖路面施工及验收规程》（CJJ 79—98）规定。

2）三维植被网护坡。客土喷播是将客土、纤维、保水剂、长效缓释性肥料和种子等按一定比例配合，加入专用设备中充分混合搅拌后，通过机械喷射到坡面上形成所需要的生育基础。具有耐侵蚀性的生育基础使边坡尽快恢复草本群落，达到防护及绿化边坡的目的。

施工工艺如下：边坡清理→测量放线→锚杆施工→挂网施工→材料搅拌→客土喷射→盖遮阳网→养护管理。

a. 边坡清理。

修整坡面：清理坡面杂物、危石，使坡面基本保持平整，对浅层不稳定的坡面，做好稳固后可采取点状喷浆使其稳定。

处理坡面排水：对坡面径流、涌水进行处理，通过设置泻水管，将涌水引至坡底，设置好坡面平台排水设施，使平台水从坡面两头排出，引至坡底。

对坡面残存植物，在不妨碍施工的情况下应尽量保留。

对过于平滑的坡面，应建造一定的凹凸粗糙面，以营造植物的生存空间，防止基材流失。

b. 测量放线。锚杆间距及深度：主、次锚杆间距为1.7m，锚杆深度为45cm。测量和放线方法：使用水平仪及卷尺首先按纵横间距1.7m放点，确定主锚杆钻孔位置，再在相邻的主锚杆之间中点上插补次要锚杆。

c. 基材喷射植被护坡锚杆施工。三维网的铺设应尽量与坡面紧贴，三维网为三层式三维网，底层为一层，网包两层，原材料为聚乙烯，厚度为10mm，质控抗拉强度大于等于1.4kN/m，单位质量大于等于240g/m。幅宽为2.0m，用主锚钉和次锚钉固定。锚杆与三维网接触呈90°弯起，弯起长度不小于5cm。主锚和次锚：根据坡面强度和坡比不同确定主、次锚的直径、锚固长度及每平方米锚杆根数。两张三维网搭接宽度为15cm。三维网的铺设应保持坡顶处及坡体两侧覆盖不小于1m，小于1m时应用更多的锚钉固定。局部不平整处加密锚杆。钻孔严格按照设计间距布置，横向间距1.8m，纵向间距1.5m。挂三维网挖沟植草每10m为一个沉降段，该处三维网不搭接，但两边用U形钉固定；除沉降段分界处外，每幅三维网用土工绳缝合搭接，搭接宽度为15cm。

d. 客土材料。绿化材料的有机成分含量大于80％，氮、磷、钾含量大于5％，pH值在4.5～6.0间，绿化材料的主要作用是改善土壤，促进植物生长；长效复合绿化专用肥采用本地生产的富含氮、磷、钾及微量元素的肥料自己调配而成，氮：磷：钾＝6：36：6，为保证木本群落的生长，含磷量要高，含氮量不宜太高；尽量使用当地肥土或熟土当地材料。

e. 喷射作业。喷射施工时，喷附者应自上而下对坡面进行喷射，并尽可能保证喷出口与坡面垂直，距离保持在0.8～1m，一次喷附宽度5～6m。严格执行设计喷附厚度（坡比大于1：0.75，基材厚度为10cm；坡比大于1：0.5，基材厚度为8cm）。将准确称量配比好的基材与植被种子混合物充分搅拌混合后，采用喷射机喷射到需防护的工程坡面，并保持喷附面薄厚均匀。事先准备好检测尺，施工者应做到经常对喷附厚度进行有效管理。

3）景石护坡。

a. 放样。施工放样应按设计平面图，经复核无误后，方可施工。不出施工图的景石堆置和散置，可由施工人员用石灰在现场放样示意，经有关单位现场人员认可后，方可施工。

b. 基础施工。根据放样位置和设计要求，进行基础开挖。在保持基础稳定的前提下，基础表面应低于近旁土面或路面（地坪）10cm。所有标段内的河岸已整理成型，但安装景观石需要在水面以上的河岸构筑平台以安装景观石使用。

　　c. 施工顺序：景石选材→景石吊运→景石卸载→景石吊装→景石加固。

　　景石选材：根据施工图纸的设计要求规范选材，不达标准的石材，一律不进入施工现场。天然石材色泽不均匀，且易出现瑕疵，所以在选材上要尽量选择色彩协调的，并注意分批验货时最好逐块比较；由于开采工艺复杂，往往又经过长途运输，所以大幅面石材最易裂缝，甚至断裂，这也是选材时要注意的重点；选购中可以用手感觉石材表面光洁度，掌握几何尺寸是否标准，检查纹理是否清楚；石材板材的外观质量主要通过目测来检查，优等品的石材板材不允许有缺棱、缺角、裂纹、色斑、色线及坑窝等质量缺陷，其他级别石材板材允许有少量缺陷存在，级别越低，允许值就越高；选择景石时无论石材的质量高低，石种必须统一，不然会使局部与整体不协调，导致总体效果不伦不类，杂乱不堪。

　　景石吊运：选好石品后，按施工方案准备好吊装和运输设备，选好运输路线。在山石起吊点采用汽车起重机吊装时，要注意选择承重点，做到起重机的平衡。景石吊到车厢后，要用软质材料，如木方、稻草等填充，山石上原有的泥土杂草不要清理。整个施工现场要注意工作安全。

　　景石卸载：景石运到施工现场后按照现场指挥人员指挥，采用 25t 吊车与 50t 吊车卸载到指定位置。

　　景石吊装：景石吊装使用两台 25t 与 50t 汽车起重机，施工时，施工人员要及时分析山石主景面，定好方向，最好标出吊装方向，并预先摆置好起重机，如碰到障碍时，应重新摆置，以便起重机长臂能伸缩自如。吊装时要选派一人指挥，统一负责。当景石吊到预装位置后，要用起重机挂钩定石，不得用人定或支撑摆石定石。此时可填充块石，用双支或三支方式做好支撑保护，并在山石高度的 2 倍范围内设立安全标志，保养 7 天后才能开放。

　　景石加固：景石的放置应力求平衡稳定，给人以宽松自然的感觉。石组中石头的最佳观赏面均应当朝向主要的视线方向。对于特置，其特置石安放在基座上固定即可。对于散置、群置一般应采取浅埋或半埋的方式安置景石。景石布置好后，应当像是地下岩石、岩石的自然露头，而不要像是临时性放在地面上似的，尽量做到自然。

　　d. 景石灌缝。使用大小合适的垫石垫置、塞缝、填空等，要做到自然平整。

　　e. 施工注意要点：水池、池岸景石自然驳岸或景石堆置和散置，其造型应体现自然，位置定点、石料选择、纹理、折皱处理应与环境、水面、绿地相协调。景观石安装结束后进行对所破坏的绿化带、驳岸造型、园路铺装的恢复工序：绿化带：用翻耕机进行松土；去市场选购所破坏苗木（种类、规格及数量）；种植；驳岸处理：将所破坏的造型用挖掘机进行整形；园路铺装：将所破坏的大理石板进行统计，去市场购买，然后进行修补。

四、生态沟渠护砌

1. 农田沟渠生态护砌的特点

　　所谓生态护砌，是指农田沟渠在保证基本运行条件和运行功能的前提下，尽可能减少沟渠边坡的硬质化，增加绿化面积，改善水质，减少工程占地。

农田沟渠的一般特点是断面较小，边坡陡直，过流流速相对缓慢，非汛期和非灌溉季节水的流动性差。山丘区农田沟渠经常干枯无水，遇强降水则冲刷程度加剧，沟渠底部淤塞严重，需要通过增加拦水设施调节蓄水。

传统的农田沟渠护砌形式以刚性护坡为主，主要有灌砌块石、砖衬渠道、素混凝土现浇护坡，以及预制 U 形渠、预制板护坡等。这些形式的护坡砌体往往片面强调沟渠的防渗、排涝和调蓄灌溉等功能，过于强调边坡的稳定性，忽略了对生态环境和居住环境的影响，因此，其不足之处也显而易见。

（1）块石砌体材料用量大。块石护砌的厚度一般不少于 30cm，占用较多的沟渠断面，易破损沉降影响防渗效果，维修成本高。由于环境保护力度加大，各地山石逐步限制、禁止开采，工程所需的大量块石原材料也越来越难以组织。

（2）砖衬渠道固结强度差。受侧向土压力破坏，往往在建成后的三五年甚至更短时间内即出现局部倒塌，表面砂浆层与砖体剥离，砖砌体长期经水浸泡表面也会不同程度分化，强度降低，缩短工程使用寿命。

（3）混凝土护砌施工质量难以控制。受坡下土方平整程度和密实度影响，混凝土坡面护砌施工在坡面成形、振捣等方面均有一定难度，在运行过程中也会出现多处沉降裂缝而渗漏明显。特别是对于一些季节性过水的沟渠，由于混凝土裂缝下方土体的大量淘蚀会形成贯通的漏洞。

（4）大规模的封闭式护砌，隔绝了土壤与水体之间的物质交换，抑制了沟渠两岸植物的生长，破坏了沟渠内的生态系统和动植物赖以生存的环境，打破了原有的生物链与生态平衡，降低了沟渠内水体的自净能力。

（5）农田沟渠内的水体一般情况下流动性较差。由于混凝土本身具有一定的碱性，大量的混凝土长期浸泡在水体内，使得水的碱性增强，尤其是在夏季高温天气，不利于农业灌溉和水生动植物的生存。同时，混凝土施工中使用的各种添加剂，也会影响水质和水环境。

2. 农田生态护砌的形式

农田生态护砌主要有四种形式，即黏土压实护面防渗、木桩护砌、连锁型混凝土预制护砌、格宾生态网格护砌，具体如图 2-32 所示。

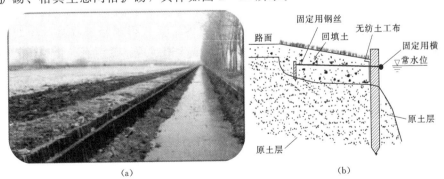

(a)　　　　　　　　　　　　　　(b)

图 2-32（一）　生态护砌四种形式

(a) 黏土压实护面防渗；(b) 木桩护砌

(c)　　　　　　　　　　　　　　　　　　　　　(d)

图 2-32（二）　生态护砌四种形式
(c) 连锁型混凝土预制护砌；(d) 格宾生态网格护砌

任务五　末端强化修复技术

知识点一　稳 定 塘 技 术

一、稳定塘的运行原理

1. 稳定塘的概念及运行原理

（1）概念。稳定塘是一种利用天然净化能力的生物处理构筑物的总称，主要利用菌藻的共同作用处理废水中的污染物。稳定塘技术在面源汇集、截留净化等方面具有重大作用，可调蓄水量，收集初期径流，降低面源污染对受纳水体的影响。

（2）运行原理。以太阳能为初始能量，通过在塘中种植水生植物，进行水产和水禽养殖，形成人工生态系统，通过稳定塘中多条食物链的物质迁移、转化和能量的逐级传递、转化，将进入塘中水体的有机污染物进行降解和转化，最后不仅去除了污染物，而且以水生植物和水产、水禽的形式作为资源回收，净化的污水也可作为再生资源予以回收再用，使污水处理与利用结合起来，实现污水处理资源化。

2. 稳定塘的优缺点

（1）优点：①能充分利用地形，结构简单，建设费用低；②可实现污水资源化和污水回收及再用，实现水循环，既节省了水资源，又获得了经济收益；③处理能耗低，运行维护方便，成本低；④美化环境，形成生态景观；⑤污泥产量少；⑥能承受污水水量大范围的波动，其适应能力和抗冲击能力强。

（2）缺点：①占地面积过于多；②气候对稳定塘的处理效果影响较大；③若设计或运行管理不当，则会造成二次污染；④易产生臭味和滋生蚊蝇；⑤污泥不易排出和处理利用。

二、稳定塘技术——厌氧塘

1. 厌氧塘概述

厌氧塘的塘水深度一般在 2m 以上，最深可达 4～5m。厌氧塘水中溶解氧很少，基本上处于厌氧状态。厌氧塘的原理与其他厌氧生物处理过程一样，依靠厌氧菌的代谢功能，使有机底物得到降解。反应分为两个阶段：首先由产酸菌将复杂的大分子有机物进行水解，转化成简单的有机物（有机酸、醇、醛等）；然后产甲烷菌将这些有机物作为营养物质，进行厌氧发酵反应，产生甲烷和二氧化碳等。

2. 厌氧塘的优缺点

（1）优点：①有机负荷高，耐冲击负荷较强；②由于池深较大，所以占地省；③所需动力少，运转维护费用低；④贮存污泥的容积较大；⑤一般置于塘系统的首端，作为预处理设施，在其后再设兼性塘、好氧塘甚至深度处理塘，做进一步处理，这样可以大大减少后续兼性塘和好氧塘的容积。

（2）缺点：①温度无法控制，工作条件难以保证；②臭味大；③净化速率低，污水停留时间长，城市污水的水力停留时间为30～50天。

3. 厌氧塘的适用范围

对于高温、高浓度的有机废水有很好的去除效果，如食品、生物制药、石油化工、屠宰场、畜牧场、养殖场、制浆造纸、酿酒、农药等工业废水。对于醇、醛、酚、酮等有机物质和重金属也有一定的去除作用。

4. 厌氧塘的一般规定

（1）必须严格做好防渗措施。

（2）废水进入厌氧塘前要进行预处理。

（3）进水中有机负荷不能过高。有机酸在系统中的浓度应小于3000mg/L；进水硫酸盐浓度不宜大于500mg/L；进水 $BOD：N：P=100：2.5：1$；$C：N$ 一般为20：1左右；pH值要介于6.5～7.5；进水中不得含有有毒物质，重金属和有害物质的浓度也不能过高，应符合《室外排水设计规范》（GB 50014—2006）的规定。

5. 厌氧塘的设计方法

（1）BOD表面负荷法。必须规定塘中的最低容许 BOD 表面负荷。根据实际情况，我国厌氧塘的最低容许负荷为：北方 BOD_5 为 $300kg/(10^4 m^2 \cdot d)$；南方 BOD_5 为 $800kg/(10^4 m^2 \cdot d)$。

（2）BOD_5 容积负荷法。国外城市污水厌氧塘的设计一般都采用此方法，我国的工业废水厌氧塘也有不少采用该方法。根据美国7个州处理城市污水厌氧塘的设计参数，BOD_5 容积负荷 BOD_5 为一般采用 $0.2～0.4kg/(m^3 \cdot d)$，也有个别取值范围比较大，比如蒙大拿州采用的设计参数是 $0.032～1.6kg/(m^3 \cdot d)$。工业废水的设计负荷应该通过实验来确定，我国肉类加工废水厌氧塘处理的中试数据见表2-8。

（3）VSS容积负荷法。当厌氧塘处理含 VSS 较高的废水时，宜采用 VSS 容积负荷进行设计。根据国外资料，几种处理工业废水的厌氧塘的设计参数如下：

奶牛粪尿废水：$0.166～1.12kg/(m^3 \cdot d)$；

家禽粪尿废水：$0.063～0.16kg\ VSS/(m^3 \cdot d)$；

猪粪尿废水 $0.064～0.32kgBOD_5/(m^3 \cdot d)$；

菜牛屠宰废水 $0.593kgBOD_5/(m^3 \cdot d)$；

表 2-8 我国肉类加工废水厌氧塘处理的中试数据

序号	BOD 容积负荷率 /[kg/(m³·d)]	水力停留时间 /d	水温 T /℃	进水 BOD₅ /(mg/L)	处理水 BOD₅ /(mg/L)	去除率 /%
1	0.49	1	17.3	486	251	48.8
2	0.53	1	28.2	530	330	37.7
3	0.22	2	24.5	438	200	54.4
4	0.24	2	30.2	473	150	68.2

挤奶间废水 $0.197 kgBOD_5/(m^3 \cdot d)$。

6. 厌氧塘的构造和主要尺寸

(1) 厌氧塘一般为矩形,长宽比为 (2~2.5):1。

(2) 塘的深度:有效水深 h_1 为 3.0~5.0m;储泥厚度 h_2 为 ≥0.5m;此外,还应考虑一定的超高 h_3,一般取为 0.6~1.0m。塘的面积越大,超高越大。

(3) 堤坡:塘内坡度为 1.5:1~1:3;塘外坡度为 1:2~1:4。

(4) 进出水口:厌氧塘进口设在底部,高出塘底 0.6~1.0m,以便使进水与塘底污泥相混合。进水管直径一般为 200~300mm;对于含油废水,进水管直径应不小于 300mm。出水管应在水面以下,淹没深度不小于 0.6m,并要求在浮渣层或冰冻层以下。一般进口和出口均不得少于 2 个,当塘底宽小于 9m 时,也可以只用一个进水口。

⊙2-52

(5) 塘数及单塘面积:由于厌氧塘通常位于稳定塘系统之首,会截留较多的污泥,所以至少应有 2 座并联,以便轮换除泥;单塘面积不应大于 $(0.8~4)×10^4 m^2$。

三、稳定塘技术——好氧塘

1. 好氧塘的概念

好氧塘是一种菌藻共生的污水好氧生物处理塘。深度较浅,一般为 0.3~0.5m。阳光可以直接射透到塘底,塘内存在着细菌、原生动物和藻类,由藻类的光合作用和风力搅动提供溶解氧,好氧微生物对有机物进行降解。适用于 BOD 浓度低于 100mg/L 的污水处理。

2. 好氧塘的优缺点

(1) 优点:①投资省;②管理方便;③水力停留时间较短,降解有机物的速率很快,处理程度高。

(2) 缺点:①池容大,占地面积多;②处理水中含有大量的藻类,需要对出水进行除藻处理;③对细菌的去除效果较差。

3. 好氧塘的一般规定

(1) 好氧塘应该建在温度适宜、光照充分、通风条件良好的地方。

(2) 既可以单独使用,又可以串联在其他处理系统之后,进行深度处理。

(3) 如果好氧塘用于单独处理废水,则在废水进入好氧塘之前必须进行彻底的预处理。

4．好氧塘的设计

（1）设计方法。实际工程中多采用经验数据进行设计，即 BOD_5 表面负荷法。好氧塘的典型设计参数见表 2-9。

表 2-9　　　　　　　　　　好氧塘的典型设计参数

设　计　参　数	高负荷好氧塘	普通好氧塘	深度处理好氧塘
BOD_5 表面负荷/$[kgBOD_5/(10^4 m^2 \cdot d)]$	80～160	40～120	<5
水力停留时间/d	4～6	10～40	5～20
有效水深/m	0.3～0.45	0.5～1.5	0.5～1.5
pH 值	6.5～10.5	6.5～10.5	6.5～10.5
温度范围/℃	5～30	0～30	0～30
BOD_5 去除率/%	80～95	80～95	60～80
藻类浓度/(mg/L)	100～260	40～100	5～10
出水 SS/(mg/L)	150～300	80～140	10～30

（2）好氧塘的构造和主要尺寸。

1）好氧塘多采用矩形塘，长宽比为 3：1～4：1。

2）塘深。高负荷好氧塘塘深为 0.3～0.45m；普通好氧塘塘深为 0.5～1.5m；深度处理好氧塘塘深为 0.5～1.5m。好氧塘的超高取为 0.6～1.0m。

（3）堤坡。塘内坡度为 1：2～1：3；塘外坡度为 1：2～1：5。

（4）塘数及单塘面积。好氧塘的座数一般不少于 3 座，至少为 2 座。单塘面积一般不得大于 $(0.8～4.0)×10^4 m^2$。

▶2-53

四、稳定塘技术——兼性塘

1．概念

兼性塘有效深度介于 1.0～2.0m。上层为好氧区，中间层为兼性区，塘底为厌氧区，沉淀污泥在此进行厌氧发酵。兼性塘是在各种类型的处理塘中最普遍采用的处理系统。适用于 BOD_5 浓度低于 300mg/L 的污水处理。

2．兼性塘的优缺点

（1）优点：①投资省，管理方便；②耐冲击负荷较强；③处理程度高，出水水质好。

（2）缺点：①池容大，占地多；②可能有臭味，夏季运转时经常出现漂浮污泥层；③出水水质有波动。

3．一般规定

（1）应该建在通风、无遮蔽的地方。

（2）预处理及对进水水质的要求。如果兼性塘作为第一级，则要求有一定的预处理措施。具体规定与厌氧塘相同，唯一不同的是，兼性塘要求进水中 BOD：N：P＝100：5：1。

4. 兼性塘的设计方法

一般采用经验方法，即 BOD_5 表面负荷法进行计算。BOD_5 表面负荷与冬季平均气温有很大关系。我国"七五"科技攻关成果对城市废水兼性塘建议的主要设计参数见表 2-10。

表 2-10　　　　　　　　　　　兼性塘主要设计参数

冬季平均气温 /℃	BOD_5 表面负荷 /[$kgBOD_5/(10^4 m^2 \cdot d)$]	水力停留时间 /d
>15	70~100	≥7
10~15	50~70	20~7
0~10	30~50	40~20
-10~0	20~30	120~40
-20~-10	10~20	150~120
≤-20	<10	180~150

2-54

五、稳定塘技术——曝气塘

1. 概念

曝气塘塘深大于2m，采取人工曝气方式供氧，塘内全部处于好氧状态。曝气塘一般分为好氧曝气塘和兼性曝气塘两种。适用于 BOD_5 浓度低于500mg/L的污水处理。

2. 曝气塘的优缺点

（1）优点：①体积小，占地省，水力停留时间短；②无臭味；③处理程度高，耐冲击负荷较强。

（2）缺点：①运行维护费用高；②由于采用了人工曝气，所以容易起泡沫，出水中含固体物质高。

3. 一般规定

（1）排放前必须进行沉淀。

（2）完全混合曝气塘的出水经沉淀后污泥可回流也可以不回流。

（3）曝气塘一般宜采用表面曝气机进行曝气，但在北方要采用鼓风曝气机（一般由曝气风机及曝气器组成）。

4. 曝气塘的设计

（1）设计方法。曝气塘也采用 BOD_5 表面负荷法进行计算。BOD_5 表面负荷为1~30$kgBOD_5/(10^4 m^2 \cdot d)$。

（2）曝气塘的构造和主要尺寸。

1）好氧曝气塘的水力停留时间（HRT）为3~10d；兼性曝气塘的HRT有可能超过10d。

2）有效水深一般为2~6m。

3）塘数一般不少于3座，通常按串联方式运行。

2-55

2-28

六、稳定塘附属设施

1. 稳定塘塘体设计要点

（1）塘体位置及设计。

1）稳定塘位置应设在居民区下风向 200m 以外。

2）塘体一般设为矩形，拐角处应做成圆角。

3）塘体的设计应考虑抗冲击和抗破坏。

4）若采用多级稳定塘系统，则各级稳定塘之间应考虑超越设置。

（2）堤顶宽度及坡度。

1）堤顶宽度最小为 1.8～2.4m，一般不小于 3m。

2）堤岸的外坡度为 1:（3～5），堤岸的内坡度为 1:（2～3）。

（3）塘底要求。

1）应充分夯实，并且尽可能平整，塘底的竣工高差不得超过 0.5m。

2）曝气塘表曝机的正下方塘体必须用混凝土加固。

3）必须采取防渗措施。

2. 稳定塘的进出水口

（1）设计原则。尽量避免在塘内产生短流、沟流、反混和死区，使塘内水流状态尽可能接近推流，以增加进水在塘内的平均停留时间。一般的矩形塘，进水口宜设置在 1/3 池长处。在少数情况下，稳定塘采用方形或圆形，进水口宜设置在接近中心处。

（2）布置原则。应考虑能适应塘内不同水深的变化要求，宜在不同高度的断面上，设置可调节的出流孔口或堰板。在稳定塘出口前，应设置浮渣挡板。但是在深度处理塘前，不应设置挡板，以免截留藻类。

（3）具体要求。

1）对于多级稳定塘，在各级稳定塘的每个进出口均应设置单独的闸门。

2）进出口宜采取多点进水多点出水，尽量使塘的横断面上配水均匀。

3）进口和出口之间的直线距离应该尽可能大。通常采用对角线布置。

4）进出口至少应距塘面 0.3m，厌氧塘进水应接近底部的污泥层。

5）进口至出口的方向应避开当地常年主导风向，以防止臭气污染。

3. 曝气塘的充氧设施

（1）如果曝气塘的进水高程与塘的水面高程有一定的高差，则可考虑利用此高差进行跌水充氧。若高差较大，应建造多级跌水。

（2）曝气塘的人工充氧设备与其他好氧工艺相同。比如在活性污泥法和氧化沟工艺中广泛采用的鼓风曝气机、表面曝气机、水平轴转刷曝气机等，均可用于曝气塘的充氧。

⊙ 2 - 56

⊙ 2 - 12

知识点二　人工湿地技术

一、人工湿地污水处理系统

1. 人工湿地的概念

人工湿地是由人工建造和控制运行的与沼泽地类似的地面，将污水、污泥有控制地投配到经人工建造的湿地上，污水与污泥在沿一定方向流动的过程中，主要利用土壤、人工介质、植物、微生物的物理、化学、生物三重协同作用，对污水、污泥进行处理的一种技术。其作用机理包括吸附、滞留、过滤、氧化还原、沉淀、微生物分解、转化、植物遮蔽、残留物积累、蒸腾水分和养分吸收及各类动物的作用。

2．人工湿地的特点

人工湿地作为一种新型的生态污水处理技术，具有投资少、运行费用低、处理效果稳定、耐冲击负荷能力强等优点。该技术利用基质、植物、微生物的协同净化能力处理污水，同时还可提高生物多样性，美化生态景观，具有一定的经济效益和生态环境效益，受到了世界各国的普遍关注。在北京地区已建成并正常运行的大规模人工湿地有奥体公园和园博园。

3．人工湿地污水处理系统分类

（1）表面流人工湿地污水处理系统。表面流湿地与地表漫流土地处理系统非常相似，不同的是：①在表面流湿地系统中，四周筑有一定高度的围墙，维持一定的水层厚度（一般为10～30cm）；②湿地中种植挺水型植物（如芦苇等）。向湿地表面布水，水流在湿地表面呈推流式前进，在流动过程中，与土壤、植物及植物根部的生物膜接触，通过物理、化学以及生物反应，污水得到净化，并在终端流出。

（2）水平流潜流式人工湿地污水处理系统。水平流潜流式人工湿地是潜流式湿地的一种形式。污水由进水口一端沿水平方向流动的过程中依次通过砂石、介质、植物根系，流向出水口一端，以达到净化目的。

（3）垂直流潜流式人工湿地污水处理系统。垂直流潜流式人工湿地是潜流式湿地的另一种形式。在垂直潜流系统中，污水由表面纵向流至床底（也可以反向），在纵向流动的过程中污水依次经过不同的专利介质层，达到净化的目的。垂直流潜流式湿地具有完整的布水系统和集水系统，其优点是占地面积较其他形式湿地小，处理效率高，整个系统可以完全建在地下，地上可以建成绿地和配合景观规划使用。

▶ 2-57

二、人工湿地污水处理

1．人工湿地污水处理的工艺流程

人工湿地处理工艺流程应根据进水水质条件和出水水质要求，综合考虑各类型人工湿地的特点和工程用地等环境条件，通过技术经济比较后确定。当来水为生活污水或类似污水时，应先经过预处理设施后再进湿地单元；当人工湿地用于深度净化污水处理厂排水或污染河道水等低污染水时则无须做预处理。人工湿地污水处理工艺流程如图2-33所示。

2．人工湿地选址

人工湿地污水处理设施位置的选择，应符合区域总体规划及环境影响评价的要求，并应结合下列因素综合确定：

（1）本着污水就近处理的原则，湿地的选址应靠近污水源头。

（2）湿地选址应充分利用建设用地地形落差进行污水自然充氧，减少或不用曝气设施及提升设备而达到排水通畅、降低能耗的要求。

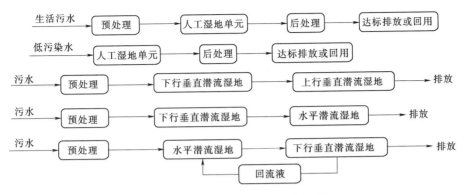

图 2-33　人工湿地污水处理工艺流程图

（3）避免占用耕地，充分利用荒地或绿地。

（4）处理设施地点应便于施工、维护和管理等。

（5）合理处理好与周边环境的关系，避免臭气、蝇虫等影响居民生活。

3．人工湿地总体布局

人工湿地总体布局应在满足功能的前提下，还要满足其景观、科教、宣传等功能。布局原则如下：

（1）人工湿地处理构筑物的间距应紧凑、合理。

（2）人工湿地须设置合理的交通，尤其是湿地公园。

（3）设计过程中宜因地制宜地设置人流集散地、休息设施及各种宣传解说设施。

（4）根据实际要求综合考虑不同类型人工湿地单元的搭配、水生植物的配置、景观设施营建等因素，使工程达到相应的效果。

▶2-58

三、人工湿地构造之预处理设施和布水与集水设施

1．预处理设施

预处理设施由污水集水池、格栅和沉淀池等组成。在人工湿地前，削减进水污染负荷，去除污水中漂浮物、部分悬浮物或有机物及平衡水质水量的过程。

2．预处理设施设计要求及参数

（1）格栅池。格栅池中宜设置粗、细两道，以拦截较大体积的悬浮物，防止堵塞布水口。

（2）沉砂池。污水的 SS 含量大于 100mg/L 时，宜设沉砂池。沉砂池主要用于去除污水中的砂粒，以保护管道、阀门等设施免受磨损和阻塞，一般采用平流式沉砂池。为保证沉沙效果，沉砂池中水平流速宜≤0.1m/s。

（3）水解酸化池。污水的 $BOD_5/COD<0.3$ 时，宜采用水解酸化预处理工艺，水解酸化池可将大分子物质转化为小分子物质，将环状结构转化为链状结构，进一步提高了废水的 BOD_5/COD 比，增加了废水的可生化性，为后续的好氧生化处理创造了良好的环境。处理生活污水的水力停留时间为 3h 左右。

（4）化粪池。化粪池作为一级处理时，BOD_5 去除率按 20% 计算，水力停留时间

一般按 24h 计算。

（5）调节池。当来水水质及水量不稳定时宜建调节池，起到调节水量、均衡水质的作用，水力停留时间一般按 4～6h 计算。

（6）接触厌氧池。接触厌氧池内宜用固着型弹性填料，填料间宜保持 10～30cm 间距以防堵塞，水力停留时间宜不少于 18h。

（7）曝气生物滤池。生物滤池滤料应具有强度大、不易磨损、空隙率高、比表面积大、化学物理稳定性好、易挂膜、生物附着性强、比重小和不易堵塞的性质。曝气生物滤池的 BOD_5 容积负荷宜为 3～6kg/（m^3·d）。水力停留时间宜不少于 6h。

3. 布水与集水设施

布水设施是用于人工湿地均匀进水的设施，主要包括配水井、配水槽、穿孔管、穿孔墙等。集水设施是用于人工湿地均匀出水的设施，包括穿孔管、穿孔墙、集水池等。

布水与集水设施在设计时，需要考虑流速控制：配水槽的尺寸设计应控制槽中流速不大于 0.3m/s。布水管、集水管根数的确定应根据管中流速不大于 0.1m/s 计算。

⦿2-59

四、人工湿地之潜流湿地床体

1. 潜流湿地床体概述

潜流湿地床体是由围护结构、防渗层、人工介质、湿地植物组成的构筑物，当污水进入湿地床体，污染物被吸附、过滤、分解而达到净化水质的作用，是湿地系统的核心部分。潜流湿地要求表面平整，或非常小的坡度。通过调整出水口高度，可形成所需的潜流水力梯度。床体深视植物的根系生长深度一般为 30～90cm。

2. 围护结构

湿地单元的围护结构一般采用砌体或钢筋混凝土结构，在地质条件满足的条件下可取消。

（1）钢筋混凝土结构墙体厚度宜为 200mm，高度一般为 900～1200mm。钢筋一般采用 ϕ10 双层双向，混凝土强度不低于 C20 的 S6 级自防水混凝土。

（2）砖砌结构的墙体厚度一般为 250mm，高度一般为 900～1200mm。砌筑完成后须用防水砂浆抹面。

（3）当场地内土质、地质比较稳定且湿地床体深度不大于 1500mm 时，围护结构可以取消。

3. 防渗层

（1）构建措施。防渗设施的作用是防止湿地系统因渗漏而污染地下水，人工湿地污水处理系统建设时，应在底部和侧面进行防渗处理。当原有土层渗透系数大于 8～10m/s 时，应构建防渗层，一般采取下列措施。

1）水泥砂浆或混凝土防渗（刚性防渗）。砖砌或毛石砌后底面和侧壁用防水水泥砂浆防渗处理，或采用混凝土底面和侧壁，按相应的建筑工程施工要求进行建造。

2）塑料薄膜防渗。薄膜厚度宜为 0.5～1.0mm，两边衬垫土工布，以降低植物根系和紫外线对薄膜的影响。宜优选 PE 膜，敷设要求应满足《聚乙烯（PE）土工膜防渗工程技术规范》（SL/T 231—98）等专业规范要求。为防止床体填料尖角对薄膜的损坏，施工时宜先在塑料薄膜上铺一层 100mm 厚细砂。

3）黏土防渗。采用黏土防渗时，黏土厚度应不小于 60cm，并进行分层压实。亦可采取将黏土与膨润土相混合制成混合材料，敷设不小于 60cm 的防渗层，以改善原有土层的防渗能力。

渗透系数小于 10m/s，且有厚度大于 60cm 的土壤或致密岩层，无需采取其他防渗措施。

综上所述，刚性防渗的整体性较好，但造价较高，如工程无特殊要求一般不采用。黏土防渗施工较方便，工艺相对刚性防渗及防渗膜防渗较为生态，施工技术要求不高，但适用范围有限。塑料防渗膜防渗工艺造价较低，施工速度较快，适用范围很广，是较为理想的防渗措施。

（2）防渗膜施工应注意事项。

1）铺设防渗膜前应有土建工程相应的合格验收证明文件。

2）防渗膜裁切之前，应该准确丈量其相关尺寸，然后按实际裁切，一般不宜按图示尺寸裁切，应逐片编号，详细记录在专用表格上。

3）铺设防渗膜时应力求焊接缝最少，在保证质量的前提下，尽量节约原材料。

4）膜与膜之间接缝的搭接宽度一般不小于 10cm，通常就使焊接缝排列方向平行于坡度最大坡向。

5）通常在拐角及畸形地段，应使接缝长度尽量减短。除特殊要求外，在坡度大于 1:6 的斜坡上距顶坡或应力集中区域 1.5m 范围内，尽量不设焊接缝。

6）防渗膜在铺设中，应避免产生人为褶皱，气温在 5～40℃为宜，温度较低时，应尽量拉紧铺平，天热时尽量松弛铺设。但在夏季避免中午高温时施工。

7）防渗膜铺设完成后，应尽量减少在膜面上行走、搬动工具等，凡能对防渗膜造成危害的物件，均不应放在膜上或携带在膜上行走，以免对膜造成意外损伤。

4. 填料

在湿地系统中，填料是植物的载体，是微生物的生长介质，它将湿地中发生的所有处理过程连成一个整体。基质还能够通过沉淀、过滤和吸附等作用直接去除污染物。

（1）对于填料的配置，主要考虑其种类、粒径、深度等，特别需要关注对磷的去除能力。填料安装后湿地孔隙率宜不低于 0.3，一般为 0.3～0.5。常用填料有石灰石、蛭石、沸石、砂石、高炉渣、火山岩、页岩、陶粒等。填料深度一般为 0.6～1.2m。

（2）基质粒径的大小是影响湿地系统水力传导性的主要因素，直接关系到湿地床体的孔隙度，进而影响污染物在湿地中的停留时间。粒径大的基质，孔隙度大，所能容纳的污水量大，吸附作用的时间长，有利于污水的净化。进水配水区和出水集水区的基质，一般采用粒径为 60～100mm 的砾石；处理区最常选用的是粒径为 10～20mm 的基质。

▶ 2-60

▶ 2-29

▶ 2-30

五、人工湿地构造之管路和湿地植物

1. 管路

（1）材质。常用的管道有 UPVC 管、PE 管、PP 管；UPVC 管的工作温度为 $0\sim60℃$，PE 管的工作温度为 $-20\sim40℃$，PE 管的综合性能更好，造价也更高。根据实地的状况及造价选择相应材质的管道。

（2）表流湿地进水管一般采用穿孔布水管，布水管可设置在湿地表面也可覆盖在布水区内部；垂直潜流湿地下层管道的选择应根据潜流湿地的建设深度和填料种类，计算下层管道的最大承压极限（着重考虑施工过程中机械的碾压）确定管道的材质，但最低承压应不小于 0.6MPa。上层管因受外界压强较小，受到的施工干扰也较小，但因其长期裸露容易老化，在安装时需考虑防老化措施，一般采用填料覆盖的方式。

（3）流速控制。为保证布水均匀，潜流湿地布水管道中流速应控制在 0.1m/s 以内。

（4）布水方式。为保证布水均匀，布水管一般采用在管道上穿孔的方式，孔径大小一般为 10~15mm。太大不宜控制均匀性，太小则容易被大颗粒固体堵塞。穿孔方式应采取两孔交叉夹角为 90°交错排布，以保证管道的强度，孔间距宜为 20~50cm。施工方法应采取台钻钻孔以提高效率。

2. 后处理设施

为保证湿地出水稳定达标，在系统末端增加后处理设施，以保证净化水质达标。主要设施有：强化处理池、加药池、稳定塘等。

3. 湿地植物

（1）湿地植物的作用：吸收利用和吸附富集污染物、传输氧到湿地系统、为微生物提供挂膜载体、维持系统的稳定。

（2）植物的选择条件：①当地土著植物，最能适应当地气候条件；②有较高的生产力，对营养物质有较快的吸收能力；③根系发达；④移植后易成活；⑤容易获得，价格低廉；⑥多年生植物（不需每年种植）；⑦对高营养浓度污水有耐性（尤其要对 NH_3-N，大多水生植物耐氨氮浓度在 150mg/L）。

（3）植物的种类：

1）挺水植物：有中空的根茎，根系发达。主要功能是为湿地内部填料中输氧、为微生物提供生长场所、吸收水中的污染物等，种类繁多景观效果较好，挺水植物常见的种类有芦苇、香蒲、荷花、茭草、千屈菜、再力花、黄花鸢尾、变叶芦竹等，各类植物及其种植密度见表 2-11。部分种类如茭白、荷花等具有经济价值。

2）浮叶植物：大面积叶片漂浮在水面可以有效控制水华的爆发。具有较高的观赏价值，浮叶植物常见种类有睡莲、芡实、荇菜、萍蓬草等。部分种类如芡实、荇菜、菱角等具有经济价值。

3）沉水植物：主要是藻类、眼子菜属及苦草属植物。常见种类有黑藻、轮藻、狐尾藻、苦草、菹草及各种眼子菜。其植物体的各部分都可吸收水分和养料，通气组织特别发达，有利于在水中缺乏空气的情况下进行气体交换。大多是鱼类的饵料及微

表 2-11 人工湿地植物种类与种植密度

序号	植物种类	适种密度/(丛/m²)	备 注
1	芦苇	16~25	2~3株或芽/丛
2	香蒲	9~16	2~3株或芽/丛
3	菖蒲	9~16	2~3株或芽/丛
4	茭草	8~12	2~3株或芽/丛
5	纸莎草	4~6	2~3株或芽/丛
6	黄花鸢尾	16~25	2~3株或芽/丛
7	千屈菜	16~25	—
8	水葱	16~25	2~3株或芽/丛
9	再力花	6~9	2~3株或芽/丛
10	花叶芦竹	6~9	2~3株或芽/丛

⊙2-61

⊙2-13

生物的栖息场所，对围护生态系统的稳定具有特别重要的作用。沉水植物光合作用强烈，对增加水中溶解氧的浓度具有明显的效果，对水深水质有一定要求，水的透光性不能太差，否则影响其光合作用，生长水深一般小于 2m。

知识点三 前 置 库 技 术

一、前置库技术的工作原理和前置库的构成

1. 前置库技术概述

水库水源地保护区内一般总体水质都较好，但也有少数水库上游区域内大量面源污染物进入库区水体，对未来水源地保护区的水质保护形成威胁。影响水库水源地的面源污染主要是农业面源污染，是指人们从事农业生产活动时产生的面源污染，包括化肥、农药、畜禽粪便污染，以及农田水土流失等造成的水体污染。

该类污染没有固定的发生源，各种污染物在水源地流域面上日积月累，待到雨季来临，流域产生暴雨洪水，雨水淋溶和径流输送使积存于流域面上的各种污染物随洪水从四面八方汇入河流，最后进入水库。为防治环境污染，保护水库水源地水体的水质，充分发挥资源的生产潜力，对该类水库水源地保护区进行面源污染控制尤显重要。

前置库技术因其费用较低，可以多方受益，适合多种条件等优点，是目前防治水库水源地保护区内面源污染的有效途径之一。

2. 前置库技术的工作原理

前置库技术是利用水库的蓄水功能，将因表层土地中的污染物（营养物质）淋溶而产生的径流污水截留在水库中，经物理、生物作用强化净化后，排入所要保护水体。其功能主要包括蓄浑放清、净化水质：首先，通过减缓入库水流速度，使径流污水中的泥沙沉淀，同时，颗粒态的污染物（营养物质）也随之沉淀；其次，利用前置库内的生态系统，吸收去除水体和底泥中的污染物（营养物质）。

3. 前置库的构成

一般的前置库通常由三部分构成，即沉降系统、导流系统和强化净化系统，其工艺流程如图 2-34 所示。

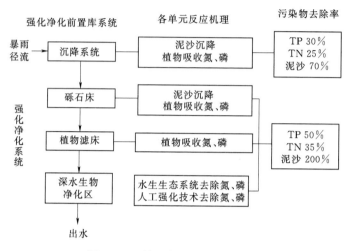

图 2-34 前置库系统工艺流程图

二、前置库的沉降系统、导流系统、强化净化系统及前置库的确定

1. 前置库的构成之沉降系统

沉降系统也称"泥溜"系统。其主要机理是利用水源地的涧河入库口，加以适当改造，在引入全部或部分地表径流的同时，通过泥沙及污染物颗粒的自然伴随沉淀至底，结合系统内的水生植物有效吸收去除底部沉淀物中的营养物质，从而达到初步净化水体水质的效果。

伴随着地表径流而发生的土壤侵蚀会使土壤中积累的氮、磷元素随水流发生迁移，有研究表明，其中粒径小于 0.02mm 的微团聚体和粒径小于 0.002mm 的黏粒是养分流失的主要载体，泥粒伴随沉淀和植物的缓冲带可使水体中的颗粒结合态营养物质截留下来，该系统能去除绝大部分泥沙，氮、磷元素去除率一般可达 25%～30%。

2. 前置库的构成之导流系统

导流系统是针对水库水源地保护区内河涧一般为山溪性河道及污染突发性、大流量、低浓度等特点，为防止前置库系统暴溢，超过设计暴雨强度的径流通过导流系统流出，从而不会影响水体净化处理效果，最大限度去除截留的面源污染物。

3. 前置库的构成之强化净化系统

（1）砾石床过滤。利用微生物及植物根系转化、吸附、吸收，使水体中的有机物、氮和磷等营养物质发生复杂的物理、化学和生物转化，同时砾石床的土壤及沙石通过吸附、截留、过滤、离子交换、络合反应等去除水中的氮、磷等营养成分。

（2）植物滤床净化。种植具有经济价值的挺水植物，利用其根系吸收营养物质，同时通过拦截水流作用，促进泥沙和其他颗粒物沉降。

（3）深水强化净化区。利用高效水生生物的净化作用和生物浮岛、固定化脱氮除磷微生物以及高效、易沉藻类等人工强化净化技术，高效去除氮、磷等营养物质。

（4）放养滤食性的鱼类、蚌和螺类。底播一定密度的底栖动物及滤食性鱼类，以有效去除悬浮颗粒、有机碎屑及浮游生物，促进良好生态系统的形成。

（5）岸边湿地建设。结合水库类型及水体存在消落带现状，前置库岸边营造湿地，培育湿生植物、湿生花卉和挺水植物、浮叶经济水生植物、沉水植物。

强化净化系统能进一步沉降粒径较小的泥沙，氮、磷元素的去除率分别可达35％和50％左右。

4.前置库的确定

（1）选址原则。

1）根据各主要涧河入库口的特点及污染状况，且能保证达到一定去除率的水力停留时间前提下，在涧河的入库口构建前置库。

2）如果入库口没有足够的场地布置，根据不同水库水源地现有地貌状况，在形态适宜的情况下，可在入库口的上游布置一系列子库（水塘），也称"串塘"，使涧河上游到下游沿线的水质变化呈梯度特点。

（2）前置库库容的确定原则。

1）在前置库设计过程中，为使入库径流中的污染物能被有效去除，必须有足够库容以受纳绝大部分径流并保证足够的滞水时间。一些研究结果显示，营养元素的去除率和滞留时间呈正比例关系，前置库在滞水时间为2～12d情况下，对正磷酸盐的去除率可达34％～61％，对总磷的去除率可达22％～64％。一般来说，前置库夏天滞水时间一般为2d，春秋天为4～8d，冬天为20d左右。

2）前置库库容最好能容纳设计强度的暴雨径流量，如果库址场地不允许，亦须截留全部污染物浓度大的初期径流，以控制面源污染物进入主库。面源污染物的洪水时程分布如图2-35所示。

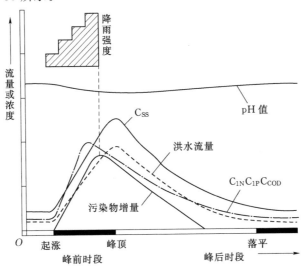

图2-35 水库水源地中面源污染物的洪水时程分布图

从图 2-35 中可以看出，面源污染物的总浓度呈峰前大于峰顶，峰顶大于峰后的趋势；单项污染物中除 SS 浓度与洪水流量同步外，TN、TP 及有机物浓度峰值都较洪峰提前，因此，根据在降雨过程中洪峰前径流污水中营养物质浓度较高，洪峰后浓度逐步减小的特点，前置库设计库容时应考虑能够将浓度最大径流雨水（污水）截留在库内，即保证能够截留洪峰峰顶前的全部径流量。

三、前置库生态系统构建

1. 库内基底修复工程

（1）修复方法。

1）根据工程中植被恢复的全系列和半系列要求，设计适宜不同生态型的水生植物生长水深、对比现有基底情况，构建适合大型水生植被恢复的基质。

2）根据生态修复与群落演替的有利原则，利用原有河埂或沟坎构建基底导流系统，在前置库内水流相对静滞的水域，设计和营造易产生紊流、适合植物生长的基质，促使水流动，提高水与动植物的作用能力，从而优化库区内水流流动规律，达到强化处理的效果。

3）在基底和植被恢复过程中，可采用宏观仿生学原理，采用符合我国特色的新型施工工艺以及贯穿经济、社会和生态思想在内的关键技术，培育有较大经济价值的生态产品，形成产业化。

2. 水生态重建工程

原理：前置库生态重建技术通过功能区划，先恢复水生植物，以便其生态功能的最有效发挥，从而逐步改善整个生态功能。根据基底修复所构建的生态环境，按照功能与景观相结合的原则，合理布局前置库的生态功能，构建陆生防护带、湿生防护带、挺水植物、浮叶植物和沉水植物带与底栖动物带四大功能区。

（1）第一功能区——陆生带：在前置库周边布设生态护坡和种植防护林，在美化景观的同时，亦起到缓冲作用。

（2）第二功能区——湿生带（水深 0～0.5m）：高位处的湿地栽种经济林（如池杉、红皮云杉等）、观赏林（如垂柳、枫杨等）以及其他耐水、耐污的花卉植物（如美人蕉、萱草等）；低位处的湿地主要营造湿生植物—"绿色牧场"，主要栽种的有青根草、高草茅、苏丹草、黑麦草等牧草种类及可作为工业原料的芦苇、蒲草等；同时增加生物的多样性，为各种生物（包括鸟类、两栖动物等）提供了良好的栖息场所。

（3）第三功能区——浅水带（0.5～2.0m）：主要为水生植被的垂建创造条件，主要植物种类有：芦苇、菰、藕等挺水植物，荇菜、菱、睡莲等浮叶植物，马来眼子菜、菹草、轮叶黑藻、龙须眼子菜等沉水植物。

（4）第四功能区——深水区（2.0～4.0m）：前置库深水区的主要功能是调节水量，沉淀泥沙，以及适当放养一些滤食性鱼类（鲢、鳙）、螺、蚌、虾等，在净化水体水质的同时，又可获得一定的经济效益。在不同底栖生物密集区的构建过程中，应按不同底质选择净化能力不同的底栖动物，构建特定的生存环境；以最佳投放量、投放时间，促进其快速繁殖。

同时该区水体表面亦可构建浮床或浮岛，利用栽培的水生植物或观赏性花卉，吸收水中的氮、磷营养物质，其在水中形成的发达根系形成微生态系统，可有效吸附悬浮物和有机质，通过微生物进行降解，同时改善景观。

3. 水生生物繁育基地建设

前置库内生物覆盖率以 60% 左右较为适宜，这在库内水生植被构建过程中需要批量水生生物苗种。可以在前置库附近建设水生生物繁育基地，采用温室大棚早春规模化育苗、自流水内循环生态育种等新技术，培育反季节水生生物苗种。

2-31

四、前置库技术存在的问题

1. 二次污染防治问题

为防止二次污染，应对前置库内的功能植被适时适量地进行清理，为便于利用，功能植被应尽量选择当地有经济效益的品种，从而提高功能植被回收的可操作性。例如，推荐采用的挺水植物如茭草、芦苇、荻草、苏丹草、里麦草等，这些草类是很好的奶牛饲料，奶牛的粪肥又可用作园林的肥料，结合生态产品利用工程，发展生态型绿色农业。

2. 水生植物的交替问题

首先，由于各季节的温差及不同植被习性的差异，前置库内必然出现植被季节上衔接的重大问题，因此，必须选择陆生和水生生长期和实际应用周期长的植物优良品种；其次，从生物生命的活动规律来看，冬季气温剧烈下降，绝大多数植物均进入休眠期，基本无明显的水质净化作用。

一般来说，水体植物的季节换茬在每年的 5—6 月和 9—10 月，此时既是最忙的收割季节，也是最忙的栽种季节，但是从移栽的角度看，如美人蕉、水竹和马来眼子菜、苦草等在温暖季节（4—8 月）均可栽培，因此，在选择水体植物不同季节的交替上，应该有明显的目的性。

3. 前置库的淤泥问题

在前置库区内，入流水中泥沙随水向库区的输移呈现递减的梯度变化，沉降物的中值直径也逐渐变小，泥沙的沉降将使前置库库容减少，进而影响入库径流的滞留时间。此外，前置库底泥中富含的营养物是内污染源，是库内营养物质循环的中心环节，也是水土界面物质（物理的、化学的、生物的）积极交换带。

2-65

因此，前置库内必须及时清淤，在取走泥沙的同时又清除含高营养盐的表层沉积物质，具体包括沉积在淤泥表层的悬浮、半悬浮状由富营养物形成的絮状胶体，或休眠状活体藻类及动植物残骸体等，该过程既是物理工程，又属生态环境工程范畴。

总之，在水库水源地面源污染控制中，前置库技术很好地结合了当地特有的地形特点，有效解决了面源污染的突发性、大流量等问题，同时这种因地制宜的水污染治理措施，对减少水库外源有机污染负荷，特别是去除入库地表径流中的氮、磷安全有效，具有广泛的应用前景。

2-14

<h1 style="text-align:center">知识点四 雨水利用塘技术</h1>

一、雨水利用塘技术的概述

1. 雨水利用塘的概念及发展

雨水利用是一种综合考虑雨水径流污染控制、城市防洪以及生态环境的改善等要求，利用一定的集雨面收集雨水作为水源，经适当处理并达到一定的水质标准后，通过管道输送或现场使用方式予以利用的全过程。雨水利用塘是雨水利用工程中的一种，通过滞留、沉淀、过滤和生物作用等方式达到高峰削减和径流污染控制目的的雨水塘。

作为雨水管理中非常重要的技术措施之一，雨水塘在许多国家得到了广泛的应用，并在雨水径流控制方面取得了良好的效果。随着城市雨洪控制理念的不断进步，雨水塘的功能也在不断地改进与完善，大致经历了三个阶段：从 20 世纪 60—70 年代单一的峰值流量控制阶段，70—80 年代的兼具峰值流量控制和水质改善阶段，80 年代至今发展出包括景观、休闲等功能在内的多功能雨水塘阶段。我国城市雨水管理工作开展较晚，对雨水利用塘的概念、标准等还缺乏统一的认识。

2. 雨水利用塘的特点

（1）削减高峰流量：减少外排雨水高峰流量。

（2）径流污染控制：经滞留塘滞留、沉淀和生物作用等方式处理后的雨水，其污染物的平均浓度能得到有效削减。

（3）收集利用雨水：截留径流，收集利用的雨水可用于城市杂用水、娱乐性景观环境用水和工业用水，提高水资源的利用效率。

3. 雨水利用塘技术的工作原理

雨水利用塘的工作原理如图 2-36 所示。

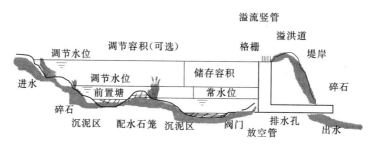

图 2-36 雨水利用塘工作原理

通过图 2-36 可以看到，雨水塘通过塘体滞留雨水，在沉泥区对污染杂质进行沉淀，经过一定的过滤作用以及生物作用后出水再利用。雨水塘不仅能够达到削减雨水高峰的目的，还可控制洪峰时间并且能够进行污染物的控制从而使得雨水能够再利用。

二、雨水利用塘技术的工作过程

1. 渗水

渗水过程是指雨水通过自然渗透方式进入到雨水塘。可以避免地表径流，减少从

水泥地面汇集到管网里的雨水量，同时，涵养地下水，补充地下水的不足，还能通过土壤净化水质。

2. 蓄水

蓄水过程即把雨水留下来。要尊重自然的地形地貌，使降雨得到自然散落。设置雨水利用塘将降雨蓄起来，以达到调蓄和错峰的目的。

3. 滞留

即雨水塘能够延缓短时间内形成的雨水径流量。通过微地形调节，让雨水慢慢地汇集到一个地方，用时间换空间。通过"滞"，可以延缓形成径流的高峰，雨水塘能有效地削减径流峰值。但雨水塘护坡需要种植耐湿植物，若雨水塘较深（超过60cm），护坡周边就要种植低矮灌木，形成低矮绿篱，消除安全隐患。同时整个雨水塘系统还要形成微循环才能防止水体腐坏。

4. 净水

净水是指土壤的渗透，以及植被、绿地系统等，对水质产生的净化作用。

5. 用水

用水过程是经过土壤渗滤净化、人工湿地净化、生物处理多层净化之后的雨水要尽可能被利用，不管是丰水地区还是缺水地区，都应该加强对雨水资源的利用。不仅能缓解洪涝灾害，收集的水资源还可以进行利用，如将停车场上面的雨水收集净化后用于洗车等。

6. 排水

排水是利用城市竖向与工程设施相结合，雨水塘设施与天然水系河道相结合，地面排水与地下雨水管渠相结合的方式来实现一般排放和超标雨水的排放，避免内涝等灾害。有些城市因为降雨过多导致内涝，这就必须要采取人工措施，把雨水排掉。当雨峰值过大的时候，利用地面排水与地下雨水管渠相结合的方式来实现超标雨水的排放，避免内涝。

⊙ 2-67

⊙ 2-33

三、雨水利用塘控制目标及类型

1. 雨水利用塘的控制目标

概括来讲，雨水利用塘的控制目标包括水质控制和水量控制两方面。

水质控制目标一般是针对具有水质改善功能的雨水塘而提出，一些发达国家采用水质控制容积（water quality volume，WQV）作为雨水塘的水质控制指标，其含义为：雨水塘收集并处理一定年均场次降雨产生的径流雨水所需要的蓄存容积。对雨水塘设定水质控制容积的目的主要是提供一个合理的设施规模，使塘收集一定量的径流雨水，通过在塘内的物理沉淀、生物降解等过程使径流雨水的水质得到改善。

水量控制目标分为河道侵蚀控制、漫滩洪水控制和极端暴雨控制，相应的指标分别为河道侵蚀保护容积（Channel Protection Volume，CPV）、漫滩洪水保护容积（Overbank Flood Protection Volume，QPa）和极端暴雨控制容积（Extreme Flood Volume，QFV）。河道侵蚀控制是指防止雨水对下游河道造成侵蚀；漫滩洪水控制容积是指防止雨水溢出河道所需控制的雨水体积，其目的是保证河道泛洪区内人身财产安全；极端暴雨控制的目标为减少极端暴雨事件造成的生命财产损失，防止开发前

100 年一遇洪泛区范围的扩大。

2. 雨水利用塘的类型

在工程中按控制目标的不同，雨水利用塘可分为调节塘、延时调节塘和滞留塘。

调节塘（detention pond）通过对径流雨水暂时性的储存，达到削减峰值流量、延迟峰现时间的功能，放空时间多小于 24h，一般不具备改善水质的功能。

延时调节塘（extended detention pond）在雨水调节塘的基础上进行改进，增加雨水在塘内的水力停留时间，提高了雨水中颗粒物的沉淀效率，达到提升出流水质的目的，放空时间一般为 24~72h。

滞留塘（retention pond）不但具有调节塘的功能，且在全年或者较长时间内具有常水位，一方面增加了雨水利用塘的景观、娱乐价值，更重要的是为雨水净化程度的提高提供了适宜的环境和场所。

⊙2-68

四、多级出水口与塘体的关系及设计方法

雨水利用塘的进水管不宜采用淹没进水。当单个进水管进水量大于总设计处理量的 10% 时，宜设置预沉淀池。预沉淀池总容积宜为径流污染控制量的 10%~20%。预处理沉淀池的底部宜做硬化处理，池中宜安装标尺杆。雨水利用塘出口处应设置防冲蚀措施。当利用塘位于粉砂土质、断裂基岩上时，塘底须设置防渗层。应尽量增大滞留塘进水口到出水口的水流路径，宜通过多级串联方式处理雨水径流污染。当利用塘设计水位大于 1.2m 时，其周围宜设置安全护坡。雨水利用塘宜采用湿地植物，宜种植在安全护坡或池塘较浅处。

1. 设计要点

塘体、入水口和出水口是雨水塘最基本的构成部分，此外，大型雨水塘有时还设有溢洪道。一般情况入水口满足基本要求即可，塘体的容量又根据雨水塘类型而不同，出水口作为雨水塘的重要构成部分，决定着雨水塘的水位、容积与外排流量，在实际应用中，雨水塘出水口多用立管式、管涵式和溢流堰式，尤以立管式应用最广泛，其中立管式又可分为单级出水口和多级出水口。相比于单级出水口，多级出水口能实现雨水塘对雨水的多目标控制，其良好的控制效果及其多目标适应性使其在越来越多的雨水塘新建及改造工程中得到应用。其多级和单级出水口形式如图 2-37 所示。

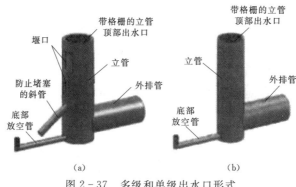

图 2-37 多级和单级出水口形式

（a）多级出水口；（b）单级出水口

2. 多级出水口与塘体容积的关系

对于调节塘，由于无水质控制目标要求，故其多级出水口不设置 WQV 出水口，其第一级出水口往往为 CPV 出水口，第二级至最高级则为 QPa、QFV 出水口，其中重现期取值大小及个数与当地漫滩洪水保护容积标准、雨水塘设计规模、下游市政管渠设计标准等有关，立管顶部往往被设为 QFV 出水口。对于延时调节塘和滞留塘，它们兼具水质、水量控制目标，因此一般第一级出水口为 WQV 出水口，第二级为 CPV 出水口，而后为 QPa 与 QFV 出水口，但滞留塘存在常水位，因此两者出水口的设计又有所不同。典型的调节塘、延时调节塘和滞留塘的剖面如图 2-38 所示。

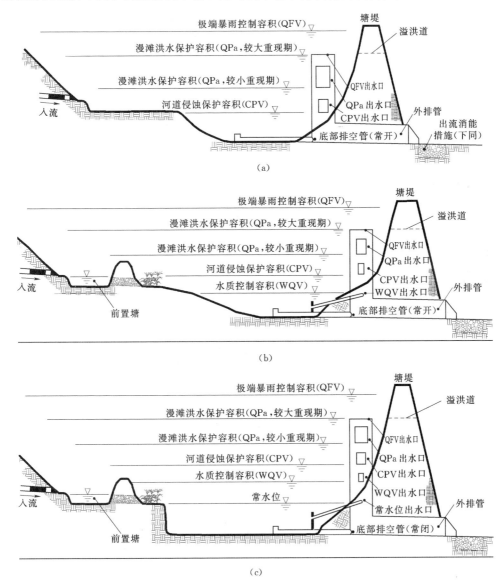

图 2-38　调节塘、延时调节塘和滞留塘的剖面图

（a）调节塘；（b）延时调节塘；（c）滞留塘

3. 多级出水口的设计方法

各级出水口的设计依雨水塘控制目标的不同而不同。如对于水质控制容积，其计算公式为

$$WQV=10H \cdot \varPsi \cdot F \tag{2-4}$$

式中：WQV 为水质控制容积，m^3；H 为设计降雨量，mm；$\varPsi$ 为径流系数；F 为汇水面积，hm^2。

可以看出，在特定的汇水面条件下，水质控制容积由设计降雨量 H 确定，表 2-12 列举了美国部分州、市雨水利用塘的设计取值。

表 2-12   美国部分州、市设计降雨量的取值

项目	H 的规定值/mm	对河道侵蚀控制的规定
马里兰州	东部：25.4 西部：22.9	1 年重现期下 24h 降雨的放空时间必须大于 24h
明尼苏达州	12.7～25.4	1 年重现期下 24h 降雨的放空时间必须大于 24h； 2 年重现期下 24h 降雨事件的外排峰值流量削减至接近开发前的 50%
弗吉尼亚州	12.7	CPV 等于汇水区内 1 年重现期下 24h 降雨的径流总量
佐治亚州	30.5	1 年重现期下 24h 降雨的放空时间必须大于 24h
纽约州	20.3～33	1 年重现期下 24h 降雨的放空时间必须大于 24h
堪萨斯城	34.8	未作规定

2-69

五、雨水利用塘设计的关键参数与步骤

1. 多级出水口的设计参数

多级出水口的设计参数见表 2-13。

表 2-13   多级出水口设计参数

项目	设计方法	关键参数
WQV 出水口	降雨量 H - WQV $\xrightarrow{\text{水位－容积曲线}}$ 出水口高程 放空时间 T -平均出流流量 $\xrightarrow{\text{出水口过流方程}}$ 出水口大小	H 的取值可根据规定进行选择；T 一般取值为 30h
CPV 出水口	降雨量 H - CPV $\xrightarrow{\text{水位－容积曲线}}$ 出水口高程 ①放空时间 T -平均出流流量 $\xrightarrow{\text{出水口过程方程}}$ 出水口大小 ②$\begin{cases} 1 \text{年重现期下的开发前峰值流量} \xrightarrow{\text{出水口过流方向}} \text{出水口大小} \\ 2 \text{年重现期下的开发前峰值流量的 50\%} \xrightarrow{\text{出水口过流方程}} \text{出水口大小} \end{cases}$	两类 CFV 标准的关键参数不同： ①H 为 1 年重现期下 24h 降雨量，T 一般大于 24h； ②H 为 2 年重现期下 24h 降雨量
QPa 出水口	重现期 P - QPa $\xrightarrow{\text{水位－容积曲线}}$ 出水口高程 重现期 P 下的开发前峰值流量 $\xrightarrow{\text{出水口过流方程}}$ 出水口大小	P 一般在 2～10 年之间取值，取值大小及个数与当地 QPa 标准、雨水塘设计规模、下游市政管渠设计标准等有关

项目	设　计　方　法	关键参数
QFV 出水口	重现期 P_{max}-QPa(max) $\xrightarrow{\text{水位—容积曲线}}$ 出水口高程 ①100 年重现期下开发前的峰值流量 $\xrightarrow{\text{出水口过流方程}}$ 出水口大小 ②100 年重现期下开发前的峰值流量 $\xrightarrow{\text{出水口过流方向}}$ 出水口大小 扣除溢洪道泄洪能力	P_{max} 为当地 QPa 标准中所选用的最大设计重现期，分两种情况：①不设溢洪道；②设溢洪道，需考虑溢洪道泄洪能力
底部放空管	放空时间 T-平均出流流量 $\xrightarrow{\text{放空口过流方程}}$ 放空口大小	T 的取值：调节塘小于 24h；延时调节塘为 24～72h
外排管	多级出水口最大外排流量 $\xrightarrow{\text{外排管过流方向}}$ 外排管规格	出水口最大外排流量和下游水头

2. 多级出水口雨水塘设计步骤

（1）根据实际情况，首先确定雨水塘的类型及控制目标。在此基础上，确定 WQV 及 CPV。根据当地环境和径流水质条件、控制率要求和设施的投资分析等确定水质控制容积对应的设计降雨量，按式 WQV＝10H·Ψ·F 计算 WQV 值；如雨水塘下游接河道，则根据河道的承受能力确定 CPV，如下游接市政雨水管渠，则不需设置 CPV 出水口。

（2）计算允许的出水口最大外排流量。计算雨水塘服务的汇流面积在不同重现期降雨事件下开发前、开发后的水文过程线。若雨水塘的设计目标是尽量使开发后的径流峰值流量接近开发前的数值，则出水口的最大外排流量应小于或等于开发前相应重现期降雨事件下的峰值流量。但在具体工程中，有时也需考虑下游情况来确定出水口的最大外排流量。开发后的水文过程线将作为雨水塘的入流过程线。

（3）计算雨水塘总容积。雨水塘总容积是指雨水塘塘底和塘堤之间的蓄水容积，即雨水塘的最大设计容积，其计算方法有多种。日本、德国等国家都有较简单的估算公式，我国也有由径流成因推理的流量过程线求得雨水调蓄塘容积的公式，美国城市雨水管理中经常采用的较精确的方法有入流过程演算法、SCS 法、修正后的合理化公式法等，不同的方法其计算原理、使用条件、精度都有所不同。

（4）作出水位-容积曲线。水位-面积曲线和水位-容积曲线统称为水体的特征曲线。雨水塘的水位-容积曲线是雨水塘水位与容积的关系曲线，它可直接由水位-面积曲线推算绘制。对于地形特性不规则的雨水塘，水位-面积曲线可采用求积仪、网点法、图解法或数字化获得，对于形状规则的雨水塘则可以根据简单的数学公式计算得到水位-容积曲线。

（5）设计底部放空管及 WQV 出水口。先设计底部放空管，然后根据水位-容积关系曲线，得到水质控制容积对应的水位，以该水位作为 WQV 出水口的平均水头，根据放空时间的要求计算求解平均出流量，再联合孔口或堰的过流方程，即可得到 WQV 出水口的大小。

（6）设计 CPV 出水口。根据水位-容积关系曲线，得到河道侵蚀保护容积对应的水位，以该水位作为 CPV 出水口的平均水头。

（7）设计 QPa 出水口。QPa 出水口的设计先从较小重现期对应的出水口开始，按重现期递增的顺序依次设计。

（8）检查 QPa 出水口的效果。验证 QPa 出水口在 n 年一遇 24h 降雨情况下，外排峰值流量是否小于或等于允许的最大外排流量。可以通过入流过程演示结合出水口的过流方程进行验证。若所设计出水口不符合要求，则适当减小出水口尺寸或增大雨水塘容积，重复步骤（7），直至验证通过。

（9）设计较大重现期下的 QPa、QFV 出水口并进行验证。计算过程同步骤（7）、（8）。当雨水塘下游接市政雨水管渠时，QPa 出水口设计重现期的选择既要考虑雨水塘规模、降雨特征等条件，也要保证与下游市政雨水管渠设计标准相匹配。

（10）设计外排管，并对出水口设计保护性措施，如防堵塞的格栅、斜管等。

3. 雨水利用塘技术小结

雨水塘是欧美国家广泛使用的生态雨水设施，具有良好的雨水滞蓄效果，且维护简单，污染物去除效果稳定，深受雨水工程师的青睐。雨水利用塘的类型有调节塘、延时调节塘和滞留塘等。出水口的设置分为单级和多级出水口设置，本书重点对多级出水口的设计进行了分析，并且阐述了多级出水口设计的计算步骤。

▶ 2-70

▶ 2-15

知识点五 生物景观塘技术

一、生物景观塘技术概述

1. 生物景观塘技术概念

在生物塘内种植一些纤维管束水生植物，如芦苇、水花生、水浮莲、水葫芦等，能够有效地去除水中污染物，尤其是对氮、磷有较好的去除作用。

2. 生物景观塘技术方法

生物景观塘可选种浮水植物、挺水植物和沉水植物。选种的植物应具有良好的净水效果、较强的耐污能力、易于收获和有较高的利用价值。塘水面应分散地留出 20%～30% 的水面。设计中应考虑水生植物的收集、利用和处置。

塘的有效水深度：浮水植物，0.4～1.5m；挺水植物，0.4～1.0m；沉水植物，1.0～2.0m。

✐ 2-34

3. 水生植物的分类

（1）浮水植物。浮水植物主要是漂浮在水面上，直接从大气中吸收 O_2、CO_2，通过茎、叶输送到根部，释放于水中，从塘水中吸收营养物质。常在稳定塘内种植的浮水植物是凤眼莲，即水葫芦。凤眼莲具有较强的耐污性，去污能力强，叶片呈现圆形或者心形，茎长 6～12cm，叶柄长 10～20cm，叶柄中部以下膨胀成葫芦状的浮囊。丛生，既水平生长又垂直生长。空气中的氧通过凤眼莲的叶和茎送到其根部，释放出溶于水，细菌及原生动物则聚集在其根部。除凤眼莲外，还可以在稳定塘内种植的浮水植物有水浮莲、水花生、浮萍、槐叶萍等，这些浮水植物也能够起到改善水质的作用，但去污能力较凤眼莲差，适宜在污染负荷低的稳定塘内种植，而凤眼莲可以种植在污染负荷高的稳定塘内。

（2）挺水植物。挺水植物的根长于底泥中，叶、茎则挺出水面，如水葱、芦苇等，挺水植物生长在浅水中，收割季节要放水。水葱呈现深绿色，茎为圆柱形，高1～1.5m；芦苇为淡绿色，茎也是圆柱形，高达3m。芦苇用途广泛，是优良的护堤植物，也是纸浆和人造纤维的原料，地下根茎可做药用。

（3）沉水植物。沉水植物根生于底泥中，茎叶则完全沉没在水中，仅在开花时，花处于水面。沉水植物在光照透射不到的区域不能生长，因此，只能在塘水深度较小及有机负荷较低的塘中种植。沉水植物多为鱼类和鸭、鹅等水禽的良好饲料，可以考虑在种植沉水植物的稳定塘内放养水禽，建立良好的生态系统。常见的沉水植物有马来眼子菜、叶状眼子菜等。

⊙2-71

二、生物景观塘集水水生植物的选择

1. 不同植物对应的污染物质的净化能力

不同植物的主要功能不同，可根据污染物的种类选择相对应的植物，见表2-14。

表2-14　　　　　　　　　　水生植物的选择

学　　名	主　要　功　能
荷花（Nelumbo nucifera）	对砷、汞、悬浮物等具有吸收作用
睡莲（Nymphaea tetragona）	对COD_{Cr}等有降解作用
王莲（Victoria cruziana）和萍蓬草（Niphar pumuilum）	对COD_{Cr}等有降解作用
水竹芋（Thalia dealbata）和纸莎草（Cyperus papyrus）	其根系对重金属具有吸收作用
千屈菜（Lythrum salicaria）和鸢尾（Iris pseudacorus）	其根系对重金属具有吸收作用
美人蕉（Canna generalis）和黄花蔺（Limnocharis flava）	其根系对重金属具有吸收作用
泽泻（Alisma plantagoaquatica）	其根系对重金属具有吸收作用
泽苔草（Caldesia reniformis）	其根系对重金属具有吸收作用
姜花（Hedychium coronarium）	其根系对重金属具有吸收作用
水葱（Scirpus validus）和香蒲（Typha orientalis）	其根系对重金属具有吸收作用
芦苇（Phragmuites communis）	其根系对重金属具有吸收作用
慈菇（Sagittaria sagittifolia）和刺芋（Lasia spinosa）	其根系对重金属具有吸收作用
海寿花（Pontederia cordata）和露兜（Pandanus gressitii）	其根系对重金属具有吸收作用
田葱（Philydrum lanuginosum）	其根系对重金属具有吸收作用
三白草（Saururus chinensis）和菱草（Zizania latifolia）	其根系对重金属具有吸收作用
石龙芮（Ranunculus sceleratus）	对某些重金属有吸收作用
芡实（Euryale ferox）和金银莲花（Nymphoides indica）	对COD_{Cr}、BOD_5等有降解作用
凤眼莲（Eichhornia crassipes）	对所有污染物具极强的降解作用
茨藻（Najas marina）和黑藻（Hydrilla verticillata）	对某些重金属有吸收作用

通过表2-14可以一目了然地知道不同植物对污染物的去除情况，如荷花对砷、汞、悬浮物有吸收作用，睡莲、王莲对COD有降解作用，中间大部分植物对重金属有吸收作用，包括美人蕉、姜花、水葱、芦苇等，接下来我们再来看最常见的凤眼莲，其对所有污染物都具有极强的降解作用，这也是凤眼莲在生物景观塘中最常见的

⊙2-72

原因。

2-35

2. 水生植物的投放量

水生植物本身是有机物，在有污染存在的水体中能够发挥其作用将污染去除，然而水生植物生长过量，会导致水体中溶解氧降低，成为污染源，因此在进行水体修复之前需要对水生植物的投放量进行计算，并且在长势快以及有枯萎的情况下及时收割，以便达到较好的污染物去除效果和良好的景观效果。

三、生物景观塘技术在北京植物园的应用

1. 建设背景

北京植物园位于北京西郊香山脚下，以展示我国东北、西北、华北地区植物资源为主，兼顾部分华中、华南亚热带观赏植物。自 1956 年开始建园，已建成开放园林绿地 200hm²，栽培各类植物 5000 余种、50 余万株。北京植物园还承担着收集展示植物材料、保护植物资源、进行植物科学研究、普及植物科学知识、推广新优植物品种的重要任务，是一座集科研、科普、游览、植物资源保护和植物开发为一体的大型综合性植物园。

植物园水系主要由人工湖、溪流以及周边水潭等构成。人工湖主要包括东区和西区两部分，东区水体主要包括绚秋苑东北方向槭树蔷薇区和东南方向的汇水区延伸。总水面有 5.2hm²，总蓄水量为 8 万 m³。西区利用原樱桃沟下游的调节池作为主要湖区，面积为 1hm²，蓄水量为 1.5 万 m³。它们之间通过溪流和水潭的形式连接起来。

植物园长期以来的建设发展一直受水源不足的困扰。植物园水系的补水主要来自自然降水和人工补水，水体流动性差，导致水体水质下降和恶化。水质恶化主要是由于富营养化，水中富集的氮、磷营养物质含量过高，此外，湖水长期处于静止不动的状态下，水体流态、大气复氧、微生物生态活动等方面不能满足水体自净的要求，水体本身发生异变，水质逐渐恶化。

植物园景观水体的主要特点是水体悬浮物多，氮、磷营养物质含量高导致富营养化，流动性差导致水体溶解氧不足，除此之外，水体生态平衡被破坏，自净能力低，水体比较脆弱。因此，采用水体治理和生态修复相结合的方法解决植物园水环境问题是一条合理的思路。

2. 工程概况

以植物园水体末端的荷花池作为治理目标，因为位于水体末端，荷花池水体几乎不流动，悬浮物多，水体浑浊，多处死角污浊不堪，积聚了大量漂浮物。初期水质设计治理水量为 3000m³。原水水质见表 2-15。

表 2-15　　　　　　　　原 水 水 质 情 况

项　　目	数　值	项　　目	数　值
COD/(mg/L)	3.50	DO/(mg/L)	1.2
浊度/(NTU)	13	pH 值	7.1
氨氮/(mg/L)	2.1		

3. 工艺流程

根据北京植物园的条件进行了工艺流程的设计，如图2-39所示：

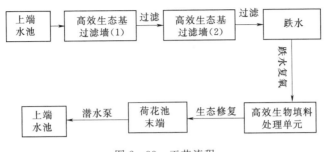

图2-39 工艺流程

高效生物填料能够为水体微生物群落的生长和繁殖提供巨大而适宜的附着表面。从而实现水体生态系统的修复和水体有机污染物的高效降解。生物填料完全使用生物惰性材料制造，利用生物工程化原理和精确设计的水生载体有选择性的建立丰富的微生物种群，从而为水生动物带来健康的食物和良好的生活环境、建立起"生态修复"的水生生物圈和平衡、稳定的生态水环境。

根据植物园的水质条件，在保证处理效果且不影响景观效果的前提下，将生物填料合理分布于荷花池内，进行水体治理和生态修复。

荷花池末端设立2台潜水泵，一开一备，根据具体水质条件而使用。将末端的水抽往荷花池上端水池进行循环，提高了水体的流动性。也将水面部分漂浮物集中于后端进行集中打捞处理。

4. 污染物处理效果

通过两个多月的运行和监测，处理效果显著，运转稳定。其中在混合沉淀工艺中实际COD_{Mn}去除率为14%～20%，浊度去除率为80%～84%，氨氮去除率为50%～58%。水体清澈见底，消除了死角污浊的情况。

5. 总结

本处理工艺原理简单，操作、管理方便，运行费用低；对整体景观效果几乎不造成影响；高效生物填料完全采用惰性材料制成，不会造成二次污染；去除氨氮、浊度等效果明显；而且有一定的自身复氧能力，大大节省了运行费用；使用生物填料对景观水体进行生物修复的工艺，能够形成更加合理和稳定的生态群落，具有使用寿命长、维护简单、运行稳定、无二次污染等特点，能大大地节省人力物力，并更好的保证出水质量。

⊙2-73

四、生物景观塘技术在深圳洪湖公园的应用

1. 工程背景及概况

洪湖公园位于深圳市罗湖区笋岗路与泥岗路之间的洪湖，在建园之前，是用来调节布吉河洪峰的一个滞洪区，属深圳市水利部门管辖。当时滞洪区的调洪能力达$2.5 \times 10^7 m^3$，滞纳上游约42.7km²的汇水面积，缓解了多雨季节洪水给人口密集的

城区所造成的压力。但多雨季节（约1个月）过后，滞洪区就不起滞洪作用了。1983年深圳市政府决定利用滞洪区建造一座以荷花为主题，集游乐、水上运动为一体的市政公园。为了净化公园水体水质，近10年来，洪湖公园从国内外引种荷花、睡莲、王莲、萍蓬草、鸢尾、水竹芋、纸莎草、泽苔草和芦苇等20余种水生植物，围堰种植，初步形成了以荷花为主景，以睡莲、王莲、鸢尾等水生植物为衬景的园林水景园，分布在公园三级湖面的莲香湖、静逸湖和洪湖等景区。

2. 水体环境的主要污染源

洪湖公园类似于锅底状的地形地貌，成为储存周边污染源的集中地。公园的污染源来自两方面：一是布吉河上游排出的生活和工业污水，占公园污染负荷的80%；二是公园附近的水贝工业区和康宁医院小区，因排污管网不完善，将生活污水、工业污水和雨水混合一起排进园内，约占污染负荷的20%。导致整个公园的湖水发黑，且停留的时间长，公园环境恶劣。1990年年初经环境监测部门取样分析，湖水悬浮物为806mg/L，生物耗氧量为63mg/L，而溶解氧仅有0.23mg/L。因此，鱼虾无法生存，成了蚊虫滋生场所。1991年清淤整治后，湖水质量曾一度好转。1993年和1994年因滞洪，加之排污管设计欠合理，时常有排泄物淌入湖内，使湖水再度污染。1997年7月经深圳市环保部门定点取样测定，几项主要指标如化学需氧量（COD_{Cr}）、生化需氧量（BOD_5）、TN和TP等全部超过《地面水环境质量标准》（GB 3838—88）Ⅴ类标准。

3. 水生植物的净化功能

洪湖公园以荷花为主题，因而种植大量荷花、睡莲、王莲和水竹芋等水生植物。诸多研究表明，水生植物对水体水质有明显净化效果。据实地观察，莲香湖和静逸湖的水质均有不同程度的改善。特别是1997年从仙湖植物园引进莼菜时，带来少量的茨藻（najasma tina）等沉水植物，在静逸湖自行繁衍后，1998—2002年扩展到整个湖面。这一期间静逸湖的水质几乎达到饮用的程度。但茨藻与荷花、睡莲互相排挤，争夺生长空间，考虑景观效果，最终用人工割除茨藻，不久水质渐渐下降，说明茨藻等沉水植物对水质具有良好的净化作用。2001年8月将莲香湖、静逸湖和洪湖的水质抽样测定，其结果：化学需氧量（COD_{Cr}）生化需氧量（BOD_5）、氨和磷等主要指标均达到GB 3838—88 Ⅴ类标准，有的接近GB 3838—88 Ⅲ类标准。而种植茨藻的静逸湖，其水质明显好于莲香湖和洪湖。

4. 生物景观塘小结

生物景观塘技术利用植物将污染物去除，并能形成一定的景观，达到景观与净化的双重目的，在我国已经有广泛的应用，如北京植物园以及深圳洪湖公园，其经济、生态效益非常可观。

项目三 生态水利工程技术

任务一 河道内栖息地修复技术

知识点一 河 道 再 造

一、城市河道形态多样性恢复

1. 河道横断面结构

（1）滩地。滩地位于河道两边，部分周期性地被水淹没，由于水的横向冲刷力会使得泥沙堆积形成自然堤。滩地具有干湿变化的不同状态，植物群落丰富，水生、陆生和两栖动物也适合在滩地生存，因此其生物多样性高，生产能力强。同时滩地又能起到蓄水、滞洪、过滤等作用，在防洪、净水方面意义重大。因此滩地具有非常重要的保护价值。

（2）缓冲带。缓冲带是指在河道一边或两边高地的一部分，构成高河滩和周边环境的过渡。它是生物迁徙的通道，也是容纳城市公共活动的场所。

（3）河道蜿蜒性。蜿蜒性是自然河道的重要特征，而渠道化和裁弯取直工程彻底改变了河道蜿蜒的基本形态，使得生境的异质性降低，河道生态系统的结构与功能随之发生变化，生物群落多样性随之降低，生态系统退化。

2. 增强河道蜿蜒性的构筑物——丁坝

（1）河道生态修复时配置丁坝，可以形成缓流区域，既为鱼类等水生动物提供停留、繁衍和避难的场所，又可减少水流对河岸的冲击。连续配置的丁坝容易产生泥沙堆积，泥沙堆积区为滨水植物的生长创造了条件，同时也有助于河床形成深潭浅滩，并与周围植被景观相协调，形成美丽的河道景观。

（2）桩式丁坝是采用木桩或钢筋混凝土桩作基础的垂直于岸线的丁坝。木桩一般采用长 3～5m、桩末端直径为 12～15cm 的木料，以纵横断面约 1m 的间隔打桩，有时在纵横向或成对角线方向上用长木桩连接起来。钢筋混凝土桩可采用长 10m 左右、断面为 25cm×35cm 的预制板桩，按照纵横 5m 间隔 1.5m 接桩连成整体。

（3）抛石丁坝是用毛石堆积或在填土表面用毛石干砌而形成的丁坝，具有减缓水流、改变水流方向、减轻河岸侵蚀的作用。

3. 护岸多样化

（1）植物护岸。

（2）活枝护岸-梢料排护岸。

（3）石笼护岸。

▶3-1

4. 植被恢复

滨水植物群落，按照近水程度和受水淹频率从高到低可以归纳为沉水植物群落、挺水和浮叶植物群落、耐湿草本群落、耐湿乔灌群落等几种群落。

二、河道再造的作用

1. 缓冲区恢复

（1）缓冲区修复可起到分蓄和削减洪水的功能；河流与缓冲区河漫滩之间的水文连通性是影响河流物种多样性的关键因素。

（2）将洪水中污染物沉淀、过滤、净化，改善水质。

（3）截留、过滤暴雨径流，净化水体。

（4）提供野生动植物的生息环境。

（5）保持景观的自然特征。

（6）为人类提供良好的生活、休闲空间等。

2. 植被恢复

（1）植被可以通过影响河流的流动、河岸抗冲刷强度、泥沙沉积、河床稳定性和河道形态而对河流产生很大影响。

（2）合理分布的植被还有助于减轻洪水灾害、净化水体，提供景观休闲场所和多种生态服务功能。

3. 河道补水

水是河流生态系统中最重要的环境因素，也是维持河流系统健康的重要因素。不论是规定水库最小下泄流量，还是引水、废水、回用补水等，都有利于增加河流流量，提供输沙、自净、供水和生态功能需水量。对于水量不能满足其基本功能的河流，补水措施尤为重要。

知识点二　鱼　道

一、定义

鱼道就是供鱼类洄游的通道。事实上鱼道并不仅仅是鱼类的通道，而是大多数生物的一个通道。它是河流生态系统健康的评价指标之一。减缓大坝的阻隔影响，帮助恢复鱼类和其他水生生物物种在河流中自由洄游。

二、鱼道的常见形式

（1）按结构形式划分。可分为水池堰式鱼道、竖缝式鱼道、丹尼尔式（隔板式）鱼道、管道式鱼道（其他）。

（2）按枢纽位置划分。可分为沿海型鱼道、沿江型鱼道、电站（泵站）枢纽型鱼道等。

三、鱼道的发展历史及现状

1. 据不完全统计，截至20世纪60年代初期，美国和加拿大有过鱼设施200座以上，西欧各国有 100 座以上，苏联有 18 座以上，这些过鱼设施主要为鱼道。至 20 世纪晚期，鱼道数量明显上升，在北美有近 400 座，日本则有 1400 余座。其中，最高最长的鱼道分别是美国的北汉坝鱼道（爬升高度 60m）和帕尔顿鱼道（全长 4800m）。这些过鱼设施都是以通过某种主要经济鱼类为目的，比如美国大西洋鲑鱼、鳟鱼，法国西鲱鱼和日本香鱼等。

2. 我国过鱼设施的研究和建设大致经历了 3 个时期：

（1）初步发展期。1958 年在规划开发富春江七里垄水电站时首次提及鱼道，1960 年在兴凯湖附近首先建成新开流鱼道；20 世纪 80 年代，对鱼的生境因素及过鱼设施进行了初步研究并相继建设了 40 余座鱼道。

（2）停滞期。自葛洲坝水利枢纽中采取建设增殖放流站的措施来解决中华鲟等珍稀鱼类的保护问题至此后的 20 多年，我国在建设水利水电工程时很少修建过鱼设施，相关的技术研究工作几乎没有开展，已建过鱼设施多数运行效果不理想，因而闲置或被废弃（如湖南洋塘鱼道）。

（3）二次发展期。进入 21 世纪后，随着我国水利水电资源开发逐步加深，天然渔业资源严重退化，甚至危及到国家级自然保护区珍稀特有鱼类，过鱼设施的研究和建设重新受到重视，一批过鱼设施已建成运行或在规划建设中。如北京上庄水库鱼道、西藏狮泉河鱼道、珠江长滩枢纽鱼道和长江小南海鱼道等。

四、鱼道发展前景展望

我国水能资源开发利用的历史源远流长，中华人民共和国成立以来水电开发事业蓬勃发展，然而，水能资源的开发伴随着对河流生态系统胁迫的日益加剧，与之配套的过鱼设施的研究和建设却起步较晚，发展缓慢，其建设数量和运行效果都与要求相差甚远，所以加快过鱼设施的研究和建设，建立生态环境友好型的水利水电工程体系势在必行。

知识点三 浅滩-深塘结构

一、浅滩-深塘的概念

浅滩指河床中水面以下的堆积物。浅滩最发育的地段在河床宽阔处或支流河口附近，在这里由于水流速度减缓，泥沙容易淤积，往往造成浅滩。

深塘是一种普遍存在的河床地貌形态。弯曲型河道的弯顶上下端为深塘，两弯之间的过渡段为浅滩。顺直型河道的深塘出现于主流弯曲的弯顶处，两个深塘之间的过渡段为浅滩。深塘和浅滩的存在，使河底纵剖面表现出一系列的起伏。其空间分布服从一定的规律，相邻两深塘的平均间距大约相当于河宽的 5～7 倍。浅滩-深塘地形的演变具有多年及年内周期性变化。前者与来水来沙的多年周期变化有关，后者取决于年内水流状况的变化。

由于较陡的边坡和颗粒较粗的泥沙，河流将自然地形成深浅交替的河段，称之为浅滩和深塘。由于深塘和浅滩以及弯曲段使河床的剪力和摩擦力的差异减到最小，因此，在那些坡度较陡和泥沙颗粒较粗的河段，应把浅滩与深塘作为恢复河流的措施之一。

二、浅滩-深塘的作用

浅滩-深塘结构是河流经自然发育后形成的常见河道形态，有利于稳定河床和岸坡，有助于植被的良好发育和构建多样性的生物栖息地。通过修复河道系统和营造浅滩-深塘结构，可由浅滩段增加的紊动增加水中溶解氧量和促进河流自净功能的恢复。干净的石质底层是很多水生脊椎动物的主要栖息地，也是鱼类觅食的场所和保护区。此外还可营造天然的河流景观，恢复裁弯河流，利用弯曲河流消耗河流能量，减少下游侵蚀，增加水流在河道内滞留时间，强化河流的自净功能，同时恢复了河流的天然景观，并使河流拥有更复杂的动植物群落。

三、浅滩-深塘序列的构造

天然河流的河床由于水流和泥沙的相互作用，会产生不定期的冲刷和淤积，在弯曲段的凸岸处，泥沙淤积形成边滩（沙丘），凹岸则会受到冲刷形成深塘，在顺直段会形成浅滩，最终形成交替次序的浅滩-深塘序列，沿深泓线的纵向剖面如图3-1所示，浅滩（或深塘）之间的线性距离为5～7倍平滩宽度。

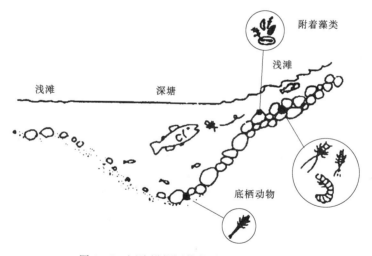

图3-1 河流沿深泓线的纵向剖面示意图

大量研究表明，河流浅滩和深塘的位置是相对的，随河流主河槽的摆动而发生相应改变，但其次序和距离是比较固定的。河床材料组成不同，其深塘和浅滩的特点也有所差异。以砾石和圆石为主要材料的河床，为维持河道在高能量环境下的稳定，具有典型规则的深塘和浅滩间距，在浅滩区域是较粗糙泥沙颗粒，在深塘区域是较细泥沙颗粒。河床组成以沙质材料为主的河流，由于浅滩和深塘颗粒大小分布相似，没有形成真正的浅滩，但其深塘有一致的间距。高梯度河流通常也有深塘，没有浅滩，水以阶梯方式从一个深塘过渡到另一个深塘。浅滩和深塘的布置也要考虑到河道冲刷和淤积情况，以利于河道的稳定。

在自然形态具备蜿蜒性特征的河段根据河势进行浅滩-深塘序列的布置；在河流顺

直形态较长的河段，将河流内平滩流量过水部分进行蜿蜒性设置，并构造多样化的栖息地特征，如回水区等，以创建多样性的河流形态，同时进行浅滩-深塘序列的布置。

对于曲率半径很小的部分河段，为了增加过洪能力，对其进行裁弯取直处理，但保留以前的弯曲部分，以形成类似牛轭弯道的河流形态。由于自然河流内深塘和浅滩的位置是相对的，在不同时期会发生变动，而其次序和距离是比较固定的，因此在对河床进行设计时，深塘和浅滩的位置不是主要的，主要的是其线性距离和交替次序。根据河流的地质情况，选择河流浅滩的构造材料，如可用卵石和块石。

如某横断面处浅滩的横断面和纵断面示意图分别如图 3-2 和图 3-3 所示。

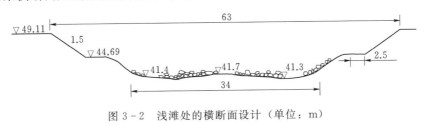

图 3-2 浅滩处的横断面设计（单位：m）

四、浅滩-深塘序列的功能和特征

浅滩-深塘序列的修复和重建必须建立在对河道历史情况进行调查的基础上，并应根据河流地貌学分类，与同一流域内其他具有同类地貌特征

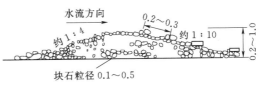

图 3-3 浅滩处的纵断面设计（单位：m）

的未受干扰河段进行类比分析。除此之外，也可以按照水力学和泥沙输移理论的一些经验公式确定相关特征参数。浅滩-深塘序列功能和特征的一些要点见表 3-1。

表 3-1　　　　　　　　　　浅滩-深塘序列的功能和特征表

位置	功 能 与 特 征 要 点
深塘	占到河流栖息地的 50% 以上
	断面流速不对称，即使在顺直河段也是如此；河床底质为松散混合砂砾石
	在水深大于 0.3m 的所有流量条件下，比相关联的浅滩断面窄 25%；位于弯曲段的顶点
	在枯水流量条件下，与出露的砂砾石沙洲/边滩相关联；对于水域内的大型植物和鱼类具有重要生态功能；具有重要的休闲娱乐价值，如垂钓、划船等
	可能有周期性的泥沙淤积，特别是在上游有大量泥沙供给的情况下（如河岸侵蚀崩塌）。洪水过后和深塘调整以后，泥沙可能会被冲走
浅滩	占到河流栖息地的 30%~40%
	局部较陡，河流纵剖面较浅，一般情况下，横断面基本对称
	在枯水流量条件下，水流湍急
	在各种流量条件下，比相关联的深塘断面宽 25%
	位于两个弯曲段之间的过渡段，间距为 3~10 倍的河宽（河床越陡，间距越短）。混合砂砾底质，具有一个密实的砾石面层。应在浅滩表面放置一些大块石，以打破低流速模式，形成湍流，营造多样性的栖息地环境

续表

位置	功能与特征要点
浅滩	洪水过后，可能会出现泥沙淤积问题，上游深塘会产生淘刷。过度淤积的泥沙将在后期的枯水流量条件下被冲刷至下游深塘
	与深塘相一致，一般位于河流的蜿蜒段。在顺直河段，可能会出现交替的浅滩；浅滩高出河床的高度不应大于 $0.3\sim0.5m$，顶高程的连线坡度应与河道坡降一致；为鲑鱼和多种无脊椎动物群落提供产卵栖息地。通过过滤、曝气和生物膜作用，对水质具有净化作用

图3-3

任务二 河道修复技术

知识点一 河岸修复技术

一、河岸带的定义

河岸带的定义包括广义和狭义两种：

广义是指靠近河边的植物群落，包括其组成、植物种群复杂度及土壤湿度等高低植被明显不同的地带。

狭义指河水-陆地交界处的两边，直至河水影响消失的地带，目前大多数学者采用后一定义。

由于它们特殊的位置，这里成为受水生环境影响强烈的陆地生境，因此它们具有独特的空间结构和生态功能。许多研究表明，河岸带通过过滤和截留沉积物、水分以及营养物质等来协调河流横向（河岸边高地到河流水体）和纵向（河流上游到下游）的物质和能量流，因而在与之相关的土壤侵蚀程度降低、渠道稳定化、生物栖息地保护以及水质改善方面都起着重要的作用。

二、河岸带的特点

河岸带生态环境的突出特点是水分多。一是邻近有开旷的水体，二是地下水浅，三是坡的上部经常有水分经这里汇集。土壤肥力较高，大气湿度也较高。但是，有的季节洪水泛滥，河岸带常被淹没。

三、河岸修复技术

1. 水利工程修复

（1）核心是工程结构的安全性及耐久性。

（2）材料主要是施工性好、耐久性强的混凝土或钢筋混凝土。

（3）缺点是没有考虑人工构造物对生物及生态环境的影响，忽略了河流也是有生命（生物）的生态系统，人工构造物隔断了水生生态系统和陆地生态系统，破坏了河流的各种生态过程，导致河流的自我净化能力及自我修复能力降低、河流水体污染严重。

2. 生态修复

（1）目标。确保河岸工程具有抗洪、防止河岸侵蚀结构的前提下，以恢复重建河岸生态系统及其景观为目的，通过对河流护岸工程的生态设计与调控，采用生态自我修复能力与人工辅助相结合的技术手段，使受损害的河岸生态系统恢复到受损前的自然状态及其景观格局，恢复河岸生态系统合理的内部结构、高效的系统功能和协调的内在关系。

（2）理念。既有利于保护河道的水生态环境，提高水体的自净能力，又能构筑具有亲水能力的景观河道。

四、河岸修复案例

1. 案例一

（1）简介。新加坡从 2006 年开始推出活跃、美丽和干净的水计划（ABC 计划），加冷河—碧山公园是 ABC 计划下的旗舰项目之一。

（2）重建方案。加冷河从笔直的混凝土排水道改造为蜿蜒的天然河流。这是第一个在热带地区利用土壤生物工程技术（植被、天然材料和土木工程技术的组合）来巩固河岸和防止土壤被侵蚀的工程。这些技术的应用，还为动植物创造了栖息地。新的河流孕育了很多生物，公园里的生物多样性也增加了约 30%。

2. 案例二

（1）简介。杜鹃河在崇明岛东部陈家镇，是崇明岛的一条重要镇级河道，全长约 500m，平均河宽约 8m，河道坡岸裸露陡直，植被覆盖率很低。河道两岸为农田和一小段民居，降雨所形成的地表径流未经任何缓冲直接进入河道，水土流失较严重，坡岸和水面景观较差。

（2）重建方案。选取 300m 长的河段作为植物生态护岸工程示范，种植物包括杞柳、垂柳、挺水植物、菖蒲、沉水植物、结缕草及其他灌木和乔木。

3-9

3-10

3-11

3-12

3-4

知识点二　河床修复技术

一、河床的定义

谷底部分河水经常流动的地方称为河床。河床由于受侧向侵蚀作用而弯曲，经常改变河道位置，所以河床底部冲积物复杂多变。平原区河流的河床一般是由河流自身堆积的细颗粒物质组成，黄河就是一个例子。山区河流河床一般来说底部大多为坚硬岩石或大颗粒岩石、卵石以及由于侧面侵蚀带来的大量的细小颗粒。

二、河床的形成

河水挟带着泥沙不断地在河床中流动着，侵蚀、搬运和堆积同时进行，不停地塑造和改变河床的形态。侵蚀基准面最终受到海平面的控制，一般说来，河流的侵蚀基准面不能低于它入海口处的海平面高度。一条河流上游段总是高于下游段的河床，另外在河流的某一段中如果地壳下降或上升也会引起局部侵蚀基准面的变化。局部侵蚀基准面的下降也会导致河流该段以上侵蚀作用的加强。因为地壳在不停地运动，海平

3-13

3－14

3－15

3－16

Ⓟ 3－5

面也经常在变化，气候条件更是多变，河流水量也在不断变化，这一切决定了河床是在不断地变化之中。

三、河床的分类

根据河床的演变规律及其平面形态，可将冲积性河流的河床划分为顺直微弯、弯曲、分汊及游荡等四种类型。

四、河床的修复方法

1. 物理修复

疏浚、原位覆盖、引水冲刷是主要的物理修复方法，其优点是见效快，效果好。

2. 化学修复

通过试剂与污染底泥发生氧化还原、聚合等一系列化学反应，从底泥中分离出污染物，或降解转化成低毒或无毒的稳定形态。其优点是能耗低，投资少，见效快。

3. 生物修复

利用生物体（主要是微生物和植物）的生命代谢活动，减少环境中有毒有害物质浓度或使其完全无毒化，从而使其部分或完全恢复到原始状态的过程。其优点是投入范围小、应用范围广和修复效果好。

任务三　流域内栖息地修复技术

知识点一　岸边植物修复技术

一、概述

3－17

岸边植物恢复是修复被人类损害的原生植物系统的多样性及动态的过程，也是维持植物系统健康及更新的过程。"岸边植物恢复"是指修复那些受到干扰、破坏的植物，尽可能恢复到原来的状态；而"岸边植物修复"是指根据岸边植物利用计划，将受干扰和破坏的植物恢复到具有生产力的状态，确保该土地保持稳定的生产状况，不再造成环境恶化，并与周围环境的景观保持一致。

二、岸边原生植物恢复

1. 技术方法

（1）工程技术措施。

1）集水造林技术。集水造林就是在干旱半干旱地区以林木生长的最佳水量平衡为基础，通过合理的人工调控措施，在时间和空间上对有限的降水资源进行再分配，在干旱的环境中为树种的成活与生长创造适宜的环境，并促使该地区较为丰富的光、热、气、资源的生产潜力充分发挥出来，从而使林木的生长接近当地生态条件下最大的生产力。

近年来，人们更多地用"径流林业"的术语来概括利用天然降水发展林业的措施。

2）爆破整地造林技术。所谓爆破造林，就是用炸药在造林地上炸出一定规格的深坑，然后填入客土，种植上苗木的一种造林方法。爆破造林能够扩大松土范围、改善土壤物理性质和化学性质、增强土壤蓄水、保土能力、减少水土流失、减轻劳动强度、提高工效、加快造林速度，从而提高造林成活率，能在短时间内使荒山荒地尽快绿起来。

大面积爆破造林虽有较大的局限性，但在位置重要的景点处，旅游线两侧及名胜古迹周围应用，仍不失为一种较好的造林方法。

3）秸秆及地膜覆盖造林技术。秸秆及地膜覆盖造林，在保水增温、促进幼苗的迅速生长、尽快恢复植被、防止水土流失、改善生态环境等方面，发挥着重要的作用。

秸秆与地膜覆盖可以避免晚霜或春寒、春旱、大风等寒流的侵袭造成的冻害，同时也提高了地温，促进了土壤中微生物的活动，有机质的分解和养分的释放，大大提高了造林成活率、越冬率和保存率，是提高干旱脆弱立地条件下造林成效的有效途径之一。

4）封山育林技术。封山育林是利用树木的自然繁殖能力和森林演替的动态变化规律，通过人们有计划、有步骤的封禁手段，使疏林、灌丛、残林迹地，以及荒山荒地等恢复和发展为森林、灌丛或草本植被的育林方法。封山育林以森林群落演替、森林植物的自然繁殖、森林生态平衡、生物多样性为理论依据。

5）压砂保墒造林技术。所谓压砂，就是把鹅卵以下的小石头，以5～10cm厚铺盖在新栽的小树周围，相当于给土壤覆盖一层既渗水又透气的永久性薄膜。它不仅起到保温保湿、减小地表蒸发、蓄水保墒的作用，而且就地取材，经济耐用。从土壤学角度看，山地多年不耕，土壤结构简单，孔隙粗直，即使下点雨浇些水，蒸发加上流失，水分很快就消失了。从植物学角度看，树木生长并不需要很多水分，关键是根部土壤要经常保持湿润。这种方法不破坏植被，不受地形限制，不受水源约束，可以最少的投入，换得可观的效益。

6）坐水返渗造林技术。坐水返渗法是将树苗（裸根苗）根系直接接触到湿土上，靠根系下面湿土返渗的水分滋润苗木根系周围土壤，从而保持有效的水分供给，提高苗木成活率。具体操作程序是挖坑、回填、浇水、植树、封土。

须要注意的是浇水与植树间隔时间要短。水渗完后，马上植树，保证树苗根系能坐在饱含水分的土壤上。与传统植树方法相比，坐水返渗法树坑内土体上虚下实，蓄水量足，透气性好，非常有利于根系恢复生长。

7）喷混植生技术。喷混植生技术原理是利用特制喷混机械将有机基材（泥炭土、黄土、水泥）、长效肥、速效肥、保水剂、黏结剂、植物种子等按一定比例混合并充分搅拌均匀后喷射到铺挂铁丝网的坡面上，由于黏结剂的黏结作用，混合物可在矿渣表面形成一个既能让植物生长发育而种植基质又不易被冲刷的多孔稳定结构（即一层具有连续空隙的种植基），种子可以在空隙中生根、发芽、生长，又因其具有一定程度的硬度可防止雨水冲刷，从而达到恢复植被、改善景观、保护和建设生态环境的目的。

▶ 3-18

（2）苗木培育技术措施。

1）苗木全封闭造林技术。苗木全封闭造林技术是从农业（容器育秧，移栽后覆盖瓶、塑料等）的启发和技术引申中逐步形成的。具体来说，就是在培育、选择具有高活力苗木的基础上，采用苗木叶、芽保护剂（HL 系列抗蒸腾剂、HC 抗蒸腾剂、透气塑料、光分解塑料形成的膜、袋等）、苗木根系保护剂（海藻胶体、高吸水材料形成的胶体液、保苗剂、护根粉等）等新材料、新技术，使整株苗木在造林后完全成活前处于较好的微环境中。

其表现为苗木地上部分与外界相对隔离，抑制叶、芽的活动，减少水分、养分的散失；根系处于有较适宜水分、养分供应的微域环境，保持根系的高活力。整株苗木始终处于良好生理平衡之中，直至苗木成活，药剂的保护作用才缓慢失去，进而促进幼树快速生长。

该技术为干旱地区造林和生长期苗木移栽提供了一种新的技术选择。

2）容器育苗造林技术。在干旱半干旱石质山地困难立地常规造林不易成活的地区，可以采用容器苗造林，效果良好。容器苗与裸根苗相比，由于其根系在起苗、运输和栽植时很少有机械损伤和风吹日晒，而且根系带有原来的土壤，减少了缓苗过程，因此，容器苗造林的成活率高于常规植苗造林。容器苗因容器内是营养土，土壤中的营养极其丰富，比裸根苗具备了更良好的生育条件，有利于幼苗生长发育，为石质山地造林成活后幼林生长和提早郁闭成林创造了良好的生存条件；容器苗适应春、夏、秋 3 季造林，因此又为加速石质山地造林绿化速度创造了有利条件；容器苗造林的成本与常规植苗造林相比较高，但其成活率高、郁闭早、成林快、成效显著，减少了常规造林反复性造林的缺陷，其综合效益要高于常规植苗造林。

营养袋育苗，又叫塑料袋或塑料杯育苗，是目前普遍采用的一种育苗方式。不论在蔬菜生产还是林木、花卉、药材及果树生产中都可采用。营养袋多采用低压聚乙烯塑料网加工而成，其规格有大有小。

3）菌根育苗造林技术。菌根形成后可以极大地扩大宿主植物根系对水分及矿质营养的吸收，增强植物的抗逆性，提高植物对土传病害的抗性，尤其在干旱、贫瘠的恶劣环境中菌根作用的发挥更加显著。

4）生态垫造林技术。生态垫从马来西亚进口，是用棕榈油生产的主要副产品——棕榈果实的空壳制成的棕褐色网状草垫物，疏松多孔，可以生物降解。生态垫厚度约 3cm，大小有两种规格，分别是 1m×1m 和 1m×2m。生态垫覆盖方式有树坑内覆盖和地表全部覆盖两种，具体覆盖方法是在苗木栽植完成后，在树坑中沿苗木周围铺设一块 1m×1m 生态垫，或地表全部铺上生态垫，然后用土或砾石压实，防止其自行脱离原地。

5）棉网状植生袋技术。棉网状植生袋技术是日本在 20 世纪 90 年代研究出的一项植被恢复新技术，在日本国内裸地的植被恢复中发挥了很大作用，并取得了很好的效果。植生袋内有菌根菌、肥料、有机添加物、保水剂，能有效地促进当地植被恢复。

6）飞播造林技术。使用多效复合剂拌种，在石质山地困难立地交通不便、人迹罕至地区进行飞播造林，可以明显提高成苗率、降低种子损失率、缩短出苗时间、增加苗木生长期、促进苗木生长、扩大造林有效面积、加快绿化步伐，效果显著。

（3）保护苗木技术措施。

1）套袋造林技术。将农用塑膜加工改制成适当尺寸的塑膜袋。苗木栽植后，将塑膜袋套在苗干上，顶部封严，下部埋入土中踩实。待苗木成活后，陆续去掉塑膜套袋。套袋技术的应用，可以降低苗木在栽植初期的蒸腾耗水，提高造林成活率。

2）蜡封造林技术。即栽前对苗干进行蜡封，具体方法是：保持温度80℃上下加热融化石蜡，将整理过的苗干在石蜡中速蘸，时间不超过1s，然后栽植。为方便蘸蜡，对萌芽力强的树种可先截干留桩适当高度再蘸蜡。此方法既可以防止苗木风干失水，又会减少前期病虫害，一般可提高成活率20%～40%。

3）冷藏苗木造林技术。将由于干旱而不能栽植的大量苗条暂时冷藏（1～4℃），控制其发芽抽梢，利用低温延长苗木休眠期，待降雨后再进行大面积栽植。苗木经过冷藏，可延长造林时间，形成反季节造林。

利用冷冻贮藏方法只限于造林季节内干旱无雨时采用。这种用冷冻贮藏苗木进行错季造林的方法成为在大旱之年干旱半干旱石质山地实现优质、高效抗旱造林的新途径。

（4）节水抗旱造林技术措施。

1）滴灌造林技术。部分干旱半干旱石质山地困难立地处于城市近郊有水源且需要绿化的风景旅游区或名胜古迹区。自然地势陡峭，立地条件恶劣，坡度大，土壤贫瘠，导致树木生长发育不良，树木成活率低，形成低劣的生态景观。而滴灌造林技术恰恰可以解决这个难题。

滴灌较常规灌造林具有诸多优点，如节水省肥、减少整地费用、排盐、提高造林成活率、高产优质等。滴灌的基本原理是：将水加压、过滤，必要时连同可溶性化肥、农药一起通过管道输送至滴头，以水滴（渗流、小股射流等）形式给树木根系供水分和养分。由于滴灌仅局部湿润土体，而树木行间保持干燥，又几乎无输水失，能把株间蒸发、深层渗漏和地表径流降低到最低限度，设计和管理得当的滴灌系统，一般较漫灌节水70%。

滴灌系统设计由用户提供滴灌区平面图、井位、动水位、水质化验资料及种植配置方案，交由设计方进行管网布局设计；管网布局图反馈给用户后，立即组织测量人员进行干、支管放线标桩，把各控制点标高交由设计方后最终完成滴灌系统设计。设计前至少应对水质的泥沙含量、矿化度、pH值三项指标进行化验。

滴灌造林较常规条件下造林极为相似，需严把苗木质量关，营造经济林时施足底肥。由于滴灌造林多呈现土壤瘠薄，风沙危害严重，苗木栽植前应作处理。可用2000mg/kg旱地龙浸根30min，将有效提高苗木成活率。同时，预先滴灌4h以上，以利种植穴开挖。在以6m×3m或8m×8m大株行距定植杏、核桃等树种时，为早期见效可于株间加植一棵。

2）吸水剂在抗旱节水造林中的应用。20世纪70年代初，美国农业部北部研究中心开发出一种高分子聚合物，称之为高吸水剂（也称高吸水性树脂、吸水胶、保水剂、抗旱宝等）。我国对高吸水剂的研制和生产应用起步较晚，系统的应用研究则从80年代初开始，之后发展较快，并取得阶段性成果。

吸水剂具有高吸水性、保水性、缓释性、反复吸释性、供水性、选择性、可降解性等特性。吸水剂在林业上的应用，可以提高土壤的最大持水量，增强土壤的贮水和保水性能，减少土壤水分耗散，延长和提高向植物供水的时间和能力，使其在干旱半干旱地区的林业生产中有着广阔的应用前景。

3）固体水在抗旱节水造林中的应用。固体水（solid water）又称干水（dry water），是用高新技术将普通水固化，使水的物理性质发生巨大变化，变成不流动、不挥发的固态物质。这种固态物质在生物降解作用下能够缓慢释放出水分，被植物吸收利用。适于在远离水源、气候干燥、土壤保水性差的荒山中植树造林使用。尤其是在严重缺水的干旱半干旱地区及季节性干旱地区，应用固体水并配合其他集水蓄水保墒技术，既可以保证长时间地供给植物水分，维持植物的正常生长，又可以减少水分的无效蒸发及渗漏，达到节约用水、水分高效利用的目的。

4）化学药剂处理在抗旱节水造林中的应用。用于处理苗木来提高造林成活率的化学药剂主要包括有机酸类：苹果酸、柠檬酸、脯氨酸、反烯丁二酸等；无机化学药剂：磷酸二氢钾、氯化钾等；蒸腾抑制剂：抑蒸剂、叶面抑蒸保温剂和京2B，还有橡胶乳剂、十六醇等。这些药剂的应用，可以减少植物体内的水分蒸发，增强苗木的抗旱能力。

5）ABT生根粉、根宝等制剂在抗旱节水造林中的应用。这两种制剂所含的多种营养物质和刺激生根的物质能够直接渗入根系，使苗木尽快长出新根，恢复吸收功能，从而提高造林成活率，在荒山造林中取得良好的效果。

三、植物筛选

1. 概述

对于岸边植物的筛选，首先要确定植物能够真正的在岸边存活，并且能够体现作用，这就需要从两个方面进行评价。一方面是能够真正的适应岸边的生态，并且能够具备一定的观赏性。另一方面就是植物能够满足基本的栽培条件，栽培成本需要最大程度的控制，植物能够对病虫害有好的抵御能力。因为各种各样的因素所相互制约，很难在短时间内将各种各样的指标得到一个量化的标准和评价。为了提升筛选的评价效果，可采用层次分析的筛选方法。

2. 技术方法

（1）野外调查-重金属浓度梯度法。该方法在有污染的地方，有一定的适应能力，有利于植物修复技术的实施。缺点是适于生长在野外重金属污染区的植物有限，而且植物种类在地理分布上也有区域性。

（2）牧草/杂草。作为家畜饲料而栽培的牧草、杂草等植物适应性强、生长迅速、生物量大、抵抗力强，在植物修复工程上具有巨大优势。

（3）土壤种子库-重金属浓度梯度法。该方法是一种新型的修复植物筛选方法，

▶3-20

是指利用土壤种子库筛选对于金属超富集特性的植物，然后通过重金属浓度梯度法对其超富集特性进行验证。

四、植物群落搭配

1. 概述

植物群落不仅是生物群落极其重要的能量来源，而且还提供物理栖息地，也具有缓和进入水域和陆地生态系统的光能量的作用。植物群落在一年中要经受活跃的生长发育期、衰老期和相对的休眠期。群落的构建主要包括水平空间配置与垂直空间配置，水平空间配置指不同的受污染区域配置不同的植物群落；垂直空间配置则指根据水深来布置植物。

植物群落特征直接影响动物群落的多样性和完整性，覆盖面积广并且垂向和水平向结构特征呈现多样性的植物群落，与同质均一的植物群落相比，所能维持的生物群落的多样性要高得多。

2. 技术方法

（1）制定合理的技术定位。在进行植物群落设计时，要准确定位其在整体的绿化技术体系中的作用。在配置植物的过程中将植物的结构功能放在首位，满足生态和环境在适应生态上的一致性。

（2）将具体的植物群落单位及时落实。在具体的设计过程中，将植物群落作为基本单位，有利于对小面积的土地进行绿化。

（3）设计细化植物群落。主要包括两个方面的内容，首先考虑植物之间的相互配置，其次考虑植物和其他要素，例如山石等，要进行合理的配置。

知识点二　水生植物修复技术

一、水生植物

能在水中生长的植物，统称为水生植物。水生植物是出色的游泳运动员或潜水者。叶子柔软而透明，有的形成丝状，如金鱼藻。丝状叶可以大大增加与水的接触面积，使叶子能最大限度地得到水里很少能得到的光照，吸收水里溶解得很少的二氧化碳，保证光合作用的进行。水生植物在分类群上由多个植物门类组成，包括非维管束植物，如大型藻类和苔藓类植物；低级维管束植物，如蕨类和蕨类同源植物；以及最高级的维管束植物——种子植物。水生植物主要是维管束植物，其中被子植物占绝大多数，典型的水生植物多为被子植物中的单子叶纲植物。水生植物是生态学范畴上的类型，是不同类型植物长期适应水环境而形成的趋同性生态适应类型。根据水生植物对水环境的适应程度，以及生活型的不同，可以初步分为：湿生植物、挺水植物、浮叶植物和沉水植物。

（1）湿生植物的适宜生长环境为河岸或地下水位较高的地方。它们生活在水饱和或周期性淹水土壤里，解剖特点与陆生植物相似，其中单子叶植物茎叶的角质层发达，根有抗淹性。湿生植物主要有美人蕉、梭鱼草（图3-4）、千屈菜、再力花、水生鸢尾、红蓼、狼尾草、蒲草等。

3-7

3-8

3-9

3-10

3-11

3-12

3-6

（2）挺水植物是根茎水生或茎叶气生的水生植物，因而也具有陆生植物特性，直立的根茎气道发达，茎叶角质层厚。根生浮叶植物是叶片一面气生的水生植物。挺水植物主要有荷花、芦苇、香蒲、菰、水葱、芦竹、菖蒲、蒲苇、黑三棱、水烛、泽泻、慈姑等等。如图3-5所示。

图3-4 湿生植物——梭鱼草

图3-5 挺水植物——荷花

（3）浮叶植物又分为根生浮叶植物和自由漂浮植物。根生浮叶植物的茎叶浮水，叶

图3-6 根生浮叶植物——芡实

片两面性强，并有沉水叶柄或根茎与根相连，沉水部分气道发达，它们除了本身非常美丽外，还为池塘生物提供庇荫，并限制水藻的生长。如泉生眼子菜、竹叶眼子菜、睡莲、萍蓬草、荇菜、菱角、芡实、王莲等。如图3-6所示。自由漂浮植物根系漂浮退化或成悬锤状，叶或茎海绵组织发达，起漂浮作用，大多数植物花色鲜艳。如浮萍、紫背浮萍、凤眼莲、大薸等植物。如图3-7所示。

（4）沉水植物是唯一的完全水生植物。其根、茎、叶由于完全适应水生而退化，根与茎中的维管束退化减弱了根系的吸收功能，茎中缺乏木质和纤维；叶薄，叶绿体集中于表面，裂叶和异叶现象出现；营养繁殖较普遍，有性生殖以水媒方式为主。如丝叶眼子菜、穿叶眼子菜、水菜花、海菜花、海菖蒲、苦草、金鱼藻、水车前、穗花狐尾藻、黑藻等。如图3-8所示。

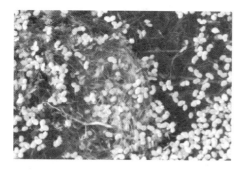

图3-7 漂浮浮叶植物——浮萍

图3-8 沉水植物——丝叶眼子菜

水生植物简介见表 3-2。

表 3-2

水 生 植 物 简 介

类　型	特　　　　点	常见植物种类
挺水植物	植株高大，上部挺出水面，根或地下茎生长于泥中	鱼腥草，芦苇，菖蒲，茈，泽泻，蓼，梭鱼草，鸢尾，千屈菜，荷花等
浮叶植物	植株或叶片漂浮于水面上，根或地下茎生长于泥中	睡莲，菱角等
漂浮植物	植株或茎叶漂浮在水面，根系悬于水中	凤眼莲，萍类等
沉水植物	全部植株或茎叶沉没在水下，根系扎根在泥土中	苦草，黑藻，眼子菜，竹叶眼子菜，菹草等

二、水生植物的水体质量修复

水生植物是水生态系统的重要组成部分，在物质循环和能量传递方面起着调控的作用，在水生态修复中的作用方式主要包括物理过程、吸收作用、协同作用和化感作用。水生植物和浮游藻类在营养物质和水能的利用上是竞争者，它能有效地抑制浮游藻类生长。在一定条件下，构建适合水体特征的水生植物群落，能有效降低悬浮物浓度，提高水体透明度及溶解氧，为其他生物提供良好的生存环境，改善水生生态系统的生物多样性。但水生植物有一定的周期，应适时适度收割调控，借以提高生物营养元素的输出，减少自然凋落腐烂分解引起的二次污染。

（一）水生植物在水生态修复中的作用

1. 吸收水体中的污染物

（1）吸收水体中的氮、磷等无机营养物质水生植物对富营养化水体具有良好的修复效果。

当大量的氮、磷等进入水体时，就会引起水体富营养化，而这些营养元素是大型水生植物生长的营养来源。水生植物能直接吸收利用污水中的氮、磷等营养物质，供生长发育需要。水体中的无机氮可被植物直接摄取合成蛋白质与有机氮，之后随着收割植物，所吸收的营养物质也随之移出水体，从而达到净化水体的目的。水中的无机磷同样是植物必需的营养元素，污染水体中的无机磷被植物吸收和同化后转化成植物的 ATP、DNA、RNA 等有机成分，然后通过植物的收割而移去。大型水生植物具有过量吸收氮、磷等营养元素的能力。研究表明，水生植物的氮、磷含量都达到或超过生长所需最低的氮和磷阈值，代表性浮叶植物和沉水植物的氮、磷含量随着湖泊营养水平提高呈现规律性变化。在太湖典型富营养化水域所进行的种植美人蕉辅以空心菜和旱伞草的试验表明，通过植物去除的氮和磷总量远远超过其基础总量，磷的最高去除量高出近 40 倍，水质均由原来的劣 V 类上升到 III 类，透明度从原来的 45cm 增加到 180cm 以上。

（2）吸收与分解水体中的有机污染物。大型水生植物可以因其高大的植株体吸附大量有机物，相对减少水中有机物的浓度，以达到较好的净化效果。大型水生植物也可通过酶的作用和生化作用进行转化和分解，如酚类进入植物体后参与糖代谢，或者和糖结合生成酚糖苷，或者被多酚氧化酶和过氧化物酶氧化而解除毒性，达到更彻底的净化。浮萍则把90％的酚代谢为毒性更小的产物。试验证明，凤眼莲可大幅度加速水溶液中甲基对硫磷的消解，能有效地将之去除。最近研究发现，狐尾藻等具有直接吸收降解三硝基甲苯（TNT）的能力。大型水生植物还可通过根系分泌有机酸类等物质，刺激根系微生物活性，促进微生物降解有机物。

（3）吸收水体中的重金属。水生植物能吸附、富集一些有毒有害物质，如重金属铅、镉、汞、砷、钙、铬、镍、铜等，其吸收积累能力强弱为沉水植物＞漂浮植物＞挺水植物，不同部位浓缩作用也不同，一般为根＞茎＞叶，各器官的累积系数随污水浓度的上升而下降。有些水生植物有较高的耐污能力，能富集水中的金属离子和有机物质。如凤眼莲，由于其线粒体中含有多酚氧化酶，可以通过多酚氧化酶对外源苯酚的羟化及氧化作用而解除酚对植物的毒害，所以对重金属和含酚有机物有很强的吸收富集能力。

2. 微生物的降解作用

微生物是水体净化污水的主要"执行者"，水体中微生物的种类和数量很丰富，因为水生植物的根系常形成一个网络状的结构，并在植物关系附近形成好氧、缺氧和厌氧的不同环境，为各种不同微生物的吸附和代谢提供了良好的生存环境，也为水体污水处理系统提供了足够的分解者。大型挺水植物在水中部分能吸附大量的藻类，这也为微生物提供了更大的接触表面积。研究表明，有植物的水体系统，细菌数量显著高于无植物的水体系统，且植物根部的分泌物还可以促进某些嗜磷、氮细菌的生长，促进氮、磷释放，转化，从而间接提高净化率。

微生物对水体中各种污染物的降解起着很重要的作用，它们把有机质作为丰富的能源，将其转化为营养物质和能量。研究证明，污水中的含氮有机物分解所产生的氨态氮，虽然通过植物吸收去除了一部分，大部分则是通过硝化作用和反硝化作用的连续反应而去除的。水中污染物所需要的 O_2 主要来自大气中 O_2 和植物输送 O_2，而水生植物输送 O_2 速率远比依靠空气扩散的速率大。O_2 输送到植株体各处，一部分的 O_2 通过根系向根区释放，扩散到周围缺氧区域中，为微生物提供了一个有氧环境，促进了根区微生物的生长和繁殖，促进了好氧微生物对有机物的降解；根区以外的厌氧环境则适于厌氧微生物群落的生存，进行有机物的厌氧降解。据研究，很多湿地的大型挺水植物在水中部分能附生大量的藻类，这也为微生物提供了更大的接触表面积。

3. 吸附、沉降作用

水生植物能直接吸收利用污水中的营养物质，供其生长发育。有根的植物通过根部摄取营养物质，某些浸没在水中的茎叶也从周围的水中摄取营养物质。水中植物产量高，大量的应用物质被固定在其生物体内。植物的根系会分泌大量的有机酸和氨基酸等，而且根系表皮细胞由于进行新陈代谢，死亡后在微生物的作用下分解为腐殖质。这些分泌物和腐殖质中有一系列功能团，如羟基（OH）、羧基（COOH）、酚羟基、烯醇羟基以及芳环结构等，它们对含各种基团的化合物均具有极强的吸附能力。

当收割后，营养物就能从系统中被除去。废水中的有机氮就能被微生物分解与转化，而无机氮作为植物生长过程中不可缺少的物质被植物直接摄取，再通过植物的收割而从废水中除去。

水生植物的存在减小了水中的风浪扰动，降低了水流速度，并减小了水面风速，这为悬浮固体的沉淀去除创造了更好的条件，同时，增加了水体与植物间的接触时间，可以增强底质的稳定并降低水体的浊度。此外，附着于根系的细菌菌体在进入内源呼吸期后会发生凝集，部分凝集的菌胶团则能把悬浮性的有机物和新陈代谢产物沉降下来。

4. 对藻类生长的抑制作用

大型水生植物与浮游藻类争夺营养物质、光照，由于大型水生植物个体大，削弱了光线到达水体的强度，阻碍了植物覆盖下的水体中藻类的大量繁殖，向水中分泌化学物质，如类固醇等，向环境释放化感物质（如酚、生物碱等），在其周围形成一个微环境区域，破坏了藻类正常的生理代谢功能，抑制了藻类生长。试验表明，水花生、金鱼藻和浮萍均能不同程度地减少水体中藻细胞数量，促进藻细胞内叶绿素 a 的破坏与脂质过氧化物含量升高，抑制超氧化物歧化酶的活性，从而抑制了藻类的生长。中科院南京地理与湖泊研究所 2000 年在莫愁湖中建立围区，先后引种凤眼莲、水花生、伊乐藻、菹草和微齿眼子菜等水生植物，用于净化富营养化湖水，结果表明，这些水生植物能快速提高水体透明度，降低水体营养盐水平，对藻类有明显的抑制作用。

5. 氧的传输作用

一般来讲，缺氧条件下，生物不能进行正常的有氧呼吸，还原态的某些元素和有机物的浓度可达到有毒的水平。河道水体中的污染物需要的氧主要来自大气自然复氧和植物输氧。有研究表明，水生植物的输氧速率远比依靠空气向液面扩散速率大，植物的输氧功能对水体的降解污染物好氧的补充量远大于由空气扩散所得氧量。植物输氧是植物将光合作用产生的氧气通过气道输送至根区，在植物根区的还原态介质中形成氧化态的微环境。

6. 维持系统的稳定

维持水体系统稳定运行的首要条件就是保证系统的水力传输，水生植物在这方面起了重要作用。植物根和根系对介质具有穿透作用，从而在介质中形成了许多微小的气室或间隙，减小了介质的封闭性，增强了介质的疏松度，使得介质的水力传输得到加强和维持。植物的生长能加快天然土壤的水力传输程度，且当植物成熟时，根区系统的水容量增大。当植物的根和根系腐烂时，剩下许多的空隙和通道，也有利于土壤的水力传输。有人认为植物根系可维持底质的疏松状态，也有研究表明，植物根的生长和扩展，会在其上层建立一个较密集的根区，从而使孔隙度下降。

水生植物还有一些不直接与水处理过程相关的作用。如它为动物如鱼类、鸟类、爬行动物提供食物。

（二）水生植物的选择与搭配

在选择修复污染水体的水生植物时，要对水质进行充分分析，在不同水域科学选择水生植物种类。在水质相对好一些的湖区，可有层次地种植一些大型水生植物，如岸边芦苇等。在 1.0～1.2m 水深之间主要发展菱草；在水深 1.2～1.5m 发展眼子菜、苦草和野菱，还有聚草、大茨藻、依乐藻等沉水植物，并且要定期移出成熟的这些水生植物，或建立人工调节的生态食物链系统，目的就是最大量地将营养物氮、磷从水中移出，使水质有明显的好转。

不同植物对营养盐的吸收和水体净化效果差异较大，即便对于同一种植物来说，也是某一方面效果好，可能另一方面效果会相对差些。因此，在开展植物修复工程时，要合理搭配植物，进行多种植物组合。同时要考虑植物功能方面的季节性差异，以保证能够周年循环。另外，对当地气候的适应、植物的抗逆性及对病虫害的抵抗能力也需要充分地考虑。一般来说，主要考虑原则如下。

（1）功能性原则：应根据不同修复对象选择具有一定净化能力的植物。

（2）本土性原则：因地制宜，优先考虑生长在受污水体中的原生植物，既治理了受污水体，又恢复了水体自身的自然生态系统。尽量避免引入外来物种，以减少物种入侵可能带来的无法控制的因素。

（3）适应性原则：所选物种应对当地水体流域的气候水文条件有较好适应性。

（4）抗逆性原则：所选物种应尽可能具有强抗逆性。

（5）可操作性原则：所选物种应该易栽培、便于管理养护和后处理等。

水生植物是水体中的关键生态类群，以沉水植物为基础的水环境生态系统则是一种良性循环的生态系统。如狐尾藻、大茨藻和金鱼藻能抑制藻类大量繁殖，配合种植，可改善水质；在水质较好的水域配合种植一些产氧强的品种（如菹草）改善溶解氧状况，可逐步形成稳定的良性循环的水域生态系统。可用于水下部分补种或栽种的高等水生植物有芦苇、睡莲、小香蒲、营莆、鸢尾等挺水植物以及伊乐藻、微齿眼子菜、轮叶黑藻、苦草等沉水植物；岸滩交错带宜于栽种落羽杉、水杉、池杉、垂柳、枫杨、合欢、水青树等耐水乔木，恢复生态缓冲带。在岸坡可种植温生植物香根草、风车草等。

▶ 3-21

三、水生植物恢复技术原理

水生植物对水体的净化作用原理主要在植物的根、茎和叶对污染物的吸收。

1. 水溶态污染物到达水生植物根、茎和叶表面

水溶态的污染物到达水生植物根表面，主要有两个途径：一条是质体流途径，即污染物随蒸腾拉力，在植物吸收水分时与水一起到达植物根部；另一条是扩散途径，即通过扩散而到达根表面。到达根表面的污染物不一定被植物根所吸收。水生植物吸收河湖底泥中污染物的种类和数量除受底泥特性、污染物种类和浓度影响外，还取决于植物的特性。

水溶态污染物到达水生植物茎和叶表面，主要也有两个途径：一条是茎和叶的气孔吸收途径，即水体污染物吸附在气孔而进入植物体内；另一条是角质层途径，水体污染物在水生植物茎和叶表面，表面活性剂能显著降低水溶液的表面张力而进入植物体。

2. 水溶态污染物进入细胞的过程

植物的细胞壁是污染物进入植物细胞的第一道屏障。在细胞壁中的果胶质成分为结合污染物提供了大量的交换位点。细胞膜调节着物质进出细胞的过程，它与细胞壁一起构成了细胞的防卫体系。污染物通过植物细胞壁进入细胞的过程，目前认为有两种方式；一种是被动的扩散，物质顺着本身的浓度梯度或细胞壁的电化学势流动；另一种是物质的主动传递过程，这种传递需要能量。这两种过程都与细胞膜的结构有关。

生物膜是非极性的类脂双层膜，在脂质双分子层内外表面镶嵌着蛋白质特异载体分子，正常情况下对物质的吸收具有选择性。细胞膜透过机理可以分为以下几个主要方面：

（1）流动输送：生物膜有许多孔隙和细孔，水溶性的化学物质和难脂溶性的微粒子化合物随水流通过细胞膜。如果水溶性和难脂溶性的粒子直径在 8.4nm 以上就不能通过膜。

（2）脂质层受控扩散：脂溶性化合物受这类扩散的影响。脂溶性化合物在水中扩散是以乳液状态存在，当与生物体膜接触，部分脂溶性化合物溶解在细胞膜中，借助于扩散作用而进入细胞内。

（3）媒介输送与动能载体输送：担任化合物输送任务的是生物膜内的载体，它使化合物在生物体内得以输送。促使媒介输送的能量为浓度比，促使能动载体输送的能量来自生物化学作用。

▶ 3 - 22

四、水生植物恢复技术应用

水生植物的净污工程是以水生植物为主体，引用物种间共生关系和充分利用水体空间生态位与营养生态位的原则，建立高效的人工生态系统，以降解水体中的污染负荷，改善系统内的水质。

1. 挺水植物

挺水植物可通过对水流的阻尼作用和减小风浪扰动使悬移物质沉降，并通过与其共生的生物群落有净化水质的作用。同时，它还可以通过其庞大的根系从深层底泥中吸取营养元素，降低底泥中营养元素的含量。挺水植物一般具有很广的适应性和很强的抗逆性，生长快，产量高，还能带来一定的经济效益。因此，沿岸种植挺水植物已成为水体净污的重要方法。

试验研究证明，河道沿岸的挺水植物（芦苇等）对氨氮具有很强的削减作用，氨氮通过河道两岸的芦苇带时，浓度显著降低。模拟模型的衰减系数是无芦苇生长的混凝土护坡河段的 3 倍左右，氨氮的削减量也达无芦苇生长河段的 2 倍左右。

但利用沿岸挺水植物净化水体，需注意水生植物要定期收割，防止其死亡后沉积水底，造成二次污染。

2. 沉水植物

沉水植物生长过程中吸收水体中的氮、磷等营养盐，分泌他感物质抑制浮游植物的生长，沉水植被在水体中还能起到减波消浪，减轻底泥再悬浮，减少水体中悬浮物的作用，从而净化水体，提高透明度，保持水体清水态。沉水植物是健康水域的指示性植物，它对水质具有很强的净化作用，而且四季常绿，是水体净化最理想的水生植物。

在大型实验围隔系统中，沉水植物的水质净化作用实验证明，重建后的沉水植物可以显著改善水质，水体透明度显著提高，水色降低。水生植物围隔 COD_{Cr} 和 BOD_5 一般分别为 20mg/L 和 5mg/L 左右，对照围隔和大湖水体则分别约为 40mg/L 和 10mg/L。水生植物围隔水体中可检出的有机污染种类也较对照围隔和大湖水体低。实验结果表明恢复以沉水植物为主的水生植被是改善富营养化水质和重建生态系统的有效措施。

3. 植物浮岛

河、湖中的天然岛屿是许多水生生物的主要栖息场所，在天然岛屿上形成了植物-微生物-动物供受体，它们对水体的净化起着非常重要的作用。但由于河湖的开发、渠化、硬化工程，以及底泥疏浚等，使许多天然生态岛消失，河流的自净能力下降，河流生态系统遭到破坏。植物浮岛的建立就是对水域生态系统自净能力的一种强化。植物浮岛是绿化技术和漂浮技术的结合体，植物生长的扶梯一般是采用聚氨酯涂装的发泡聚苯乙烯制成的，质量轻，材料耐用。岛上的植物可供鸟类等休息和筑巢，下部植物形成鱼类和水生昆虫等生息环境，同时能吸收引起富营养化的氮和磷。

日本为进一步净化渡良濑蓄水池的水体，曾在蓄水池中部建了一批植物生态浮岛，在岛上种植芦苇等植物，其根系附着微生物。浮岛还设置了鱼类产卵用的产卵床，也为小鱼及底栖动物设有栖息地，形成稳定的植物-微生物-动物净化系统。

4. 植物浮床

植物浮床是充分模拟植物生存所需的土壤环境而采用特殊材料制成的、能使植物生长并能浮在水中的床体。目前，研究最多的就是沉水植物浮床和陆生植物浮床。

（1）沉水植物浮床。沉水植物浮床技术是利用沉水植物对营养物质含量高的水体有显著的净化作用，对水体进行净化。水体高浓度的氮、磷营养盐一直被认为是导致沉水植物消失的直接原因，但水深和水下光照强度对沉水植物的生存有限制作用。由于水体透明度下降，处于光补偿点光照强度以下的沉水植物逐渐萎缩死亡。若仅依靠自然光，水下光照随水深增加呈负指数衰减，污染水体的平均种群光补偿深度显著下降，沉水植物无法存活，会导致水质进一步恶化。结合河道水质的特点，可根据不同河段的光补偿深度，利用植物浮床来处理水营养物质，使得水下光照强度维持在植物所需光补偿点之上。光补偿种植浮床能使沉水植物维持在其光合作用与呼吸作用平衡的水层深度以上，加快植物生长，从而净化水质。

（2）陆生植物浮床。陆生植物浮床是采用生物调控法，利用水上种植技术，在以富营养化为主体的污染水域水面种植粮食、蔬菜、花卉或绿色植物等各种适宜的陆生植物。在收获农产品、美化绿化水域景观的同时，通过根系的吸收和吸附作用，富集氮、磷等元素，同时降解、富集其他有害、有毒物质，并以收获植物体的形式将其搬离水体，从而达到变废为宝、净化水质、保护水域的目的。它类似于陆域植物的种植办法，而不同于直接在水面放养水葫芦等技术，开拓了水面经济作物种植的前景。中国水稻研究所在人工模拟池、工厂氧化塘、鱼塘及太湖水系污染水域一系列的可行性和有效性研究基础上，在五里湖建立了 $3600m^2$ 独立于大水域水体的实验基地，并将其分为 4 个均等的 $900m^2$ 实验小区，设计了 15％、30％、45％三种不同的水上覆盖率的陆生植物处理区和空白对照区。试验结果显示，45％处理区的水体、TP、NH_3-N、COD_{Mn}、BOD_5、DO、pH 值等水质指标均达到地表水三类水质标准。其中美人蕉和旱伞草干物质产量分别达到 $5223.48g/m^2$ 和 $7560g/m^2$，均较一般陆地种植增长 50％以上，从而为大量吸收去除水体中的单、磷元素以及其他有害物质，加速水质净化进程奠定了基础。

五、水生植物恢复技术优缺点

1. 优点

（1）水中含氮有机物将被分化，使得硝态氮和氨态氮大大削减，进一步提高水生生物的成活率。

（2）蓝藻及其他好氧菌类与藻类的成长与繁衍将受到有效抑制，水中的溶氧量得到增加。

（3）水体底部的不可溶性有机物能被有效地降解为可溶性有机物。

（4）用生物生态的方式规划水景，有利于减少建设和维护的成本，并且创造出人与自然相交融的美好环境，在净化水质的同时还可得到生物能源。

（5）对环境破坏小，成本低，无需向水体投入药剂，不会构成二次污染。

（6）操作简单，出资小，工程造价较低，无需消耗能源或者低能耗。

（7）能改进水体自净能力，实现水体营养平衡。

（8）植物修复无需运送费用，可现场进行。

2. 缺点

（1）普及度不高。

（2）对相关水生植物在水中的成长规律的研究比较缺乏。

（3）对多种植物调配进行污水净化的研究比较缺乏。

（4）对净化污水的水生植物的回收利用比较缺乏。

（5）水生植物生态功用和景象功用相结合的研究比较缺乏。

（6）对具有净化效果的水生植物的开发十分缺乏。

P 3-7

知识点三 水土流失治理技术

一、概述

水土流失是指在水力、重力、风力等外营力作用下，水土资源和土地生产力的破坏和损失，包括土地表层侵蚀和水土损失。

我国是世界上水土流失最为严重的国家之一，据第一次全国水利普查成果，我国现有水土流失面积 294.91 万 km^2。其具体分布如图 3-4 所示。严重的水土流失，是我国生态恶化的集中反映，威胁国家生态安全、饮水安全、防洪安全和粮食安全，制约山地和丘陵区经济社会发展，影响全面小康社会建设进程。根据我国第二次水土流失遥感调查，我国水土流失面积达 356 万 km²，其中：水蚀面积 165 万 km²，风蚀面积 191 万 km²，在水蚀、风蚀面积中，水蚀风蚀交错区水土流失面积 26 万 km²。

水土流失造成许多地区土地严重退化，全国总耕地的 1/3 以上受到水土流失的危害，流失面积为 179 万 km²，每年土壤流失总量为 50×10^8 t。水土流失严重区为黄土高原，流失总面积为 54 万 km²，严重流失面积为 28 万 km²。

我国每年表土流失量相当于全国耕地每年剥去 1cm 的肥土，损失氮、磷、钾养分相当于 4000 万 t 化肥，相当于全国所有小化肥厂产量，直接经济损失 400 多亿元。

我国因水土流失造成水库、湖泊、河道淤积，黄河下游河床每年抬高 10cm，长江流域各种水库淤积每年损失库容 12×10^8 m³，长江干河道不断淤积，造成荆江河段的"悬河"，汛期高出两岸十几米，30 年间，长江中下游湖泊面积减少了 45%，蓄水能力大为减弱。

3-24

二、水土流失治理原理

水土流失是地表径流在坡地上运动造成的。因此，通过减少坡面径流量，减缓径流速度，提高土壤吸水能力和坡面抗冲能力，是治理水土流失的重要途径。

（1）从地表径流形成地段开始，沿径流运动路线，因地制宜，步步设防治理，实行预防和治理相结合，以防为主。

（2）治坡与治沟相结合，以治坡为主。

（3）工程措施与生物措施相结合，以生物措施为主。

（4）采取综合治理和集中治理，持续治理。

3-25

三、水土流失治理对策

1. 预防为主，保护优先

今后相当长的时间内，我国各类生产建设活动将会维持在一个较高的水平，为此，应当加强预防保护工作。一是加强重点预防保护区水土资源保护。对重要的生态保护区、水源涵养区、江河源头和山地灾害易发区，需要严格控制进行任何形式的开发建设活动，有特殊情况必须建设的，应充分进行水土保持方案论证，切实采取水土流失防治措施，防止水土流失的发生和发展。二是依法强化开发建设项目水土保持监管。对扰动地表、可能造成水土流失的生产建设项目，都应当实施水土保持方案管理。监督管理部门也要加强跟踪检查，做好验收把关，保证水土保持防治措施能够落到实处。同时，须要在法律中严格有关的管理制度，明确处罚措施，使水土保持违法案件能够得到查处，全面落实水土保持"三同时"制度。三是加强水土流失防治的社会监督。采取政府组织、舆论导向、教育介入的形式，广泛、深入、持久地开展宣传，并充分发挥各级人大的作用，开展经常性的监督检查，同时不断强化群众监督，唤起全社会水土保持意识，大力营造防治水土流失人人有责、自觉维护、合理利用水土资源的氛围。四是需要尽快建立水土保持生态补偿机制。坚持"谁占用破坏，谁恢复补偿"的原则，建立和完善水土保持补偿制度。同时，对于水土流失区的水电、采矿等工业企业，要建立和完善水土流失恢复治理责任机制，从水电、矿山等资源的开发收益中，安排一定的资金用于企业所在地的水土流失治理。

2. 推动小流域综合治理，抓好坡耕地和侵蚀沟整治

目前，我国退耕还林、退牧还草工作取得阶段性成果，生态建设应尽快改变偏重单项措施的做法，加大综合治理力度。特别是应把坡耕地和侵蚀沟综合整治提上重要议事日程，优先解决群众生计问题，实现综合效益，以弥补以往建设的不足。实施坡耕地和侵蚀沟综合整治一举多得。一是可以从源头上控制水土流失，对下游起到缓洪减沙的作用。二是能够改善当地的基本生产条件，解决山丘区群众基本口粮等生计问题，巩固退耕还林成果。坡耕地改造为梯田后粮食单产一般可以翻一番，黄土高原坝地的单产一般为坡地的4倍。三是可以增强山丘区农业综合生产能力，促进农村产业结构调整，为发展当地特色经济奠定基础。四是可以有效保护耕地资源，减轻对土地的蚕食，为守住国家18亿亩耕地的红线做出贡献，保障粮食安全。

3. 加大封禁保护力度，充分发挥生态自然修复能力

发挥生态自然修复能力是加快水土流失防治步伐的一项有效措施。在人口密度小、降雨条件适宜、水土流失比较轻微地区，可以采取封育保护、封山禁牧、轮封轮牧等措施，推广沼气池、以电代柴、以煤代柴、以气代柴等人工辅助措施，促进大范围生态恢复和改善。在人口密度相对较大、水土流失较为严重的地区，可以把人工治理与自然修复有机结合起来，通过小范围高标准的人工治理，增加旱涝保收基本农田、人工草场，解决农牧民的吃饭、花钱问题，为大面积封育保护创造条件。

4. 因地制宜，分区确定防治目标和关键措施

根据各地的自然和社会经济条件，分类指导，分别确定当地水土流失防治工作的目标和关键措施。黄土高原区，应以减少进入黄河的泥沙为重点，将多沙粗沙区治理作为重中之重。措施配置应以坡面梯田和沟道淤地坝为主，加强基本农田建设，荒山荒坡和退耕的陡坡地开展生态自然修复，或营造以适生灌木为主的水土保持林。

3 - 26

四、水土流失治理技术

1. 化学处理

应用阴离子聚丙烯酰胺（PAM）防治水土流失，已成为国际普遍采用的化学处理措施。2003年美国印第安那州 D. C. Flangan 等应用模拟降雨装置，在多干扰农田中，进行了施用 PAM 防治水土流失的试验研究，取得了在雨量充沛地区施用 PAM 防治水土流失的试验成果。第1次暴雨事件后，$20kg/hm^2$ PAM 能使农用粉沙壤土的土壤固体颗粒淋失量减少60%，还能减缓 $60L/min$ 高强度流水的冲刷侵蚀。在易被严重侵蚀的地区用 PAM 处理后的土壤能有效控制侵蚀。对初始干土模拟降雨研究发现，在 $69mm/h$ 降雨中，用 $80kg/hm^2$ PAM 可使粉沙壤土堤减少86%的地表径流和99%的土壤流失。在表土上，用 PAM 液雾喷施风干的土壤比直接用干 PAM 颗粒处理的土壤更能及时有效地控制侵蚀。

2. 综合治理

（1）治理原则：调整土地利用结构，治理与开发相结合。

3 - 27

3-13

3-14

3-15

3-16

3-17

3-18

3-8

项目三

（2）具体措施：

1）压缩农业用地，重点抓好川地、塬地、坝地、缓坡梯田的建设，充分挖掘水资源，采用现代农业技术措施，提高土地生产率，逐步建成旱涝保收、高产稳产的基本农田（基本前提）。

2）扩大林草种植面积。

3）改善天然草场的植被，超载过牧的地方应适当压缩牲畜数量，提高牲畜质量，实行轮封轮牧。

4）复垦回填。

（3）治理实践：小流域综合治理。

1）重点：保持水土，开发利用水土资源，建立有机高效的农林牧业生产体系。

2）方针：保塬，护坡，固沟。

3）模式：工程措施（打坝建库，平整土地，修建基本农田，抽引水灌溉）。

项目四　海绵城市工程建设与水生态

任务一　海绵城市概述

知识点一　海绵城市概念与内涵

一、海绵城市的概念

1. 海绵城市的理念

海绵城市是指城市能够像海绵一样，在适应环境变化和应对自然灾害等方面具有良好的"弹性"，下雨时吸水、蓄水、渗水、净水，需要时将蓄存的水"释放"并加以利用。海绵城市建设应遵循生态优先等原则，将自然途径与人工措施相结合，在确保城市排水防涝安全的前提下，最大限度地实现雨水在城市区域的积存、渗透和净化，促进雨水资源的利用和生态环境保护。

在海绵城市建设过程中，应统筹自然降水、地表水和地下水的系统性，协调给水、排水等水循环利用各环节，并考虑其复杂性和长期性。海绵城市是实现从快排、及时排、就近排、速排干的工程排水时代跨入到"渗、滞、蓄、净、用、排"六位一体的综合排水、生态排水的历史性、战略性转变。

2. 海绵城市与传统排洪防涝比较

（1）自然地面与不透水地面产生的雨水径流量对比（图 4-1）。

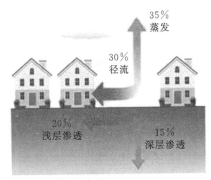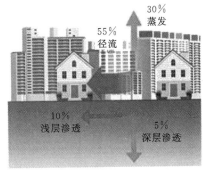

图 4-1　自然地面与不透水地面产生的雨水径流量对比

（2）传统模式快排与海绵城市对比（图 4-2）。

（3）海绵城市的建设可保护原有水生态系统，对传统粗放式建设破坏的生态予以

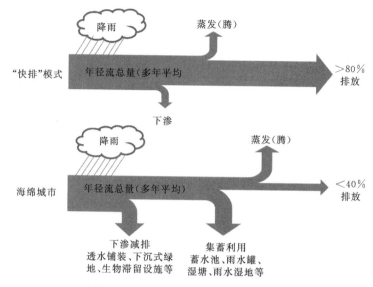

图 4-2　传统模式快排与海绵城市对比

恢复。最大限度地保护原有河湖水系、生态体系，维持城市开发前的自然水文特征，恢复被破坏的水生态系统。

3. 海绵城市建设的主要途径

一是对城市原有生态系统的保护。最大限度地保护原有的河流、湖泊、湿地、坑塘、沟渠等水生态敏感区，留有足够涵养水源、应对较大强度降雨的林地、草地、湖泊、湿地，维持城市开发前的自然水文特征，这是海绵城市建设的基本要求。

二是生态恢复和修复。对传统粗放式城市建设模式下已经受到破坏的水体和其他自然环境，运用生态的手段进行恢复和修复，并维持一定比例的生态空间。

三是低影响开发。按照对城市生态环境影响最低的开发建设理念，合理控制开发强度，在城市中保留足够的生态用地，控制城市不透水面积比例，最大限度地减少对城市原有水生态环境的破坏，同时，根据需求适当开挖河湖沟渠，增加水域面积，促进雨水的积存、渗透和净化。

二、海绵城市的主要内容

海绵城市建设统筹低影响开发雨水系统、城市雨水管渠系统及超标雨水径流排放系统。低影响开发雨水系统可以通过对雨水的渗透、储存、调节、转输与截污净化等功能，有效控制径流总量、径流峰值和径流污染；城市雨水管渠系统即传统排水系统，应与低影响开发雨水系统共同组织径流雨水的收集、转输与排放；超标雨水径流排放系统，用来应对超过雨水管渠系统设计标准的雨水径流，一般通过综合选择自然水体、多功能调蓄水体、行泄通道、调蓄池、深层隧道等自然途径或人工设施构建。图 4-3 是海绵城市构建体系。

低影响开发（Low Impact Development，LID）是一种强调通过源头分散的小型控制设施，维持和保护场地自然水文功能、有效缓解不透水面积增加造成的洪峰流量

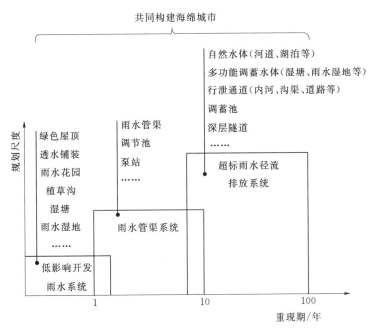

共同构建海绵城市

自然水体(河道、湖泊等)
多功能调蓄水体(湿塘、雨水湿地等)
行泄通道(内河、沟渠、道路等)
调蓄池
深层隧道
……

雨水管渠
调节池
泵站
……

绿色屋顶
透水铺装
雨水花园
植草沟
湿塘
雨水湿地
……

超标雨水径流
排放系统

雨水管渠系统

低影响开发
雨水系统

规划尺度

1　　　10　　　100

重现期/年

图4-3　海绵城市构建体系

▶4-1

▶4-2

▶4-3

▶4-4

▶4-5

Ⓟ4-1

增加、径流系数增大、面源污染负荷加重的城市雨水管理理念,20世纪90年代在美国马里兰州开始实施。低影响开发主要通过生物滞留设施、屋顶绿化、植被浅沟、雨水利用等措施来维持开发前原有水文条件,控制径流污染,减少污染排放,实现开发区域可持续水循环。与国外相比,低影响开发技术目前在国内应用较少,但已列入国家"十二五"水专项重大课题进行研究。

知识点二　"海绵城市"与水生态系统

一、水循环、水生态理论

海绵城市建设是建立在水文学、生态学等基础学科及水资源管理、给水排水、景观生态、环境工程等应用学科基础上的新理念,其核心任务是统筹解决当前城市建设和发展过程中所面临的水问题。水文学中的水循环和生态学中的水生态是海绵城市体系中最基本的两个理论基础。

自然界中的水循环,是指水的不同物理形态在太阳辐射和自身重力驱动下,通过蒸发、水汽输送、凝结降雨、下渗、地表以及地下径流等过程而进行的循环往复的运动和转化,各种水体处于不断更新的状态。水循环按照空间尺度的大小包括陆地海洋大气间的全球水循环、流域或区域水循环以及水-土壤-植物系统水循环等,定性、定量认识水循环的过程和机理是人类合理利用水资源的基础。图4-4是地球水文循环示意图。

水生态系统是指由水生生物群落及其栖息环境共同组成的一种动态平衡系统,具有一定的组成特征和结构功能,并与陆域生态系统、海洋生态系统等共同组成地球的

图 4 - 4　地球水文循环示意图

大生态系统。从研究对象来看，水生态系统包括河流生态系统、湖泊生态系统、湿地生态系统等方面，从研究跨度上来看，水生态系统包括流域水生态系统、城市水生态系统等。水生态系统的功能保障，是实现生态系统平衡、功能完整的必要手段。

城市化带来的硬质化铺装比例高、湖泊湿地被侵占、河湖原生态受损、水体污染物增加等一系列变化，引起城市水文循环和水生态变化，最终导致洪涝频发、面源污染加剧、水体黑臭、生态退化等城市水问题。在这样的大背景下，人们将水文学和生态学结合城市实际需要，发展出城市水文学和城市水生态学。城市水文学重点研究城市水文气象、径流管理、排水、城市水资源管理和水污染控制等内容，城市水生态学重点研究城市水生态规划、水环境治理、水生态修复、水景观建设等内容，并发展出"城市水文-水生态学"雨水管理的综合研究，如美国的低影响开发（LID）、英国的可持续城市排水系统（Sustainable Urban Drainage System，SUDS）、澳大利亚的水敏感性城市设计（Water Sensitive Urban Design，WSUD）等。我国历史上也有众多融合了先进雨水管理理念的案例，如江西赣州的"福寿沟"、云南元阳的"哈尼梯田"、新疆的"坎儿井"等，但近现代以来对雨水管理的理论和技术研究集中于管渠等工程层面，与国外有较大差距。随着城市发展水平的提高，我国逐步加重低碳、生态等品质的提升，在此背景下，海绵城市理念应运而生，其理论产生过程中充分借鉴了美国、英国、澳大利亚等发达国家的雨水管理理念，特别是美国的低影响开发（LID）。这些理念其核心思想和未来城市水系统发展的目标都是一致的，在管理措施、综合管理、雨水利用、规划设计等方面较为完善且各具特点。

二、低影响开发雨水系统

2014 年 11 月住房和城乡建设部出台了《海绵城市建设技术指南——低影响开发

雨水系统构建》，对海绵城市中低影响开发雨水系统构建进行了总体阐述，用于指导各地新型城镇化建设过程中，推广和应用低影响开发建设模式。

1. 概念

低影响开发（LID）指在场地开发过程中采用源头、分散式措施维持场地开发前的水文特征，也称为低影响设计或低影响城市设计和开发。其核心是维持场地开发前后水文特征不变，包括径流总量、峰值流量、峰现时间等。图4-5是低影响开发水文原理示意图。

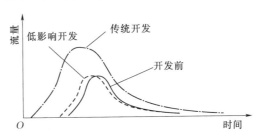
图4-5　低影响开发水文原理示意图

低影响开发指在城市开发建设过程中采用源头削减、中途转输、末端调蓄等多种手段，通过渗、滞、蓄、净、用、排等多种技术，实现城市良性水文循环，提高对径流雨水的渗透、调蓄、净化、利用和排放能力，维持或恢复城市的"海绵"功能。表4-1是海绵城市与低影响开发的关系与区别。

表4-1　　　　　　　　海绵城市与低影响开发的关系与区别

项　目	海　绵　城　市	低　影　响　开　发
优先解决的问题	水生态，水环境，水安全，水资源	水环境，水资源，水生态，水安全
主要特征元素	天然为主，"山水林田湖"一些人工建设工程为辅，可大可小	人工建设，透水铺装，植草沟，雨水花园等，变现为源头的，分散的设施
尺度	尺度较大，一般是整个城市	尺度较小，一般是小区、街道
范围	较大，涵盖LID	范围较小，主要是开发建设过程中、城市更新改造
目标	实现良好的城市生态、尤其是水生态	模仿自然，尽量使得开发后的水文状况和开发前类似
实施路径	原生态保护，生态恢复修复生态型开发	建设源头的、分散的设施

2. 构建途径

海绵城市-低影响开发雨水系统构建需统筹协调城市开发建设各个环节。在城市各层级、各相关规划中均应遵循低影响开发理念，明确低影响开发控制目标，结合城市开发区域或项目特点确定相应的规划控制指标，落实低影响开发设施建设的主要内容。图4-6是海绵城市-低影响开发雨水系统构建途径。

3. 控制目标

构建低影响开发雨水系统，规划控制目标一般包括径流总量控制、径流峰值控制、径流污染控制、雨水资源化利用等。各地结合水环境现状、水文地质条件等特点，合理选择其中一项或多项目标作为规划控制目标。鉴于径流污染控制目标、雨水资源化利用目标大多可通过径流总量控制实现，低影响开发雨水系统构建可选择径流总量控制作为首要的规划控制目标。图4-7是低影响开发控制目标。

《海绵城市建设技术指南——低影响开发雨水系统构建》将我国大陆地区大致分

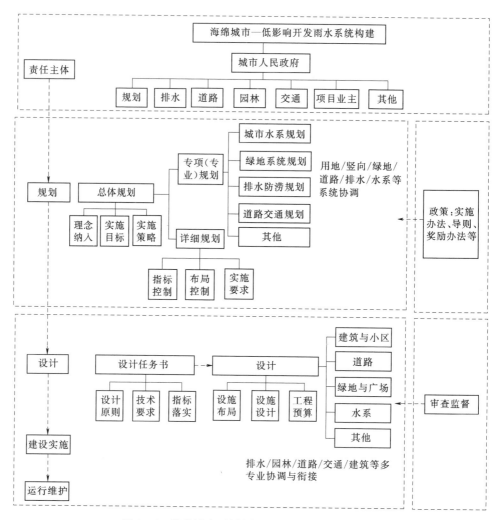

图4-6 海绵城市-低影响开发雨水系统构建途径

为五个区，并给出了各区年径流总量控制率 α 的最低和最高限值，即Ⅰ区（$85\% \leqslant \alpha \leqslant 90\%$）、Ⅱ区（$80\% \leqslant \alpha \leqslant 85\%$）、Ⅲ区（$75\% \leqslant \alpha \leqslant 85\%$）、Ⅳ区（$70\% \leqslant \alpha \leqslant 85\%$）、Ⅴ区（$60\% \leqslant \alpha \leqslant 85\%$）。各地参照此限值，因地制宜地确定本地区径流总量控制目标。

4. 技术选择

低影响开发技术按主要功能一般可分为渗透、贮存、调节、转输、截污净化等几类，往往具有补充地下水、集蓄利用、削减峰值流量及净化雨水等多个功能。通过各类技术的组合应用，可实现径流总量控制、径流峰值控制、径流污染控制、雨水资源化利用等目标。实践中，应根据城市总

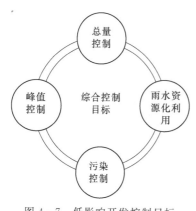

图4-7 低影响开发控制目标

164

体规划、专项规划及详规明确的控制目标，结合不同区域水文地质、水资源等特点及技术经济分析，按照因地制宜和经济高效的原则选择低影响开发技术及其组合系统。

任务二 "海绵城市"工程建设

城市建筑与小区、道路、绿地与广场的水系低影响开发雨水系统建设项目，应以相关职能主管部门、企事业单位作为责任主体，落实有关低影响开发雨水系统的设计。城市规划建设相关部门应在城市规划、施工图设计审查、建设项目施工、监理、竣工验收备案等管理环节，加强对低影响开发雨水系统建设情况的审查。适宜作为低影响开发雨水系统构建载体的新建、改建、扩建项目，应在园林、道路交通、排水、建筑等各专业设计方案中明确体现低影响开发雨水系统的设计内容，落实低影响开发控制目标。

低影响开发雨水系统的一般设计流程如图4-8所示。

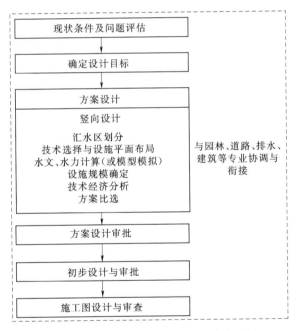

图4-8 低影响开发雨水系统设计流程图

（1）低影响开发雨水系统的设计目标应满足城市总体规划、专项规划等相关规划提出的低影响开发控制目标与指标要求，并结合气候、土壤及土地利用等条件，合理选择单项或组合的以雨水渗透、储存、调节等为主要功能的技术及设施。

（2）低影响开发设施的规模应根据设计目标，经水文、水力计算得出，有条件的应通过模型模拟对设计方案进行综合评估，并结合技术经济分析确定最优方案。

（3）低影响开发雨水系统设计的各阶段均应体现低影响开发设施的平面布局、竖向构造，及其与城市雨水管渠系统和超标雨水径流排放系统的衔接关系等内容。

（4）低影响开发雨水系统的设计与审查（规划总图审查、方案及施工图审查）应与园林绿化、道路交通、排水、建筑等专业相协调。

知识点一　建筑与小区

建筑屋面和小区路面径流雨水应通过有组织的汇流与转输，经截污等预处理后引入绿地内的以雨水渗透、贮存、调节等为主要功能的低影响开发设施。因空间限制等原因不能满足控制目标的建筑与小区，径流雨水还可通过城市雨水管渠系统引入城市绿地与广场内的低影响开发设施。低影响开发设施的选择应因地制宜、经济有效、方便易行，如结合小区绿地和景观水体优先设计生物滞留设施、渗井、湿塘和雨水湿地等。建筑与小区低影响开发雨水系统典型流程如图4-9所示。

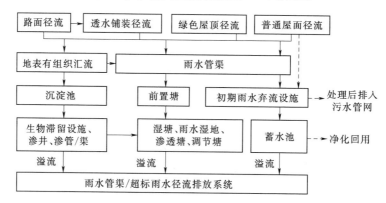

图4-9　建筑与小区低影响开发雨水系统典型流程图

一、场地设计

（1）应充分结合地形地貌现状进行场地设计与建筑布局，保护并合理利用场地内原有的湿地、坑塘、沟渠等。

（2）应优化不透水硬化面与绿地空间布局，建筑、广场、道路周边宜布置可消纳径流雨水的绿地。建筑、道路、绿地等竖向设计应有利于径流汇入低影响开发设施。

（3）低影响开发设施的选择除生物滞留设施、雨水罐、渗井等小型、分散的低影响开发设施外，还可结合集中绿地设计渗透塘、湿塘、雨水湿地等相对集中的低影响开发设施，并衔接整体场地竖向与排水设计。

（4）景观水体补水、循环冷却水补水及绿化灌溉、道路浇洒用水的非传统水源宜优先选择雨水。按绿色建筑标准设计的建筑与小区，其非传统水源利用率应满足《绿色建筑评价标准》（GB/T 50378）的要求，其他建筑与小区宜参照该标准执行。

（5）有景观水体的小区，景观水体宜具备雨水调蓄功能，景观水体的规模应根据降雨规律、水面蒸发量、雨水回用量等，通过全年水量平衡分析确定。

（6）雨水进入景观水体之前应设置前置塘、植被缓冲带等预处理设施，同时可采用植草沟转输雨水，以降低径流污染负荷。景观水体宜采用非硬质池底及生态驳岸，为水生动植物提供栖息或生长条件，并通过水生动植物对水体进行净化，必要时可采取人工土壤渗滤等辅助手段对水体进行循环净化。

二、建筑

（1）屋顶坡度较小的建筑可采用绿色屋顶，绿色屋顶的设计应符合《屋面工程技术规范》（GB 50345）的规定。

（2）宜采取雨落管断接或设置集水井等方式将屋面雨水断接并引入周边绿地内小型、分散的低影响开发设施，或通过植草沟、雨水管渠将雨水引入场地内的集中调蓄设施。

（3）建筑材料也是径流雨水水质的重要影响因素，应优先选择对径流雨水水质没有影响或影响较小的建筑屋面及外装饰材料。

（4）水资源紧缺地区可考虑优先将屋面雨水进行集蓄回用，净化工艺应根据回用水水质要求和径流雨水水质确定。雨水储存设施可结合现场情况选用雨水罐、地上或地下蓄水池等设施。当建筑层高不同时，可将雨水集蓄设施设置在较低楼层的屋面上，收集较高楼层建筑屋面的径流雨水，从而借助重力供水而节省能量。

（5）应限制地下空间的过度开发，为雨水回补地下水提供渗透路径。

三、小区道路

（1）道路横断面设计应优化道路横坡坡向、路面与道路绿化带及周边绿地的竖向关系等，便于径流雨水汇入绿地内低影响开发设施。

（2）路面排水宜采用生态排水的方式。路面雨水首先汇入道路绿化带及周边绿地内的低影响开发设施，并通过设施内的溢流排放系统与其他低影响开发设施或城市雨水管渠系统、超标雨水径流排放系统相衔接。

（3）路面宜采用透水铺装，透水铺装路面设计应满足路基路面强度和稳定性等要求。

四、小区绿化

（1）绿地在满足改善生态环境、美化公共空间、为居民提供游憩场地等基本功能的前提下，应结合绿地规模与竖向设计，在绿地内设计可消纳屋面、路面、广场及停车场径流雨水的低影响开发设施，并通过溢流排放系统与城市雨水管渠系统和超标雨水径流排放系统有效衔接。

（2）道路径流雨水进入绿地内的低影响开发设施前，应利用沉淀池、前置塘等对进入绿地内的径流雨水进行预处理，防止径流雨水对绿地环境造成破坏。有降雪的城市还应采取措施对含融雪剂的融雪水进行弃流，弃流的融雪水宜经处理（如沉淀等）后排入市政污水管网。

（3）低影响开发设施内植物宜根据水分条件、径流雨水水质等进行选择，宜选择耐盐、耐淹、耐污等能力较强的乡土植物。

知识点二　城　市　道　路

城市道路径流雨水应通过有组织的汇流与转输，经截污等预处理后引入道路红线内、外绿地内，并通过设置在绿地内的以雨水渗透、储存、调节等为主要功能的低影响开发设施进行处理。低影响开发设施的选择应因地制宜、经济有效、方便易行,如结合道路绿化带和道路红线外绿地优先设计下沉式绿地、生物滞留带、雨水湿地等。城市道路低影响开发雨水系统典型流程如图 4-10 所示。

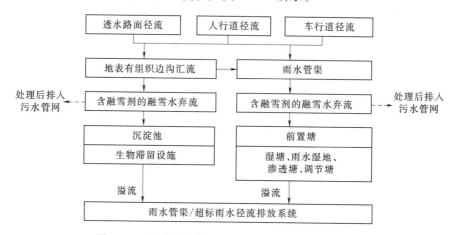

图 4-10 城市道路低影响开发雨水系统典型流程图

(1) 城市道路应在满足道路基本功能的前提下达到相关规划提出的低影响开发控制目标与指标要求。为保障城市交通安全,在低影响开发设施的建设区域,城市雨水管渠和泵站的设计重现期、径流系数等设计参数应按《室外排水设计规范》 (GB 50014) 中的相关标准执行。

(2) 道路人行道宜采用透水铺装,非机动车道和机动车道可采用透水沥青路面或透水水泥混凝土路面,透水铺装设计应满足国家有关标准规范的要求。

(3) 道路横断面设计应优化道路横坡坡向、路面与道路绿化带及周边绿地的竖向关系等,便于径流雨水汇入低影响开发设施。

(4) 规划作为超标雨水径流行泄通道的城市道路,其断面及竖向设计应满足相应的设计要求,并与区域整体内涝防治系统相衔接。

(5) 路面排水宜采用生态排水的方式,也可利用道路及周边公共用地的地下空间设计调蓄设施。路面雨水宜首先汇入道路红线内绿化带,当红线内绿地空间不足时,可由政府主管部门协调,将道路雨水引入道路红线外城市绿地内的低影响开发设施进行消纳。当红线内绿地空间充足时,也可利用红线内低影响开发设施消纳红线外空间的径流雨水。低影响开发设施应通过溢流排放系统与城市雨水管渠系统相衔接,保证上下游排水系统的顺畅。

(6) 城市道路绿化带内低影响开发设施应采取必要的防渗措施,防止径流雨水下渗对道路路面及路基的强度和稳定性造成破坏。

(7) 城市道路经过或穿越水源保护区时,应在道路两侧或雨水管渠下游设计雨水应急处理及储存设施。雨水应急处理及储存设施的设置,应具有截污与防止事故情况下泄露的有毒有害化学物质进入水源保护地的功能,可采用地上式或地下式。

(8) 道路径流雨水进入道路红线内外绿地内的低影响开发设施前,应利用沉淀池、前置塘等对进入绿地内的径流雨水进行预处理,防止径流雨水对绿地环境造成破

⊙ 4-13

⊙ 4-1

坏。有降雪的城市还应采取措施对含融雪剂的融雪水进行弃流，弃流的融雪水宜经处理（如沉淀等）后排入市政污水管网。

℗ 4-3

（9）低影响开发设施内植物宜根据水分条件、径流雨水水质等进行选择，宜选择耐盐、耐淹、耐污等能力较强的乡土植物。

（10）城市道路低影响开发雨水系统的设计应满足《城市道路工程设计规范》（CJJ 37）中的相关要求。

知识点三 城市绿地与广场

城市绿地、广场及周边区域径流雨水应通过有组织的汇流与转输，经截污等预处理后引入城市绿地内的以雨水渗透、储存、调节等为主要功能的低影响开发设施，消纳自身及周边区域径流雨水，并衔接区域内的雨水管渠系统和超标雨水径流排放系统，提高区域内涝防治能力。低影响开发设施的选择应因地制宜、经济有效、方便易行，如湿地公园和有景观水体的城市绿地与广场宜设计雨水湿地、湿塘等。城市绿地与广场低影响开发雨水系统典型流程如图 4-11 所示。

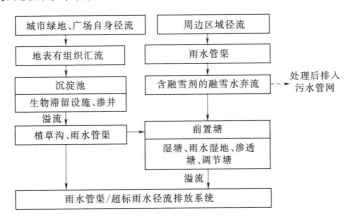

图 4-11 城市绿地与广场低影响开发雨水系统典型流程图

（1）城市绿地与广场应在满足自身功能条件下（如吸热、吸尘、降噪等生态功能，为居民提供游憩场地和美化城市等功能），达到相关规划提出的低影响开发控制目标与指标要求。

（2）城市绿地与广场宜利用透水铺装、生物滞留设施、植草沟等小型、分散式低影响开发设施消纳自身径流雨水。

（3）城市湿地公园、城市绿地中的景观水体等宜具有雨水调蓄功能，通过雨水湿地、湿塘等集中调蓄设施，消纳自身及周边区域的径流雨水，构建多功能调蓄水体/湿地公园，并通过调蓄设施的溢流排放系统与城市雨水管渠系统和超标雨水径流排放系统相衔接。

（4）规划承担城市排水防涝功能的城市绿地与广场，其总体布局、规模、竖向设计应与城市内涝防治系统相衔接。

（5）城市绿地与广场内湿塘、雨水湿地等雨水调蓄设施应采取水质控制措施，利用雨水湿地、生态堤岸等设施提高水体的自净能力，有条件的可设计人工土壤渗滤等

▶ 4-14

169

⊘ 4-2

Ⓟ 4-4

辅助设施对水体进行循环净化。

（6）应限制地下空间的过度开发，为雨水回补地下水提供渗透路径。

（7）周边区域径流雨水进入城市绿地与广场内的低影响开发设施前，应利用沉淀池、前置塘等对进入绿地内的径流雨水进行预处理，防止径流雨水对绿地环境造成破坏。有降雪的城市还应采取措施对含融雪剂的融雪水进行弃流，弃流的融雪水宜经处理（如沉淀等）后排入市政污水管网。

（8）低影响开发设施内植物宜根据设施水分条件、径流雨水水质等进行选择，宜选择耐盐、耐淹、耐污等能力较强的乡土植物。

（9）城市公园绿地低影响开发雨水系统设计应满足《公园设计规范》（CJJ 48）中的相关要求。

知识点四 城 市 水 系

城市水系在城市排水、防涝、防洪及改善城市生态环境中发挥着重要作用，是城市水循环过程中的重要环节，湿塘、雨水湿地等低影响开发末端调蓄设施也是城市水系的重要组成部分，同时城市水系也是超标雨水径流排放系统的重要组成部分。

城市水系设计应根据其功能定位、水体现状、岸线利用现状及滨水区现状等，进行合理保护、利用和改造，在满足雨洪行泄等功能条件下，实现相关规划提出的低影响开发控制目标及指标要求，并与城市雨水管渠系统和超标雨水径流排放系统有效衔接。城市水系低影响开发雨水系统典型流程如图 4-12 所示。

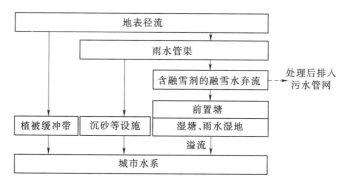

图 4-12 城市水系低影响开发雨水系统典型流程图

（1）应根据城市水系的功能定位、水体水质等级与达标率、保护或改善水质的制约因素与有利条件、水系利用现状及存在问题等因素，合理确定城市水系的保护与改造方案，使其满足相关规划提出的低影响开发控制目标与指标要求。

（2）应保护现状河流、湖泊、湿地、坑塘、沟渠等城市自然水体。

（3）应充分利用城市自然水体设计湿塘、雨水湿地等具有雨水调蓄与净化功能的低影响开发设施，湿塘、雨水湿地的布局、调蓄水位等应与城市上游雨水管渠系统、超标雨水径流排放系统及下游水系相衔接。

（4）规划建设新的水体或扩大现有水体的水域面积，应与低影响开发雨水系统的控制目标相协调，增加的水域宜具有雨水调蓄功能。

（5）应充分利用城市水系滨水绿化控制线范围内的城市公共绿地，在绿地内设计湿塘、雨水湿地等设施调蓄、净化径流雨水，并与城市雨水管渠的水系入口、经过或穿越水系的城市道路的排水口相衔接。

（6）滨水绿化控制线范围内的绿化带接纳相邻城市道路等不透水面的径流雨水时，应设计为植被缓冲带，以削减径流流速和污染负荷。

（7）有条件的城市水系，其岸线应设计为生态驳岸，并根据调蓄水位变化选择适宜的水生及湿生植物。

（8）地表径流雨水进入滨水绿化控制线范围内的低影响开发设施前，应利用沉淀池、前置塘等对进入绿地内的径流雨水进行预处理，防止径流雨水对绿地环境造成破坏。有降雪的城市还应采取措施对含融雪剂的融雪水进行弃流，弃流的融雪水宜经处理（如沉淀等）后排入市政污水管网。

▶4-15

（9）低影响开发设施内植物宜根据水分条件、径流雨水水质等进行选择，宜选择耐盐、耐淹、耐污等能力较强的乡土植物。

（10）城市水系低影响开发雨水系统的设计应满足《城市防洪工程设计规范》（GB/T 50805）中的相关要求。

知识点五 技 术 选 择

低影响开发技术按主要功能一般可分为渗透、储存、调节、转输、截污净化等几类。通过各类技术的组合应用，可实现径流总量控制、径流峰值控制、径流污染控制、雨水资源化利用等目标。实践中，应结合不同区域水文地质、水资源等特点及技术经济分析，按照因地制宜和经济高效的原则选择低影响开发技术及其组合系统。

一、单项设施

各类低影响开发技术又包含若干不同形式的低影响开发设施，主要有透水铺装、绿色屋顶、下沉式绿地、生物滞留设施、渗透塘、渗井、湿塘、雨水湿地、蓄水池、雨水罐、调节塘、调节池、植草沟、渗管/渠、植被缓冲带、初期雨水弃流设施、人工土壤渗滤等。

▶4-16

低影响开发单项设施往往具有多个功能，如生物滞留设施的功能除渗透补充地下水外，还可削减峰值流量、净化雨水，实现径流总量、径流峰值和径流污染控制等多重目标。因此应根据设计目标灵活选用低影响开发设施及其组合系统，根据主要功能按相应的方法进行设施规模计算，并对单项设施及其组合系统的设施选型和规模进行优化。

1. 绿色屋顶

（1）概念与构造。绿色屋顶也称种植屋面、屋顶绿化等，根据种植基质深度和景观复杂程度，又分为简单式和花园式，基质深度根据植物需求及屋顶荷载确定，简单式绿色屋顶的基质深度一般不大于150mm，花园式绿色屋顶在种植乔木时基质深度可超过600mm，绿色屋顶的设计可参考《种植屋面工程技术规程》（JGJ 155）。绿色屋顶的典型构造如图4-13所示。

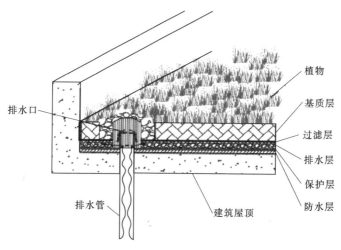

图 4-13 绿色屋顶典型构造示意图

（2）特点。

1）适用性。绿色屋顶适用于符合屋顶荷载、防水等条件的平屋顶建筑和坡度≤15°的坡屋顶建筑。

2）优缺点。绿色屋顶可有效减少屋面径流总量和径流污染负荷，具有节能减排的作用，但对屋顶荷载、防水、坡度、空间条件等有严格要求。

2. 下沉式绿地

（1）概念与构造。下沉式绿地具有狭义和广义之分，狭义的下沉式绿地指低于周边铺砌地面或道路在 200mm 以内的绿地；广义的下沉式绿地泛指具有一定的调蓄容积（在以径流总量控制为目标进行目标分解或设计计算时，不包括调节容积），且可用于调蓄和净化径流雨水的绿地，包括生物滞留设施、渗透塘、湿塘、雨水湿地、调节塘等。

狭义的下沉式绿地应满足以下要求：

1）下沉式绿地的下凹深度应根据植物耐淹性能和土壤渗透性能确定，一般为100～200mm。

2）下沉式绿地内一般应设置溢流口（如雨水口），保证暴雨时径流的溢流排放，溢流口顶部标高一般应高于绿地 50～100mm。

狭义的下沉式绿地典型构造如图 4-14 所示。

（2）特点。

1）适用性。下沉式绿地可广泛应用于城市建筑与小区、道路、绿地和广场内。对于径流污染严重、设施底部渗透面距离季节性最高地下水位或岩石层小于 1m 及距离建筑物基础小于 3m（水平距离）的区域，应采取必要的措施防止次生灾害的发生。

2）优缺点。狭义的下沉式绿地适用区域广，其建设费用和维护费用均较低，但大面积应用时，易受地形等条件的影响，实际调蓄容积较小。

3. 生物滞留设施

（1）概念与构造。生物滞留设施指在地势较低的区域，通过植物、土壤和微生物

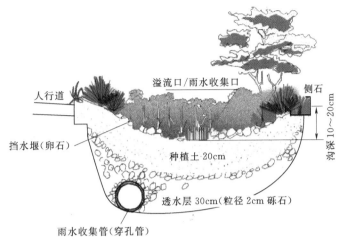

图4-14 狭义的下沉式绿地典型构造示意图

系统蓄渗、净化径流雨水的设施。生物滞留设施分为简易型生物滞留设施和复杂型生物滞留设施，按应用位置不同又称作雨水花园、生物滞留带、高位花坛、生态树池等。

生物滞留设施应满足以下要求：

1）对于污染严重的汇水区应选用植草沟、植被缓冲带或沉淀池等对径流雨水进行预处理，去除大颗粒的污染物并减缓流速；应采取弃流、排盐等措施防止融雪剂或石油类等高浓度污染物侵害植物。

2）屋面径流雨水可由雨落管接入生物滞留设施，道路径流雨水可通过路缘石豁口进入，路缘石豁口尺寸和数量应根据道路纵坡等经计算确定。

3）生物滞留设施应用于道路绿化带时，若道路纵坡大于1%，应设置挡水堰/台坎，以减缓流速并增加雨水渗透量；设施靠近路基部分应进行防渗处理，防止对道路路基稳定性造成影响。

4）生物滞留设施内应设置溢流设施，可采用溢流竖管、盖篦溢流井或雨水口等，溢流设施顶一般应低于汇水面100mm。

5）生物滞留设施宜分散布置且规模不宜过大，生物滞留设施面积与汇水面面积之比一般为5%～10%。

6）复杂型生物滞留设施结构层外侧及底部应设置透水土工布，防止周围原土侵入。如经评估认为下渗会对周围建（构）筑物造成塌陷风险，或者拟将底部出水进行集蓄回用时，可在生物滞留设施底部和周边设置防渗膜。

7）生物滞留设施的蓄水层深度应根据植物耐淹性能和土壤渗透性能来确定，一般为200～300mm，并应设100mm的超高；换土层介质类型及深度应满足出水水质要求，还应符合植物种植及园林绿化养护管理技术要求；为防止换土层介质流失，换土层底部一般设置透水土工布隔离层，也可采用厚度不小于100mm的砂层（细砂和粗砂）代替；砾石层起到排水作用，厚度一般为250～300mm，可在其底部埋置管径为 100～150mm 的穿孔排水管，砾石应洗净且粒径不小于穿孔管的开孔孔径；为提高生物滞留设施的调蓄作用，在穿孔管底部可增设一定厚度的砾石调蓄层。简易型和复杂型生物滞留设施典型构造分别如图 4-15、图 4-16 所示。

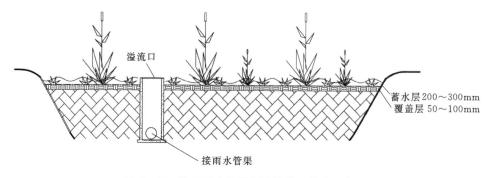

图 4-15 简易型生物滞留设施典型构造示意图

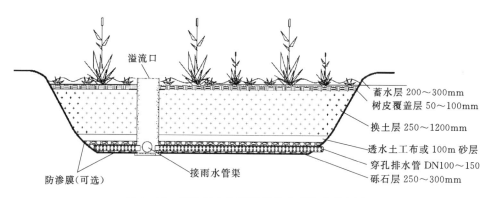

图 4-16 复杂型生物滞留设施典型构造示意图

（2）特点。

1）适用性。生物滞留设施主要适用于建筑与小区内建筑、道路及停车场的周边绿地，以及城市道路绿化带等城市绿地内。

对于径流污染严重、设施底部渗透面距离季节性最高地下水位或岩石层小于 1m 及距离建筑物基础小于 3m（水平距离）的区域，可采用底部防渗的复杂型生物滞留设施。

2）优缺点。生物滞留设施形式多样、适用区域广、易与景观结合，径流控制效果好，建设费用与维护费用较低；但地下水位与岩石层较高、土壤渗透性能差、地形较陡的地区，应采取必要的换土、防渗、设置阶梯等措施避免次生灾害的发生，增加建设费用。

4. 渗透塘

（1）概念与构造。渗透塘是一种用于雨水下渗补充地下水的洼地，具有一定的净化雨水和削减峰值流量的作用。

渗透塘应满足以下要求：

1）渗透塘前应设置沉砂池、前置塘等预处理设施，去除大颗粒的污染物并减缓流速；有降雪的城市，应采取弃流、排盐等措施防止融雪剂侵害植物。

2）渗透塘边坡坡度（垂直：水平）一般不大于 1：3，塘底至溢流水位一般不小于 0.6m。

3）渗透塘底部构造一般为 200～300mm 的种植土、透水土工布及 300～500mm 的过滤介质层。

4）渗透塘排空时间不应大于 24h。

5）渗透塘应设溢流设施，并与城市雨水管渠系统和超标雨水径流排放系统衔接，渗透塘外围应设安全防护措施和警示牌。渗透塘典型构造如图 4-17 所示。

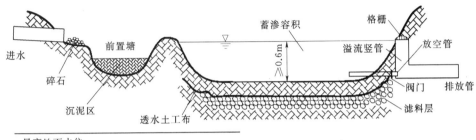

图 4-17 渗透塘典型构造示意图

（2）特点。

1）适用性。渗透塘适用于汇水面积较大（大于 1hm²）且具有一定空间条件的区域，但应用于径流污染严重、设施底部渗透面距离季节性最高地下水位或岩石层小于 1m 及距离建筑物基础小于 3m（水平距离）的区域时，应采取必要的措施防止发生次生灾害。

2）优缺点。渗透塘可有效补充地下水、削减峰值流量，建设费用较低，但对场地条件要求较严格，对后期维护管理要求较高。

5. 渗井

（1）概念与构造。渗井指通过井壁和井底进行雨水下渗的设施，为增大渗透效果，可在渗井周围设置水平渗排管，并在渗排管周围铺设砾（碎）石。

渗井应满足下列要求：

1）雨水通过渗井下渗前应通过植草沟、植被缓冲带等设施对雨水进行预处理。

2）渗井的出水管的内底高程应高于进水管管内顶高程，但不应高于上游相邻井的出水管管内底高程。

渗井调蓄容积不足时，也可在渗井周围连接水平渗排管，形成辐射渗井。辐射渗井的典型构造如图 4-18 所示。

（2）特点。

1）适用性。渗井主要适用于建筑与小区内建筑、道路及停车场的周边绿地内。渗井应用于径流污染严重、设施底部距离季节性最高地下水位或岩石层小于 1m 及距离建筑物基础小于 3m（水平距离）的区域时，应采取必要的措施防止发生次生灾害。

2）优缺点。渗井占地面积小，建设和维护费用较低，但其水质和水量控制作用

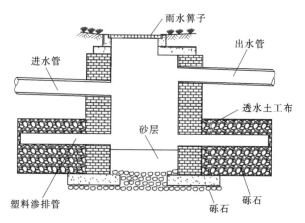

图 4-18　辐射渗井的典型构造示意图

有限。

6. 湿塘

（1）概念与构造。湿塘指具有雨水调蓄和净化功能的景观水体，雨水同时作为其主要的补水水源。湿塘有时可结合绿地、开放空间等场地条件设计为多功能调蓄水体，即平时发挥正常的景观及休闲、娱乐功能，暴雨发生时发挥调蓄功能，实现土地资源的多功能利用。

湿塘一般由进水口、前置塘、主塘、溢流出水口、护坡及驳岸、维护通道等构成。湿塘应满足以下要求：

1）进水口和溢流出水口应设置碎石、消能坎等消能设施，防止水流冲刷和侵蚀。

2）前置塘为湿塘的预处理设施，起到沉淀径流中大颗粒污染物的作用；池底一般为混凝土或块石结构，便于清淤；前置塘应设置清淤通道及防护设施，驳岸形式宜为生态软驳岸，边坡坡度（垂直：水平）一般为 $1:2 \sim 1:8$；前置塘沉泥区容积应根据清淤周期和所汇入径流雨水的 SS 污染物负荷确定。

3）主塘一般包括常水位以下的永久容积和储存容积，永久容积水深一般为 $0.8 \sim 2.5m$；储存容积一般根据所在区域相关规划提出的"单位面积控制容积"确定；具有峰值流量削减功能的湿塘还包括调节容积，调节容积应在 $24 \sim 48h$ 内排空；主塘前置塘间宜设置水生植物种植区（雨水湿地），主塘驳岸宜为生态软驳岸，边坡坡度（垂直：水平）不宜大于 $1:6$。

4）溢流出水口包括溢流竖管和溢洪道，排水能力应根据下游雨水管渠或超标雨水径流排放系统的排水能力确定。

5）湿塘应设置护栏、警示牌等安全防护与警示措施。湿塘的典型构造如图 4-19 所示。

（2）特点。

1）适用性。湿塘适用于建筑与小区、城市绿地、广场等具有空间条件的场地。

2）优缺点。湿塘可有效削减较大区域的径流总量、径流污染和峰值流量，是城市内涝防治系统的重要组成部分；但对场地条件要求较严格，建设和维护费用高。

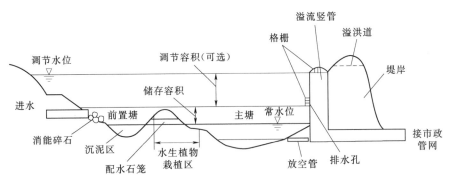

图 4-19 湿塘典型构造示意图

7. 雨水湿地

▶ 4-22

（1）概念与构造。雨水湿地利用物理、水生植物及微生物等作用净化雨水，是一种高效的径流污染控制设施，分为雨水表流湿地和雨水潜流湿地，一般设计成防渗型以便维持雨水湿地植物所需要的水量，雨水湿地常与湿塘合建并设计一定的调蓄容积。雨水湿地与湿塘的构造相似，一般由进水口、前置塘、沼泽区、出水池、溢流出水口、护坡及驳岸、维护通道等构成。

雨水湿地应满足以下要求：

1）进水口和溢流出水口应设置碎石、消能坎等消能设施，防止水流冲刷和侵蚀。

2）雨水湿地应设置前置塘对径流雨水进行预处理。

3）沼泽区包括浅沼泽区和深沼泽区，是雨水湿地主要的净化区，其中浅沼泽区水深范围一般为 0～0.3m，深沼泽区水深范围为一般为 0.3～0.5m，根据水深不同种植不同类型的水生植物。

4）雨水湿地的调节容积应在 24h 内排空。

5）出水池主要起防止沉淀物的再悬浮和降低温度的作用，水深一般为 0.8～1.2m，出水池容积约为总容积（不含调节容积）的 10%。

雨水湿地典型构造如图 4-20 所示。

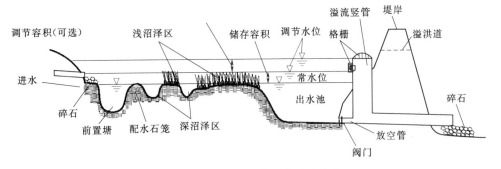

图 4-20 雨水湿地典型构造示意图

（2）特点。

1）适用性。雨水湿地适用于具有一定空间条件的建筑与小区、城市道路、城市绿地、滨水带等区域。

2）优缺点。雨水湿地可有效削减污染物，并具有一定的径流总量和峰值流量控制效果，但建设及维护费用较高。

8. 蓄水池

（1）概念与构造。蓄水池指具有雨水储存功能的集蓄利用设施，同时也具有削减峰值流量的作用，主要包括钢筋混凝土蓄水池，砖、石砌筑蓄水池及塑料蓄水模块拼装式蓄水池，用地紧张的城市大多采用地下封闭式蓄水池。蓄水池典型构造可参照国家建筑标准设计图集《雨水综合利用》（10SS705）。

（2）特点。

1）适用性。蓄水池适用于有雨水回用需求的建筑与小区、城市绿地等，根据雨水回用用途（绿化、道路喷洒及冲厕等）不同需配建相应的雨水净化设施；不适用于无雨水回用需求和径流污染严重的地区。

2）优缺点。蓄水池具有节省占地、雨水管渠易接入、避免阳光直射、防止蚊蝇滋生、储存水量大等优点，雨水可回用于绿化灌溉、冲洗路面和车辆等，但建设费用高，后期需重视维护管理。

9. 雨水罐

（1）概念与构造：雨水罐也称雨水桶，为地上或地下封闭式的简易雨水集蓄利用设施，可用塑料、玻璃钢或金属等材料制成。

（2）特点。

1）适用性。适用于单体建筑屋面雨水的收集利用。

2）优缺点。雨水罐多为成型产品，施工安装方便，便于维护，但其储存容积较小，雨水净化能力有限。

10. 调节塘

（1）概念与构造。调节塘也称干塘，以削减峰值流量功能为主，一般由进水口、调节区、出口设施、护坡及堤岸构成，也可通过合理设计使其具有渗透功能，起到一定的补充地下水和净化雨水的作用。

调节塘应满足以下要求：

1）进水口应设置碎石、消能坎等消能设施，防止水流冲刷和侵蚀。

2）应设置前置塘对径流雨水进行预处理。

3）调节区深度一般为 0.6～3m，塘中可以种植水生植物以减小流速、增强雨水净化效果。塘底设计成可渗透时，塘底部渗透面距离季节性最高地下水位或岩石层不应小于 1m，距离建筑物基础不应小于 3m（水平距离）。

4）调节塘出水设施一般设计成多级出水口形式，以控制调节塘水位，增加雨水水力停留时间（一般不大于 24h），控制外排流量。

5）调节塘应设置护栏、警示牌等安全防护与警示措施。调节塘典型构造如图 4-21 所示。

（2）特点。

1）适用性。调节塘适用于建筑与小区、城市绿地等具有一定空间条件的区域。

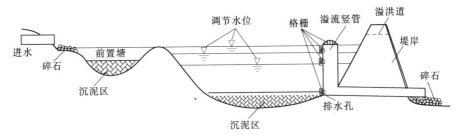

图 4-21 调节塘典型构造示意图

2）优缺点。调节塘可有效削减峰值流量，建设及维护费用较低，但其功能较为单一，宜利用下沉式公园及广场等与湿塘、雨水湿地合建，构建多功能调蓄水体。

11. 调节池

（1）概念与构造。调节池为调节设施的一种，主要用于削减雨水管渠峰值流量，一般常用溢流堰式或底部流槽式，可以是地上敞口式调节池或地下封闭式调节池，其典型构造可参见《给水排水设计手册》（第 5 册）。

（2）特点。

1）适用性。调节池适用于城市雨水管渠系统中，削减管渠峰值流量。

2）优缺点。调节池可有效削减峰值流量，但其功能单一，建设及维护费用较高，宜利用下沉式公园及广场等与湿塘、雨水湿地合建，构建多功能调蓄水体。

12. 植草沟

（1）概念与构造。植草沟指种有植被的地表沟渠，可收集、输送和排放径流雨水，并具有一定的雨水净化作用，可用于衔接其他各单项设施、城市雨水管渠系统和超标雨水径流排放系统。除转输型植草沟外，还包括渗透型的干式植草沟及常有水的湿式植草沟，可分别提高径流总量和径流污染控制效果。

植草沟应满足以下要求：

1）浅沟断面形式宜采用倒抛物线形、三角形或梯形。

2）植草沟的边坡坡度（垂直：水平）宜不大于 1:3，纵坡不应大于 4%。纵坡较大时宜设置为阶梯型植草沟或在中途设置消能台坎。

3）植草沟最大流速应小于 0.8m/s，曼宁系数宜为 0.2～0.3。

4）转输型植草沟内植被高度宜控制在 100～200mm。

转输型三角形断面植草沟的典型构造如图 4-22 所示。

（2）特点。

1）适用性。植草沟适用于建筑与小区内道路，广场、停车场等不透水面的周边，城市道路及城市绿地等区域，也可作为生物滞留设施、湿塘等低影响开发设施的预处理设施。植草沟也可与雨水管渠联合应用，场地竖向允许且不影响安全的情况下也可代替雨水管渠。

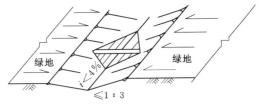

图 4-22 转输型三角形断面植草沟典型构造示意图

2）优缺点。植草沟具有建设及维

护费用低，易与景观结合的优点，但已建城区及开发强度较大的新建城区等区域易受场地条件制约。

13. 渗管/渠

（1）概念与构造。渗管/渠指具有渗透功能的雨水管/渠，可采用穿孔塑料管、无砂混凝土管/渠和砾（碎）石等材料组合而成。

渗管/渠应满足以下要求：

1）渗管/渠应设置植草沟、沉淀（砂）池等预处理设施。

2）渗管/渠开孔率应控制在1%～3%，无砂混凝土管的孔隙率应大于20%。

3）渗管/渠的敷设坡度应满足排水的要求。

4）渗管/渠四周应填充砾石或其他多孔材料，砾石层外包透水土工布，土工布搭接宽度应不少于200mm。

5）渗管/渠设在行车路面下时覆土深度应不小于700mm。

渗管/渠典型构造如图4-23所示。

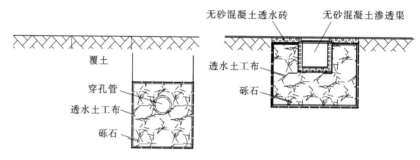

图4-23　渗管/渠典型构造示意图

（2）特点。

1）适用性。渗管/渠适用于建筑与小区及公共绿地内转输流量较小的区域，不适用于地下水位较高、径流污染严重及易出现结构塌陷等不宜进行雨水渗透的区域（如雨水管渠位于机动车道下等）。

2）优缺点。渗管/渠对场地空间要求小，但建设费用较高，易堵塞，维护较困难。

14. 植被缓冲带

（1）概念与构造。植被缓冲带为坡度较缓的植被区，经植被拦截及土壤下渗作用减缓地表径流流速，并去除径流中的部分污染物，植被缓冲带坡度一般为2%～6%，宽度不宜小于2m。植被缓冲带典型构造如图4-24所示。

（2）特点。

1）适用性。植被缓冲带适用于道路等不透水面周边，可作为生物滞留设施等低影响开发设施的预处理设施，也可作为城市水系的滨水绿化带，但坡度较大（大于6%）时其雨水净化效果较差。

2）优缺点。植被缓冲带建设与维护费用低，但对场地空间大小、坡度等条件要求较高，且径流控制效果有限。

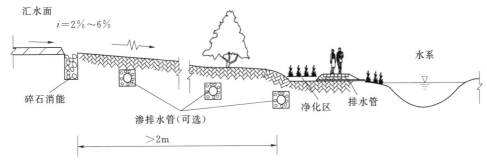

图 4 - 24　植被缓冲带典型构造示意图

15. 初期雨水弃流设施

（1）概念与构造。初期雨水弃流指通过一定方法或装置将存在初期冲刷效应、污染物浓度较高的降雨初期径流予以弃除，以降低雨水的后续处理难度。弃流雨水应进行处理，如排入市政污水管网（或雨污合流管网）由污水处理厂进行集中处理等。常见的初期弃流方法包括容积法弃流、小管弃流（水流切换法）等，弃流形式包括自控弃流、渗透弃流、弃流池、雨落管弃流等。初期雨水弃流设施典型构造如图 4 - 25 所示。

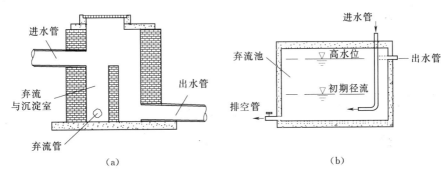

图 4 - 25　初期雨水弃流设施典型构造示意图
（a）小管弃流井；（b）容积法弃流装置

（2）特点。

1）适用性。初期雨水弃流设施是其他低影响开发设施的重要预处理设施，主要适用于屋面雨水的雨落管、径流雨水的集中入口等低影响开发设施的前端。

2）优缺点。初期雨水弃流设施占地面积小，建设费用低，可降低雨水储存及雨水净化设施的维护管理费用，但径流污染物弃流量一般不易控制。

16. 人工土壤渗滤

（1）概念与构造。人工土壤渗滤主要作为蓄水池等雨水储存设施的配套雨水设施，以达到回用水水质指标。人工土壤渗滤设施的典型构造可参照复杂型生物滞留设施。

（2）特点。

1）适用性。人工土壤渗滤适用于有一定场地空间的建筑与小区及城市绿地。

2）优缺点。人工土壤渗滤雨水净化效果好，易与景观结合，但建设费用较高。

181

二、设施功能比较

低影响开发设施往往具有补充地下水、集蓄利用、削减峰值流量及净化雨水等多个功能，可实现径流总量、径流峰值和径流污染等多个控制目标，因此应根据城市总体规划、专项规划及详规明确的控制目标，结合汇水区特征和设施的主要功能、经济性、适用性、景观效果等因素灵活选用低影响开发设施及其组合系统。

低影响开发设施比选见表 4-2。

表 4-2　　　　　　　低影响开发设施比选一览表

单项设施	功能					控制目标			处置方式		经济性		污染物去除率（以SS计,%）	景观效果
	集蓄利用雨水	补充地下水	削减峰值流量	净化雨水	转输	径流总量	径流峰值	径流污染	分散	相对集中	建造费用	维护费用		
透水砖铺装	○	●	◎	◎	○	●	◎	◎	√	—	低	低	80～90	—
透水水泥混凝土	○	○	◎	◎	○	◎	◎	◎	√	—	高	中	80～90	—
透水沥青混凝土	○	○	◎	◎	○	◎	◎	◎	√	—	高	中	80～90	—
绿色屋顶	○	○	◎	◎	○	●	◎	◎	√	—	高	中	70～80	好
下沉式绿地	○	●	◎	○	○	●	◎	○	√	—	低	低	—	一般
简易型生物滞留设施	○	●	◎	○	○	●	◎	◎	√	—	低	低	—	好
复杂型生物滞留设施	○	●	◎	●	○	●	◎	●	√	—	中	低	70～95	好
渗透塘	○	●	◎	○	○	●	◎	◎	—	√	中	中	70～80	一般
渗井	○	●	○	○	○	●	◎	◎	√	√	低	低	—	—
湿塘	●	○	●	◎	○	●	●	◎	—	√	高	中	50～80	好
雨水湿地	●	○	●	●	○	●	●	◎	√	√	高	中	50～80	好
蓄水池	●	○	◎	○	○	●	◎	○	—	√	高	中	80～90	—
雨水罐	●	○	◎	○	○	●	◎	○	√	—	低	低	80～90	—
调节塘	○	○	●	○	○	○	●	○	—	√	高	中	—	一般
调节池	○	○	●	○	○	○	●	○	—	√	高	中	—	—
转输型植草沟	◎	○	○	◎	●	◎	○	◎	√	—	低	低	35～90	一般
干式植草沟	○	◎	◎	◎	●	●	◎	◎	√	—	低	低	35～90	好
湿式植草沟	○	○	○	◎	●	○	○	◎	√	—	中	低	—	好
渗管/渠	○	○	○	○	●	○	○	◎	√	—	中	中	35～70	—
植被缓冲带	○	○	○	◎	—	○	○	◎	√	—	低	低	50～75	一般
初期雨水弃流设施	◎	○	○	●	—	○	○	●	√	—	低	中	40～60	—
人工土壤渗滤	●	○	○	●	—	○	○	◎	—	√	高	中	75～95	好

注　1. ●—强　◎—较强　○—弱或很小；

　　2. SS 去除率数据来自美国流域保护中心（Center For Watershed Protection，CWP）的研究数据。

各类用地中低影响开发设施的选用应根据不同类型用地的功能、用地构成、土地利用布局、水文地质等特点进行，可参照表 4-3 选用。

表 4 - 3　　　　　　　　各类用地中低影响开发设施选用一览表

技术类型（按主要功能）	单项设施	用 地 类 型			
		建筑与小区	城市道路	绿地与广场	城市水系
渗透技术	透水砖铺装	●	●	●	◎
	透水水泥混凝土	◎	◎	◎	◎
	透水沥青混凝土	◎	◎	◎	◎
	绿色屋顶	●	○	○	○
	下沉式绿地	●	●	●	◎
	简易型生物滞留设施	●	●	●	◎
	复杂型生物滞留设施	●	●	◎	◎
	渗透塘	●	◎	●	○
	渗井	●	◎	●	○
储存技术	湿塘	●	◎	●	●
	雨水湿地	●	●	●	●
	蓄水池	◎	○	◎	○
	雨水罐	●	○	○	○
调节技术	调节塘	●	◎	●	◎
	调节池	◎	◎	◎	○
转输技术	转输型植草沟	●	●	●	◎
	干式植草沟	●	●	●	◎
	湿式植草沟	●	●	●	◎
	渗管/渠	●	●	●	○
截污净化技术	植被缓冲带	●	●	●	●
	初期雨水弃流设施	●	◎	◎	○
	人工土壤渗滤	◎	○	◎	◎

注　●—宜选用　◎—可选用　○—不宜选用。

三、低影响开发设施组合系统优化

　　低影响开发设施的选择应结合不同区域水文地质、水资源等特点，建筑密度、绿地率及土地利用布局等条件，根据城市总体规划、专项规划及详规明确的控制目标，结合汇水区特征和设施的主要功能、经济性、适用性、景观效果等因素选择效益最优的单项设施及其组合系统。组合系统的优化应遵循以下原则：

　　（1）组合系统中各设施的适用性应符合场地土壤渗透性、地下水位、地形等特点。在土壤渗透性能差、地下水位高、地形较陡的地区，选用渗透设施时应进行必要的技术处理，防止塌陷、地下水污染等次生灾害的发生。

　　（2）组合系统中各设施的主要功能应与规划控制目标相对应。缺水地区以雨水资源化利用为主要目标时，可优先选用以雨水集蓄利用为主要功能的雨水储存设施；内涝风险严重的地区以径流峰值控制为主要目标时，可优先选用峰值削减效果较优的雨水贮存和调节等技术；水资源较丰富的地区以径流污染控制和径流峰值控制为主要目标时，可优先选用雨水净化和峰值削减功能较优的雨水截污净化、渗透和调节等技术。

（3）在满足控制目标的前提下，组合系统中各设施的总投资成本宜最低，并综合考虑设施的环境效益和社会效益，如当场地条件允许时，优先选用成本较低且景观效果较优的设施。低影响开发设施选用流程如图4-26所示。

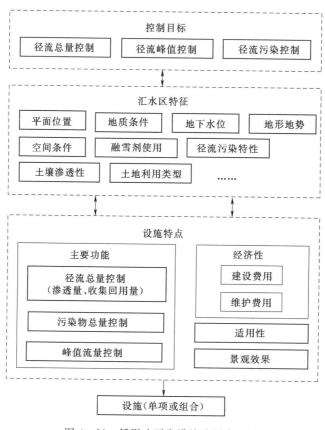

图4-26 低影响开发设施选用流程图

任务三 "海绵城市"运行维护与管理

"海绵城市"运行维护与管理的基本要求包括：

（1）公共项目的低影响开发设施由城市道路、排水、园林等相关部门按照职责分工负责维护监管。其他低影响开发雨水设施，由该设施的所有者或其委托方负责维护管理。

（2）应建立健全低影响开发设施的维护管理制度和操作规程，配备专职管理人员和相应的监测手段，并对管理人员和操作人员加强专业技术培训。

（3）低影响开发雨水设施的维护管理部门应做好雨季来临前和雨季期间设施的检修和维护管理，保障设施正常、安全运行。

（4）低影响开发设施的维护管理部门宜对设施的效果进行监测和评估，确保设施的功能得以正常发挥。

（5）应加强低影响开发设施数据库的建立与信息技术应用，通过数字化信息技术手段，进行科学规划、设计，并为低影响开发雨水系统建设与运行提供科学支撑。

（6）应加强宣传教育和引导，提高公众对海绵城市建设、低影响开发、绿色建筑、城市节水、水生态修复、内涝防治等工作中雨水控制与利用重要性的认识，鼓励公众积极参与低影响开发设施的建设、运行和维护。

知识点一 设 施 维 护

海绵设施的维护应根据当地气候、环境和降雨情况等因素合理安排，定期对海绵型道路雨水口、雨水管道、下凹式绿地、渗井（渗灌/渗槽）、溢流井、蓄水池等海绵设施进行维护管理。雨季来临前和雨季期间，应加强道路排水系统和海绵设施，尤其是雨水入渗、收集、输送、储存、处理与回用设施的安全性和功能性检查，保证降雨期间排水系统安全、稳定运行。道路海绵设施的雨水进水口、溢流口因冲刷造成水土流失时，应及时增设碎石缓冲或采取其他防冲刷措施。海绵设施雨水进水口、溢流口堵塞或淤积导致过水不畅时，应及时清理垃圾与沉积物。应定期清理初期雨水弃流净化装置、雨水深度净化装置，排除污染物和杂物，并进行设施功能检查，一般至少2次/年，检查时间宜在雨季之前和期中，或降雨间隔超过10日，单场降雨之后维护一次。

一、各种设施的维护要点

1. 绿色屋顶

（1）应及时补种修剪植物、清除杂草、防治病虫害。

（2）溢流口堵塞或淤积导致过水不畅时，应及时清理垃圾与沉积物。

（3）排水层排水不畅时，应及时排查原因并修复。

（4）屋顶出现漏水时，应及时修复或更换防渗层。

2. 生物滞留设施、下沉式绿地、渗透塘

（1）应及时补种修剪植物、清除杂草。

（2）进水口不能有效收集汇水面径流雨水时，应加大进水口规模或进行局部下凹等。

（3）进水口、溢流口因冲刷造成水土流失时，应设置碎石缓冲或采取其他防冲刷措施。

（4）进水口、溢流口堵塞或淤积导致过水不畅时，应及时清理垃圾与沉积物。

（5）调蓄空间因沉积物淤积导致调蓄能力不足时，应及时清理沉积物。

（6）边坡出现坍塌时，应进行加固。

（7）由于坡度导致调蓄空间调蓄能力不足时，应增设挡水堰或抬高挡水堰、溢流口高程。

▶4-28

▶4-29

◉4-4

◉4-5

▶ 4-30

⏱ 4-6

（8）当调蓄空间雨水的排空时间超过 36h 时，应及时置换树皮覆盖层或表层种植土。

（9）出水水质不符合设计要求时应换填填料。

3. 渗井、渗管/渠

（1）进水口出现冲刷造成水土流失时，应设置碎石缓冲或采取其他防冲刷措施。

（2）设施内因沉积物淤积导致调蓄能力或过流能力不足时，应及时清理沉积物。

（3）当渗井调蓄空间雨水的排空时间超过 36h 时，应及时置换填料。

4. 湿塘、雨水湿地

（1）进水口、溢流口因冲刷造成水土流失时，应设置碎石缓冲或采取其他防冲刷措施。

（2）进水口、溢流口堵塞或淤积导致过水不畅时，应及时清理垃圾与沉积物。

（3）前置塘/预处理池内沉积物淤积超过 50% 时，应及时进行清淤。

（4）防误接、误用、误饮等警示标识、护栏等安全防护设施及预警系统损坏或缺失时，应及时进行修复和完善。

（5）护坡出现坍塌时应及时进行加固。

（6）应定期检查泵、阀门等相关设备，保证其能正常工作。

（7）应及时收割、补种修剪植物、清除杂草。

5. 蓄水池

（1）进水口、溢流口因冲刷造成水土流失时，应及时设置碎石缓冲或采取其他防冲刷措施。

（2）进水口、溢流口堵塞或淤积导致过水不畅时，应及时清理垃圾与沉积物。

（3）沉淀池沉积物淤积超过设计清淤高度时，应及时进行清淤。

（4）应定期检查泵、阀门等相关设备，保证其能正常工作。

（5）防误接、误用、误饮等警示标识、护栏等安全防护设施及预警系统损坏或缺失时，应及时进行修复和完善。

6. 雨水罐

（1）进水口存在堵塞或淤积导致过水不畅现象时，及时清理垃圾与沉积物。

（2）及时清除雨水罐内沉积物。

（3）北方地区，在冬期来临前应将雨水罐及其连接管路中的水放空，以免受冻损坏。

（4）防误接、误用、误饮等警示标识损坏或缺失时，应及时进行修复和完善。

7. 调节塘

（1）应定期检查调节塘的进口和出口是否畅通，确保排空时间达到设计要求，且每场雨之前应保证放空。

（2）其他参照渗透塘及湿塘、雨水湿地等。

8. 调节池

（1）监测排空时间是否达到设计要求。

（2）进水口、出水口堵塞或淤积导致过水不畅时，应及时清理垃圾与沉积物。

（3）预处理设施及调节池内有沉积物淤积时，应及时进行清淤。

9. 初期雨水弃流设施

（1）进水口、出水口堵塞或淤积导致过水不畅时，应及时清理垃圾与沉积物。

（2）沉积物淤积导致弃流容积不足时应及时进行清淤等。

10. 人工土壤渗滤

（1）应及时补种修剪植物、清除杂草。

（2）土壤渗滤能力不足时，应及时更换配水层。

（3）配水管出现堵塞时，应及时疏通或更换等。

⊘ 4-7

11. 透水路面

（1）透水混凝土一般采用特定粒径集料为骨架，表面为多孔结构。应重视初期养护，在透水混凝路面铺摊完成后 7d 内不能承受任何压力。路面浇水应为细雨状洒水，同时避开高温时段；洒水时间不宜过长，避免道路底层、面层出现浸泡现象。

⊘ 4-8

（2）应定期检查透水路面的透水效果，检查频率视道路周围环境和当地降雨情况而定。一般而言，道路等级越高，检查频率越高，最低不得少于 2 次/年，检查时间宜在雨季之前和期中。若道路有明显积水，应及时检查积水部位，排查积水原因，并采取有效解决措施。

（3）应定期对透水路段所有车道进行全面透水功能性养护，养护频率应根据道路交通量、污染程度等情况进行综合分析后确定。透水路面通车后，应提高养护频率。透水系数显著下降的道路应每个季度进行一次全面透水功能性养护，并根据透水路面污染情况及时清理杂物或堆积物。

（4）透水混凝土路面出现裂缝、坑槽和集料脱落、飞散面积较大等情况时，须及时维修。维修前，应根据透水混凝土道路损坏情况制定维修施工方案。维修时，应先铲除路面疏松集料，清洗路面去除孔隙内的灰尘及杂物，最后浇筑新的透水混凝土。

（5）透水铺装路面应定期采用高压清洗和吸尘清洁，避免孔隙堵塞，保障透水铺装的透水性能。路面孔隙出现堵塞时，可用高压水冲刷、压缩空气冲刷、真空泵抽吸等方法清理孔隙中的杂物。采用高压水冲刷法时，水压不宜过大，以免对路面产生破坏。发现路面上有可能引起功能性衰减的杂物或堆积物时，应立即清除，并及时进行局部透水功能性养护。

（6）易积水及树木茂密处的路面要加强维护管理，防止路面产生青苔形成安全隐患。

二、设施维护频次

低影响开发设施的常规维护频次要求见表 4-4。

表 4-4   低影响开发设施常规维护频次

低影响开发设施	维 护 频 次	备 注
透水铺装	检修、疏通透水能力 2 次/年（雨季之前和期中）	—

续表

低影响开发设施	维 护 频 次	备 注
绿色屋顶	检修、植物养护 2～3 次/年	初春浇灌（浇透）1 次，雨季期间除杂草 1 次，北方气温降至 0℃前浇灌（浇透）1 次；视天气情况不定期浇灌植物
下沉式绿地	检修 2 次/年（雨季之前、期中），植物生长季节修剪 1 次/月	指狭义的下沉式绿地
生物滞留设施	检修、植物养护 2 次/年（雨季之前、期中）	植物栽种初期适当增加浇灌次数；不定期清理植物残体和其他垃圾
渗透塘	检修、清淤 2 次/年（雨季之前、之后），植物修剪 4 次/年（雨季）	不定期清理植物残体和其他垃圾
渗井	检修、清淤 2 次/年（雨季之前、期中）	—
湿塘	检修、植物残体清理 2 次/年（雨季），植物收割 1 次/年（冬季之前），前置塘清淤（雨季之前）	
雨水湿地	检修、植物残体清理 3 次/年（雨季之前、期中、之后），前置塘清淤（雨季之前）	
蓄水池	检修、淤泥清理 2 次/年（雨季之前和期中）	每次暴雨之前预留调蓄空间
雨水罐	检修、淤泥清理 2 次/年（雨季之前和期中）	每次暴雨之前预留调蓄空间
调节塘	检修、植物残体清理 3 次/年（雨季之前、期中、之后），植物收割 1 次/年（雨季之后），前置塘清淤（雨季之前）	—
调节池	检修、淤泥清理 1 次/年（雨季之前）	—
植草沟	检修 2 次/年（雨季之前、期中），植物生长季节修剪 1 次/月	—
渗管/渠	检修 1 次/年（雨季之前）	—
植被缓冲带	检修 2 次/年（雨季之前、期中），植物生长季节修剪 1 次/月	—
初期雨水弃流设施	检修 1 次/年（雨季之前）	—
人工土壤渗滤	检修 3 次/年（雨季之前、期中、之后），植物修剪 2 次/年（雨季）	—
透水路面	检修一般不低于 2 次/年，道路等级越高越需提高检修频率	—

4－31

4－6

知识点二 海绵设施的管理

根据国家有关法律、法规，结合《海绵城市建设技术指南——低影响开发雨水系统构建（试行）》等要求，制定养护管理制度。养护管理单位应当具备完整的养护管理组织结构和专职运行维护管理人员。维护管理部门应加强对设施的效果进行监测和评估，确保设施功能正常发挥。

建立养护台账，及时记录设备相关运行和维护管理数据，及时发现和解决问题。鼓励应用智能化的维护管理技术，建立海绵型道路养护管理数据库，通过数字化信息技术手段，科学规划、设计，并为海绵型道路建设与维护管理提供科学支撑。

贯彻"预防为主，防治结合"的方针，逐步提高道路及其构造物、附属设施的抗灾害能力，减少灾害损失。

一、设施检查

1. 注意事项

（1）雨水回用系统输水管道严禁与生活饮用水管道连接。

（2）地下水位高及径流污染严重的地区应采取有效措施防止下渗雨水污染地下水。

（3）严禁向雨水收集口和低影响开发雨水设施内倾倒垃圾、生活污水和工业废水，严禁将城市污水管网接入低影响开发设施。

（4）城市雨洪行泄通道及易发生内涝的道路、下沉式立交桥区等区域，以及城市绿地中湿塘、雨水湿地等大型低影响开发设施应设置警示标识和报警系统，配备应急设施及专职管理人员，保证暴雨期间人员的安全撤离，避免安全事故的发生。

（5）陡坡坍塌、滑坡灾害易发的危险场所，对居住环境以及自然环境造成危害的场所，以及其他有安全隐患场所不应建设低影响开发设施。

（6）严重污染源地区（地面易累积污染物的化工厂、制药厂、金属冶炼加工厂、传染病医院、油气库、加油加气站等）、水源保护地等特殊区域如需开展低影响开发建设的，除适用本指南外，还应开展环境影响评价，避免对地下水和水源地造成污染。

（7）低影响开发雨水设施的运行过程中须注意防范以下风险：①绿色屋顶是否导致屋顶漏水；②生物滞留设施、渗井、渗管/渠、渗透塘等渗透设施是否引起地面或周边建筑物、构筑物坍塌，或导致地下室漏水等。

2. 设施检查的管理要求

（1）定期对道路进行巡查，重点观测并检查道路构造物，如挡墙、桥涵、道路牌标志等。雨季期间，巡视次数应相应增加。

（2）管理人员应做好完整的统计工作，管养路段出现路面病害，如露骨、断裂等情形时应及时向有关单位和部门报告。

（3）定期检测海绵设施的雨水进水口和溢流口的过水能力，在雨季来临前和暴雨后应加大检查和养护力度。定期检查海绵设施的雨水入渗、地下穿孔管排水等能力，有条件的地方可利用智能监控手段检测出水水质，当水质发生变化时应有预警。定期检查雨水设施中的泵、阀门、电磁阀等相关设备，保证其正常工作。设施维护频次应参照国家发布的《海绵城市建设技术指南——低影响开发雨水系统构建（试行）》相关要求。

3. 应急处理

（1）建立完善的应急预案，包括恶劣天气、极端气候、自然灾害等情况。遇到边坡塌方处理时，应在人员抢救及道路抢修通行后，对道路的完整性、透水性进行检测，在确保安全的情况下对存在的问题进行补修。对雨水设施的通水管道进行清理疏通，并对受影响的绿地进行地形整理。

（2）在台风和暴雨来临前，应将警示、引导性标识、护栏等易松动的设施进行加固，高大乔木的树枝应提前修剪，防止发生意外。配备应急设施及专职管理人员，保证暴雨期间人员的安全撤离，避免发生安全事故。出现持续高温天气时，应对植物进行人工补水；气温过低时，应将排水管道排空，防止损坏。

二、安全管理

（1）加强养护管理人员安全管理技能培训，持证上岗。养护作业中应遵守安全文明规定，作业前应做好安全防护措施，作业时应做到清洁作业和环保作业，养护完成后应及时清理现场。养护作业应主动避让车辆和行人。在雨季来临前和雨季期间，加强道路海绵设施的检修和维护管理，保障设施正常、安全运行。

（2）上路作业必须配备防护用品，穿戴安全标志服、标志帽，不得穿硬底、高跟鞋或赤脚作业。材料应整齐堆放，不应堆放在桥头、弯道内侧、狭路、行车密度大的区域，尽可能堆放在路基外。陡坡作业时，要系安全绳索。清除塌方时，应从顶部向下清理；上方作业，下方不得同时作业或站人，注意来往的行人及车辆安全。

（3）台风、暴雨、冰冻、雷雨季节应经常巡视道路，出现道路损毁、中断等迹象时，要立即设置警告标志，并及时报告有关部门。成段、成片整修路基、路面时，要规范设置临时围挡和安全告示牌。

⊙ 4-32

⊙ 4-33

℗ 4-7

ⓣ 项目四

项目五　水生态系统监测与评估

任务一　水生态系统监测

1999 年联合国环境计划署组织的"面向 21 世纪水资源委员会"对流域面积最大的 25 条世界大河进行调查后的总结报告中指出，世界的大江大河水质欠佳，多数河流水量日益减少，而污染程度则日渐加重。如何维持现有河流生态系统的服务功能，修复受损系统，促进河流及其流域的经济、社会和环境的可持续发展已经成为一个全球性的问题。

美国环保署于 1999 年推出了有关河流的快速生物监测协议，该协议提供了河流着生藻类、大型无脊椎动物以及鱼类的监测及评估方法和标准。英国关注河流生态系统的一个重要举措就是河流生态环境调查。通过调查背景信息、河道数据、沉积物特征、植被类型、河岸侵蚀、河岸带特征以及土地利用等指标来评估河流生态的自然特征和质量，并判断河流生态现状与纯自然状态之间的差距。《欧盟水框架指令》（WFD）以及《欧盟栖息地指令》都要求进行生态监测，并且要求欧盟各国向欧盟委员会报告所有水体状况（水文地貌、物理化学和生物）并对生态修复方法进行评估。

我国近年来对水生态系统的监测与评估工作越来越重视。《水污染防治行动计划》（国发〔2015〕17 号）要求："依据主体功能区规划和行政区规划划定陆域控制单元，建立流域、水生态控制区、水环境控制单元三级分区体系；实施以控制单元为空间基础、以断面水质为管理目标、以排污许可制为核心的水环境质量目标管理；优化控制单元水质断面监测网络，建立控制单元产排污与断面水质响应反馈机制，明确划分控制单元水环境质量责任，从严控制污染物排放量。"《河湖生态保护与修复规划导则》（SL 709—2015）规定：河湖水生态监测应结合规划区水生态特点和实际情况，提出包括生态水量及生态水位、河湖重要栖息地及标志性水生生物、河湖连通性及形态、湿地面积及重要生物等内容的河湖监测方案。监测方法及频次等应满足河湖水生态状况评估要求。水生态系统的监测与评估为水生态系统现状及水生态修复工程的效果提供了科学依据。水生态修复项目的有效性评估过程及重点如图 5-1 所示。

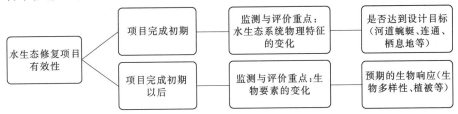

图 5-1　水生态修复项目有效性评估过程及重点

项目完成后的初期阶段，监测与评估重点是水生态系统物理特征的变化，诸如河流蜿蜒性修复、连通性修复、鱼类栖息地增加等，评估内容为是否达到规划设计的预期目标；在项目完工初期以后阶段，监测与评估重点是生物要素的变化，诸如生物群落组成、鱼类及植被恢复等，评估内容是通过项目的人工适度干预，系统物理特征变化是否导致预期的生物响应。

随着人类社会的不断发展及对水环境管理的需求，水生态系统监测与评估已经在国际上成为水生态修复状况及工程是否达到预期目标的重要手段。水生态系统作为生物圈物质循环的主要通道，既能够为人类提供食物、工农业及生活用水，还满足了商业、交通、休闲娱乐等诸多服务功能，同时能使各类营养物质及污染物得到迁移和降解。

我国水生态监测起步于 20 世纪 90 年代，至今已开展 30 多年。基本形成了覆盖江河湖泊的水生态监测网，并且建立了较为完善的布点、采样、运输、分析、评估等技术规范。2007 年太湖流域大规模蓝藻的爆发，引起了社会各界的关注。2008 年召开水生态监测与分析学术论坛，启动了全国重点水域藻类监测网络。2010 年《河流健康估指标、标准与方法（试点工作用）》《全国重要河湖健康评估（试点）工作大纲》和一批水生态监测规范相继出台。2013 年，北京、济南、长江流域被列入全国水文系统水生态监测试点市和试点流域，2014 年《水环境监测规范》（SL 219—2013）颁布，对水生态监测的全面开展做出详细指导。但总体而言，我国在水生态修复方面仍处于技术探索阶段。

知识点一　水生态系统监测的方法及范围

水生态系统监测应设定在项目区的上游和下游河段进行。监测技术要保持工程项目前后一致，数据具有可比性。制定监测方案时应明确每个监测参数的特征，同时选择有效的技术方法进行测量或评估，监测范围不但要考虑水生态系统中的动植物分布、关键物种及其活动范围，还要考虑到水生态系统形成的长期性，从而合理确定监测的时间范围。根据生态修复工程项目的规模和重要性，应考虑建立长期监测系统，为水生态管理服务。

一、监测的类型

根据水生态修复工程规划设计任务，监测项目分为以下类型。

（1）基线监测。指在项目执行之初，对于项目区的生态要素实施的调查与监测，目的在于为项目完工后监测生态变化提供参考基准，基线监测值即修复项目的本底值。

（2）项目有效性监测。评估完工后的项目，是否已达到设计的预期修复目标，提出管理措施。

（3）生态演变趋势监测。考虑生态演变的长期性，监测项目的长期影响。上述监测的类型、目的、任务及作用见表 5-1。

二、监测方法

1. 常规监测方法

水生态系统的监测，需要考虑水资源的流域特性及系统的生物特性。通常包括定

表 5 - 1   监 测 类 型 及 内 容

监测类型	目 的	任 务	作 用
基线监测	项目区生物、化学、物理、地貌现状	在实施之前调查项目区水质、地貌现状，收集动植物种状况数据	有助识别栖息地状况，识别修复机会；有助修复行动优先排序；为评估项目有效性提供对比本底值
项目有效性监测	确定河湖修复或栖息地修复项目是否达到预期效果	生态要素（地貌、水质、水温、连通性等）变化及其导致的生物响应（生物群落、多度、多样性等）	项目验收；项目绩效评估；提出管理措施，改善生态管理
生态演变趋势监测	确定河湖和生物区系变化，预测未来演变趋势	监测水生态系统长期变化，预测未来水生态系统的演变趋势	改善生态管理；科学研究

性描述和定量监测。一般来说，监测面积比较大的区域适合定性描述，这种方法的监测成本较低；监测面积较小的区域则适合定量测量，定量方法则需要通过测量、勘察、现场取样、室内检测、在线监测等手段，常见形式主要有数据、图表、图片等方式表达相关数据的时空变化规律。应用信息技术建立具有学习、展示和分析功能的数据库，能够极大地提高监测与评估的管理水平。常规监测项目包括必测指标、选测指标和特定指标，如高锰酸盐指数、电导率、生化需氧量等，监测方法执行国家相关标准。

2. 自动监测方法

自动监测项目包括必测和选测指标，如 pH 值、水温、总磷、总氮等，监测方法采用国家生态环境部、美国环保署（EPA）以及欧盟（EU）认可的仪器分析方法，并按照国家生态环境部批准的水质自动监测技术规范进行。在自动监测方面，自 20世纪 70 年代起，美国等发达国家就对河流、湖泊等地表水开展了水文、水质同步连续自动监测及污染源水质连续监测，日本则有以流域为主和以污染源为主的两类水质自动监测系统，其特点是只测水质参数而不测水文参数。20 世纪 80 年代末，我国开始从国外引进水质自动监测系统，水环境实时动态监测系统的研发逐渐受到重视。自1998 年以来，水质自动监测站得到了较快的发展。

3. 监测的范围

监测范围除了要考虑水生态系统中具衡量水域生态状况的动、植物分布状况和活动范围外，还要考虑生命周期的历史变化，监测时间要大于工程期限。需要长期进行系统监测，从而服务水生态系统的管理需求。

监测范围的选择，除了需要考虑衡量水域生态恢复的关键物种，如鱼类、鸟类的迁徙和分布规律以及无脊椎动物幼虫及卵的分布状况，这些动物的活动范围往往超过项目工程实施区的范围，还要考虑到河流生态修复是一个生态演进过程，稳定的生态系统需要十几年甚至几十年的漫长过程，因此，监测时间应超过工程期限。2009 年起，水文总站在全国水利系统率先启动水生态监测与健康评估工作。每年选择重要饮用水源地、城市景观水体、水环境综合整治水域等开展典型水域水生态监测。

从监测的空间来看，分为宏观监测与微观监测。

1. 宏观监测

宏观监测的空间尺度，小至区域大至全球。宏观监测的主要内容表现在监测区域范围内具有特殊意义的生态系统的分布和面积的动态变化。

2. 微观监测

微观生态监测指对一个或几个生态系统内各生态因子进行物理的和化学的监测。微观生态监测是以大量的生态监测站为工作基础的。生态监测站的选择和建立一定要有代表性，可按生态监测计划的不同分布于整个区域甚至全球系统。

微观生态监测的空间尺度，最大可包括由几个生态系统组成的景观生态区，最小也应代表单一的生态类型。

根据生态监测的具体内容，可将微观生态监测分为三类：

（1）干扰性监测。指对人类活动所带来的生态干扰进行检测，例如水文过程和物质迁徙规律的改变；对湿地的开发引起的生态条件的改变等进行的监测。

（2）污染性生态监测。主要是指对农药及一些重金属污染物等在生态系统中食物链的传递及富集的监测。

（3）治理性生态监测。主要是指对已破坏的生态系统经过人类治理之后生态系统结构与功能恢复过程的监测。例如对沙化土地治理过程的监测。

从河流生态系统方面来看，分为流域和河段两个方面。

流域面积从小型溪流的数平方千米到大型河流的几十万平方千米。大型流域可以再划分为次流域。河段是一个地理术语，其尺度可以从数百米到数千米，取决于河流的大小。另外，采用术语"位置"意味着河段上或流域内的具体位置，表示生态修复发生的位置或采样位置。

在确定监测范围时有两种尺度需要界定，一种是修复项目实施的范围或称项目区，主要以行政区划为主，因为这涉及投资来源，如政府、流域机构和投资机构等，监测与评估报告主要呈送给这些机构；另一种是修复项目实施影响的范围，需要考虑修复项目实际影响的地理范围。例如一项河流栖息地改善工程，由20个在河段上实施的不同类型子项组成，每一个河段长度100～500m不等。显然，工程完工后的生态响应，如鱼类种群变化，不可能在每个子项的河段内显现。因为，每个子项的生态影响会辐射到河段以外几百甚至上千米，所以监测与评估范围要远超过河段尺度。不仅如此，河流栖息地改善项目的侧向影响也不容忽略，这样就存在一个采样范围宽度问题，比如可以考虑把滨河带包括在内。

在确定监测范围的时候，需要考虑项目生态影响的辐射特征，鱼类和其他生物运动的不确定性、生物生存和种群的动态特征，考虑在局部河段进行的修复工程，对于更大尺度河流、流域、次流域的鱼类种群的影响，是确定监测范围的关键。

⊙ 5-1

⊙ 5-1

Ⓟ 5-1

知识点二 水生态系统监测技术

应用专业技术手段对水生态系统的监测是掌握水生态系统健康状况和对水生态系统评估的重要手段。其中：宏观监测技术主要是地理信息（3S）监测技术，微观监测技术主要包括水质监测、水文监测、地貌监测、生物监测等几方面。

一、地理信息（3S）监测技术

地理信息（3S）技术是全球定位系统（Global positioning systems，GPS）、遥感技术（Remote sensing，RS）和地理信息系统（Geography information systems，GIS）的统称，是空间技术、传感器技术、卫星定位与导航技术和计算机技术、通信技术相结合，多学科高度集成的对空间信息进行采集、处理、管理、分析、表达、传播和应用的现代信息技术。

3S技术的结合能实现对环境数据的提取、处理、存储、更新和应用，能准确掌握环境的动态变化过程和规律，借助环境模拟技术，能够实现对环境和资源的监测、评价、预测、预警、决策及管理。3S技术的集成应用，已经成为环境信息获取、全球环境演变研究、环境污染防治与生态修复研究的重要技术与方法。随着3S技术的不断发展，尤其是GIS和RS技术的发展及相互渗透，3S技术将会在环境保护、资源合理开发与利用、环境污染治理、自然灾害预报和监测、环境规划和管理等领域发挥越来越重要的作用。如图5-2所示。

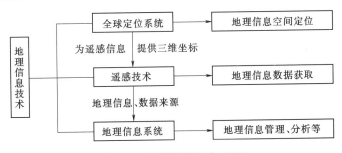

图5-2　地理信息技术（3S）

1. 遥感（RS）监测

（1）概念。遥感（remote sensing，RS），也有人将遥感称为"遥远的感知"。是指借助对电磁波敏感的仪器，在不直接接触研究对象的情况下，记录目标物对电磁波的辐射、反射、散射等信息，揭示目标物的特征、性质及其变化的综合探测技术。这是一种现代化空对地观测技术，具有全天候、多时相以及不同空间观测尺度等优点，可以对大气污染、水污染、生态环境变化、城市热岛现象和城市绿地等进行全面监控，并能提供所需的遥感图像。

目前发展趋势是利用智能传感器，将数据处理在轨完成，而发送回来的直接为信息，而不一定为图像数据。遥感技术已发展成为多平台、多波段、多分辨率和全天候的一种对地观测技术，现在的热点是高分辨率图像的获取与自动识别。

（2）遥感（RS）技术基本工作原理。地球表面上的一切物体，如土地、水体、森林、草场、农作物、空气等，因其具有不同的温度和不同的物理化学性质，处于不同状态，因此它们具有不同的波谱特性，会向外界辐射不同波长的电磁波。遥感的基本原理就是通过对遥感图像数据的大小和变化规律的分析处理来有效地识别和研究地物类型。遥感数字图像处理作为遥感图像处理的一种重要手段，是利用计算机通过数字处理的方法来增强和提取遥感图像中的专业信息。

遥感（RS）技术广泛应用于水生态系统监测。当太阳辐射到达水面时，一部分被反射，一部分折射进入水体。到达水面的入射光包括太阳直射光和天空散射光（天空光），其中约 3.5% 被水面直接反射回大气，形成水面散射光。这种水面反射辐射带有少量水体本身的信息，它的强度与水面性质有关，如表面粗糙度、水面浮游生物、水面冰层、泡沫带等；其余的光经折射、透射进入水中，大部分被水分子所吸收和散射，以及被水中悬浮物质、浮游生物等所散射、反射、衍射形成水中散射光，它的强度与水的混浊度相关，即与悬浮粒子的浓度和大小有关（随粒径相对于光辐射波长的大小，可以产生瑞利和米氏等不同的散射）。水体混浊度越大，水下散射光越强，两者呈正相关；衰减后的水中散射光部分到达水体底部（固体物质）形成底部反射光，它的强度与水深呈负相关，且随着水体混浊度的增大而减小。水中散射光的向上部分及浅海条件下的底部反射光共同组成水中光或称离水反射辐射。水体成分的后向散射光与水底反射光一起回到大气中，再加上水面反射光和大气辐射，就构成了传感器所接受到的辐射。水中光、水面反射光、天空散射光共同被空中探测器所接收，探测结果是波长、高度、入射角、观测角的函数，其中前两部分包含有水的信息，因而可以通过高空遥感手段探测水中光和水面反射光，以获得水色、水温、水面形态等信息，并由此推测有关浮游生物、混浊水、污水等的质量和数量以及水面风浪等有关信息。水面和水底的辐射在一定范围内均可视为常量，大气辐射已有比较成熟的计算方法，这样就可以分解得到反映水体特征的那部分后向散射光。水体各成分含量的变化在遥感数据中体现为一定波长范围内的反射率差异，参考通过地面实验所得到的地物光谱信息，进行各种波段组合与分析，就可以定量量测水体成分的组成和含量。如图 5-3 所示。

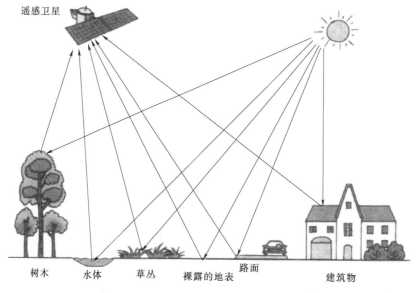

图 5-3 遥感（RS）技术工作原理示意图

（3）遥感（RS）技术的应用。遥感（RS）技术可应用在很多方面：在测图方面，编制各种类型的地图，包括地形图和各种专题地图，更新各种小比例尺的地形图；在环保方面，了解人类很难到达区域的江、河、湖、海位置和数量，以及水质和水量等；在水利方面，调查洪水淹没范围，记录洪水发展过程。分析了解冰雪地区冰雪融化情况，预报融雪洪水；在地质方面，为地质填图提供资料；找出潜在的矿区；也可以确定大断层，确定地震的震中；在农林业方面，确定农作物受冻、病虫害情况，土地利用调查，判定森林病虫害，估计砍伐木材体积和更新的面积；在城市建设方面，提供地理信息和城市发展的分析资料。

2. 地理信息系统技术（GIS）

GIS 技术（Geographic Information Systems，GIS）。基本功能包括：空间数据采集、空间数据处理、空间数据存储、分析模型建立、空间信息分析、空间信息输出、各种地图制作等，其中空间分析功能是 GIS 的核心功能。GIS 的数据存储采用分层技术，即将地图中的不同地理要素，存储在不同的图层中。如图5-4 所示。

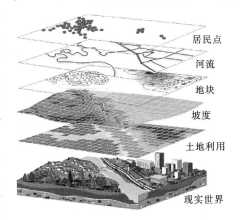

图 5-4 GIS 采集不同数据存储在不同"图层"

在我国，从 20 世纪 80 年代中期开始，GIS 技术就被应用于多个领域，如林业领域已经建立了森林资源地理信息系统、荒漠化监测地理信息系统、湿地保护地理信息系统等；农业领域已经建立我国土壤地理信息系统、草地生态监测地理信息系统等；水利领域的流域水资源管理信息系统、各种灌区地理信息系统、全国水资源地理信息系统等；海洋领域的海洋渔业资源地理信息系统、海洋矿产地理信息系统等；土地领域建立了土地资源地理信息系统、矿产资源地理信息系统等。

GIS 技术在水环境方面应用广泛，如：

（1）生态环境背景调查。利用 GIS 空间数据的采集、存储可视化功能，建立流域水环境资源数据库。数据库饮食流域地形、人口分布、流域水质类别，主要污染物质等；也可以将一个流域范围内多条河流、水文、水质、污染状况、主要污染物等信息进行集成，从而考察他们对于流域的综合影响。

（2）用遥感信息与地面站点监测信息相结合，对水环境进行动态、连续监测；将原有的水文、水质、地形、地貌以及河流相关信息汇总整理成数据库，通过输入连接到 Arcgis 软件中，由计算机进行统一管理，利用这些数据，建立相关模型，对河流水环境进行模拟，利用地理信息系统软件强大的图形图像处理功能，将流域内的所有特征充分显示出来，并可以以地图、图片等多种形式输出结果。

（3）面源污染的监测、分析与评价；可以通过对不同土地利用类型与流域内水文、水质状况影响的研究，减少因空间信息数据的变动而导致的不确定性。

（4）生态环境影响评价；生态区划与规划；环境规划与管理。GIS 具有叠加分析、缓冲区分析、三维分析、距离分析等应用功能，使用者可以利用 GIS 的这些功能对河流或者流域进行污染源分析、影响范围分析预测、影响因素分析等。

2002 年在科技部主持下，环保、农业、林业等部门开展了"全国环境背景数据库建设与服务"工作，通过该项目规范了我国的环境背景元数据的标准与代码，建设了环境背景元数据库，并将继续建设与完善环境背景数据库；从而进一步促进我国环境保护工作的科学分析与决策。

在环境资源方面，资源环境管理的内容包括资源环境状况、动态变化、开发利用及保护的合理性评估、监督、治理、跟踪等方面。由于资源环境的空间和时间的非均匀性，利用以空间信息管理及分析为主要功能的地理信息系统（GIS）对资源环境进行管理才能够实现真正的有效管理。

在灾害预警方面，将 GIS 与航空摄影、遥感影像、水文模型相结合，可以用来预测洪水淹没范围。将淹没范围图与人口分布、土地利用类型、周边基础设施建设等信息相结合，从而对洪水进行综合全面分析，在此基础上预测洪水的影响范围，为救援抢险提供相关的决策支持。

3. 全球定位系统（Global positioning systems，GPS）

全球定位系统（GPS）是一种以空中卫星为基础的高精度无线电导航的定位系统，主要由空间星座、地面控制和用户设备三大部分组成。它在全球任何地方以及近地空间都能够提供准确的地理位置、车行速度及精确的时间信息。GPS 采用多星、高轨、高频、测时—测距体制，实现了全球覆盖，全天候、高精度、实时导航定位。GPS 空间部分包括 GPS 的 24 颗工作卫星，主要功能是保证地面上任何地点、任何时间都可观测到 4 颗以上卫星，并接收到无线电发射机连续播发的 GPS 导航信号。如图 5-5 所示。

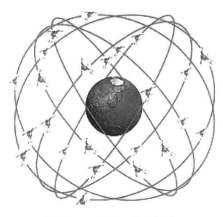

图 5-5　GPS 工作示意图

4. "3S" 技术在水生态系统监测中的应用

GIS 由于能够管理与场地密切相关的地形、水文、土地利用及其他环境数据，并将它们与特定应用程序相关联，从而对复杂的水环境问题进行综合分析；RS 能够探测水中光和水面反射光，以获得水色、水温、水面形态等信息，并由此推测有关浮游生物、混浊水、污水等的质量和数量以及水面风、浪等有关信息，可以为 GIS 提供原始的数据信息。GPS 可以 GIS 数据提供实时、快速地提供目标地物理坐标，为获取的空间及属性信息提供准确或实时的地理位置及地面高程模型。

在一个遥感和地理信息系统的集成系统中，遥感数据是地理信息系统 GIS 的重要的数据来源，而 GIS 则可以作为遥感图像解译的有力的辅助工具。随着两者集成的深入，遥感技术不仅仅是用于资源清查和环境监测的手段，而且结合 GIS 成为一项信息工程的遥感（RS）、GPS 是地理信息系统的数据源和数据更新手段，地理信息系统则成为支持遥感信息的综合开发和利用环境，这样就解决了遥感图像计算机自动识别、GIS 数据库数据自动更新和自动成图，实现了资源与环境分析计算机化，从而使空间遥感技术广泛应用于资源清查、灾害监测等方面，使其在资源管理和经营决策方面发挥着重要作用。

2018 年 7 月 31 日，新疆某地突降暴雨，引发严重洪涝灾害。利用北京二号卫星灾前影像（7 月 8 日）和灾后影像（8 月 3 日）进行了对比分析（图 5 - 6），发现某水库大坝左岸垮塌约 100m。

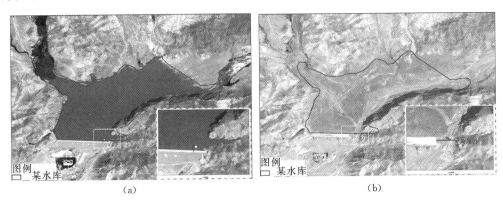

图 5 - 6　某水库灾前后影像对比图
(a) 某水库灾前遥感影像图；(b) 某水库灾后影像图

二、水质监测

水质监测一般指对水生态修复工程前后长期开展的水体监测。主要包括地表水水质监测及地下水水质监测，监测流程如图 5 - 7 所示。

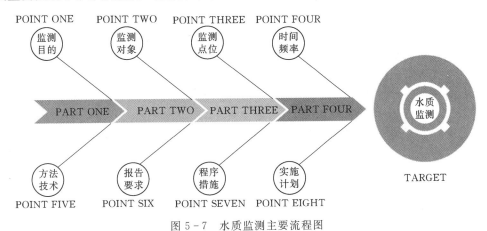

图 5 - 7　水质监测主要流程图

1. 地表水水质监测

根据《地表水环境质量标准》（GB 3838—2002）规定。地表水环境质量标准基本项目适用于全国江河、湖泊、运河、渠道、水库等具有使用功能的地表水水域；集中式生活饮用水地表水源地补充项目和特定项目适用于集中式生活饮用水地表水源地一级保护区和二级保护区。集中式生活饮用水地表水源地特定项目由县级以上人民政府环境保护行政主管部门根据本地区地表水水质特点和环境管理的需要进行选择，集中式生活饮用水地表水源地补充项目和选择确定的特定项目作为基本项目的补充指标。标准项目共计 109 项，其中地表水环境质量标准基本项目 24 项，集中式生活饮用水地表水源地补充项目 5 项，集中式生活饮用水地表水源地特定项目 80 项。

《地表水环境质量标准》要求水样采集后自然沉降 30min，取上层非沉降部分按规定方法进行分析。

（1）地表水监测的布点。监测断面的布设原则监测断面在总体和宏观上须能反映水系或所在区域的水环境质量状况。各断面的具体位置须能反映所在区域环境的污染特征；尽可能以最少的断面获取足够的有代表性的环境信息；同时还须考虑实际采样时的可能性和方便性。

（2）采样频次与采样时间。饮用水源地、省（自治区、直辖市）交界断面中需要重点控制的监测断面每月至少采样一次。国控水系、河流、湖、库上的监测断面，逢单月采样一次，全年 6 次。水系的背景断面每年采样一次。如某必测项目连续三年均未检出，且在断面附近确定无新增排放源，而现有污染源排污量未增的情况下，每年可采样一次进行测定。一旦检出，或在断面附近有新的排放源或现有污染源有新增排污量时，即恢复正常采样。遇有特殊自然情况，或发生污染事故时，要随时增加采样频次。

（3）采样方法及注意事项。采样器聚乙烯塑料桶、单层采水瓶、直立式采水器、自动采水器；采样数量在地表水质检测中通常采集瞬时水样，在水样采入或装入容器后，应按要求加入保存剂。

采样时不可搅动水底的沉积物。采样时应保证采样点的位置准确。必要时使用定位仪（GPS）定位。认真填写"水质采样记录表"，用签字笔或硬质铅笔在现场记录，字迹应端正、清晰，项目完整。保证采样按时、准确、安全。采样结束前，应核对采样计划、记录与水样，如有错误或遗漏，应立即补采或重采。如采样现场水体很不均匀，无法采到有代表性的样品，则应详细记录不均匀的情况和实际采样情况，供使用该数据者参考。并将此现场情况向环境保护行政主管部门反映。测溶解氧、生化需氧量和有机污染物等项目时，水样必须注满容器，上部不留空间，并有水封口。

（4）样品分析。地表水环境质量基本项目分析方法按照《地表水环境质量标准》（GB 3838—2002）要求进行。

2. 地下水水质监测

根据《地下水质量标准》（GB/T 14848—2017），地下水水质指标监测 93 项，其中感官性状及一般化学指标 20 项，毒理学指标 69 项，无机化合物指标 20 项、有机化合物指标 49 项。

地下水质量是地下水的物理、化学和生物性质的总称。常规指标反映地下水基本状况，包括感官性状及一般化学指标、微生物指标、常见毒理学指标和放射性指标；

非常规指标反映地下水中所产生的主要质量问题，包括比较少见的无机和有机毒理学指标。

地下水质量应定期监测，潜水监测频率应不少于每年两次，风水期和枯水期各一次；承压水监测频率可以根据质量变化情况确定，宜每年一次。地下水质量调查与监测指标以常规指标为主，为便于水化学分析结果的审核，应补充钙、镁、钾、重碳酸根、碳酸根、游离二氧化碳指标，不同地区可在常规指标的基础上，根据当地实际情况，补充选定非常规指标进行调查与监测，地下水样品的采集、保存和送检，按相关规定执行。

（1）地下水样品的保存和送检要求。水样的采集、样品的保存、运输要求严格按照《地下水质量标准》（GB/T 14848—2017）进行。

（2）地下水质量检测指标推荐分析方法。地下水水质检测方法依据《地下水质量标准》（GB/T 14848—2017）进行。

（3）监测频率与数据。

1）周、旬、月评估。可采用一次监测数据评估；有多次监测数据时，应采用多次监测结果的算术平均值进行评估。

2）季度评估。一般应采用 2 次以上（含 2 次）监测数据的算术平均值进行评估。

3）年度评估。国控断面（点位）每月监测一次，全国地表水环境质量年度评估，以每年 12 次监测数据的算术平均值进行评估，对于少数因冰封期等原因无法监测的断面（点位），一般应保证每年至少有 8 次以上（含 8 次）的监测数据参与评估。全国地表水不按水期进行评估。

三、水文监测

1. 降雨

（1）降雨的基本要素。降雨量，降雨历时，降雨强度，降雨面积及降雨中心等，总称为降雨的基本要素。降雨量为一定时段内降落在某一测点或某一流域面积上的降水深度，通称为降雨量，以 mm 计；降雨历时是指降雨自始至终所持续的实际时间；降雨强度是指单位时间内的降雨量，以 mm/min 或 mm/h 计，简称雨强；降雨面积是指降雨笼罩的水平面积，以 km² 计；降雨中心又叫暴雨中心，是指降雨量最大，雨区范围小的地区。以上几种降雨基本要素与形成洪水的大小、历时等都有着密切的关系。

（2）降雨资料的图示。为了反映一次降雨在时间上的变化及空间上的分布，常用以图示方法表示。

1）降雨过程线。降雨过程线是表示降雨随时间变化的过程线。常以时段雨量为纵坐标，时段时序为横坐标，采用柱状图表示。至于时段的长短可根据计算的需要选择，分小时、天、月、年等。降雨过程线如图 5-8 所示。

2）雨量累计曲线。将各时段的雨量逐一累计，求出各累计时段的雨量值作为纵坐标，以时间为横坐标，所绘制的曲线叫雨量累计曲线。雨量累计曲线如图 5-9 所示。

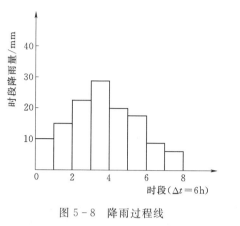

图 5-8 降雨过程线

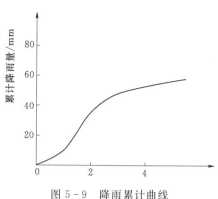

图 5-9 降雨累计曲线

累计曲线上某段的坡度即为该时段的平均降雨强度。曲线坡度陡，降雨强度大；反之则小。若坡度等于零，说明该时段内没有降雨。根据某站实测的一场降雨而做的记录见表 5-2。

表 5-2　　　　　　　　　　　　　某站实测的一场降雨记录

时间	7 月 8 日			7 月 9 日			
	2—8 时	8—14 时	14—20 时	20 时至次日 2 时	2—8 时	8—14 时	14—20 时
时段	6	6	6	6	6	6	6
时段降雨量 ΔH/mm	7.2	15.0	84.0	49.2	27.0	19.2	12.0
降雨强度 $\Delta H/\Delta t$/(mm/h)	1.2	2.5	14.0	8.2	4.5	3.2	2.0
累积雨量 $\sum \Delta H$/mm	7.2	22.2	106.2	155.4	182.4	201.6	213.6

3）雨量等值线。雨量等值线是表示某一地区的次暴雨或一定时段的降雨量在空间的分布状况。等值线图的制作与地形等高线的绘制相似。雨量等值线是各雨量站采用同一历时的雨量点绘在各测站所在的位置上，并参考地形，气候特性而描绘的等雨量线。有了雨量等值线图，即可说明降雨中心位置。如图 5-10 所示。

图中 f_i 为相邻两条雨量等值线间的面积 km^2；x_i 为相邻两条等雨量线降雨量的平均值，单位 mm。

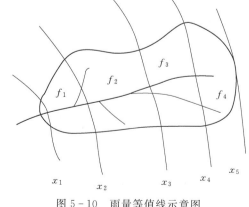

图 5-10　雨量等值线示意图

2. 蒸发

蒸发是指水由液态转化为气态的现象，是水分子运动的结果。水文上讨论的蒸发为自然界的流域蒸发。一个流域的蒸发，包括水面蒸发、土壤蒸发和植物散发。

（1）水面蒸发。水面蒸发是指江河、湖泊、水库、沼泽等自由水面上的蒸发现象。影响蒸发量的主要因素有气温、湿度、风速、水质及水面大小等。

（2）土壤蒸发。土壤蒸发是指土壤失去水分，向空气中扩散的现象，即土壤由湿向干的变化过程。由于流域陆面面积远大于水面面积，所以陆面上的土壤总蒸发量也就大于水面总蒸发量。凡是影响水面蒸发的因素都能影响土壤蒸发，此外还受地下水面、土壤含水量、土壤结构、土壤色泽、毛管上升水、地面特性、植被以及降水方式等多种因素的影响。

（3）植物散发。植物散发是指土壤中水分通过植物散逸到大气中的过程。由于其绝大部分是通过植物叶片散逸的，又称为叶面散发或蒸腾。因为植物是生长在土壤中的，植物散发与土壤蒸发总是同时存在的，所以二者总称为陆面蒸发。空气的温度、湿度，土壤温度，日照以及植物的种类、生长期等都影响散发量的大小。

某地区或流域的实际蒸发一般以陆面蒸发表示。估算陆面蒸发时常用流域内多年平均降雨量与径流量的差值求得。

（4）干旱指数。年蒸发量与年降水量之比为干旱指数 γ。若 $\gamma > 1.0$，则年蒸发量超过年降水量；$\gamma < 1.0$，则年蒸发量小于年降水量。γ 值的大小可反映不同地区的湿润程度和干旱程度。所以，干旱指数与气候的干湿分带有着密切的关系。一般在多雨地区，$\gamma < 0.5$；半湿润地区，$\gamma = 1 \sim 3$；干旱地区，$\gamma > 7$。

3. 下渗

下渗是指水分从土壤表面渗入地下的现象，即入渗。

（1）下渗的物理过程。流域上空的雨水降落在流域干燥的土壤表面后，一部分雨水渗入土壤中，并不是单纯受重力作用的影响，而是水分子力、毛管力和重力综合作用的结果。起初雨水渗入土壤表面是渗润阶段，主要受分子力作用，水被土粒表面吸附，形成薄膜水。当土壤中薄膜水得到满足后，水分通过土壤表面开始了渗漏阶段，水分主要受毛管力作用以及重力作用，使水分向土壤孔隙运动，直到基本充满而达到饱和。水分继续向下运动，开始了渗透阶段，孔隙中的自由水，主要受重力作用，沿孔隙向下流动。若地下水埋藏不深，重力水可能渗过整个包气带，补充地下水，则形成地下径流。

（2）下渗的变化规律。入渗初期，土壤比较干燥，入渗水分很快为表层土壤吸收，其单位时间的入渗量称下渗率。后来，由于土壤湿度的增加，饱和层向下延伸，下渗率也随之递减，直至趋于稳定。关于下渗率的变化过程，可通过试验求出。试验方法有同心环法和人工降雨法。其中，最简单的办法是在地面上打入同心环，外环直径为 60cm，内环直径为 30cm，环高 15cm，试验时，在内环及两环中间同时加水，使水深保持常值，内外水面保持齐平。因水分下渗使水面降低而要不断加水，维持一定的水深，加水的速率就代表水分下渗率。根据加水量的记录，经换算后便可绘制下渗曲线。

上述下渗的变化规律，可用数学公式表示，如霍顿公式：

$$f_t = (f_0 - f_c)e^{-\beta t} + fe \tag{5-1}$$

式中：f_t 为 t 时刻的下渗率，mm/h 或 mm/min；f_0 为 $t=0$ 时的下渗率，mm/h；f_c 为稳定下渗率，mm/h；β 为反映土壤、植被等对下渗影响的系数；e 为自然对数的底。

4. 流量

流量是单位时间内通过江河某一断面的水量，以 m^3/s 计。流量是反映河流水资源和水量变化的基本资料，在水利工程规划设计和管理运用中都具有重要意义。测量流量的方法很多，常用的方法为流速面积法，其中包括流速仪测流法、浮标测流法、比降面积法等，这是我国目前使用的基本方法。此外，还有水力学法、化学法、物理法、直接法等。以下主要介绍流速仪测流法，该方法是用流速仪测定水流速度，并由流速与断面面积的乘积来推求流量的方法。它是目前国内外广泛使用的测流方法，也是最基本的测流方法。

天然河道的水流受断面形态、河床糙率、坡降、流态影响，其流速的大小在河道的纵向、横向和竖向的分布不同，即断面各点流速 v 随水平及垂直方向位置不同而变化。实际测验中流量 Q 是根据实测断面面积和实测流速来计算的。把过水断面分为若干部分，测量和计算各部分面积，在各部分面积中，可以通过垂线测点测得点流速，再推算部分平均流速，两者乘积为部分流量，部分流量总和即为断面流量。

（1）过水断面测量。断面测量是在断面上布设一定数量的测深垂线，实测各垂线的水深，并测各垂线与岸上某一固定点的水平距离，即起点距。因此，过水断面测量主要包括测量水深、起点距。

测深垂线布设数量和位置，以能反映河底断面天然几何形状为原则，一般主河道密些，滩地稀些。测量水深的方法随水深、流速大小、精度要求及测量方法的不同而异。通常有下列几种方法：用测深杆、测深锤、测深铅鱼等测深器具测深，缆道悬索测深，超声波回声测深仪测深等。

起点距是指垂线距基线桩的水平距离。测量方法有断面索法、仪器测角交会法、全球定位系统（GPS）定位法。

各测深垂线的水深及起点距测得后，各垂线间的部分面积及全断面面积即可求出。

（2）流速测量。天然河道中普遍采用流速仪法和浮标法两种方法测流速。

（3）含沙量。

1）含沙量。含沙量是指单位体积浑水中所含泥沙的质量，用 p 表示，以 kg/m^3 记。

2）输沙率。输沙率是指单位时间内通过河渠某一过水断面的干沙质量，用 Q_s 表示，以 kg/s 计。

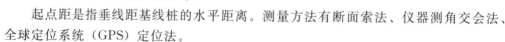

$$Q_s = P_q \tag{5-2}$$

3）输沙量。输沙量是指某时段内通过河流某断面的泥沙质量，用 W_s 表示，以 kg 或 t 计。

$$W_s = Q_s T \tag{5-3}$$

侵蚀模数：侵蚀模数是指单位面积上的输沙量，用 M_s 表示，以 t/km^2 计。若

W_s 以 t 计，F 为计算输沙量的流域或区域面积，以 km^2 计，则

$$M_s = W_s/F \qquad (5-4)$$

5. 水位

（1）概念。海洋、河流、湖泊、沼泽、水库等水体某时刻的自由水面相对于某一固定基面的高程称水位，用 m 表示。

（2）水位观测的目的。直接为水利、水运、防洪、防涝提供具有单独使用价值的资料，如堤防、坝高、桥梁及涵洞、公路路面标高的确定；为推求其他水文数据而提供间接运用资料，如水资源计算，水文预报中的上、下游水位相关法等；直接用于水利水电工程的规划、设计、施工中，如：兴利水位、防洪限制水位等。

（3）水位观测的要求。能够控制水位变化过程，保证水位资料的连续性；严格按《水文测验规范》（SL 58—2014）要求进行水位观测。

（4）水位变化影响因素。包括水体自身水量变化、水体相互干扰、约束水体条件改变等。

（5）水位观测设备。

1）水尺。人工直接读取水尺读数加水尺零点高程即得水位。它设备简单，使用方便；但工作量大，需人值守。

2）水尺设置。水尺布设范围，高于测站历年最高、低于历年最低水位 0.5m；同一组的各基本水尺，设置在同一断面线上。其最上游与最下游一支水尺之间的同时水位差不应超过 1cm。

3）同一组的各支比降水尺，偏离断面线的距离不能超过 5m，同时任何两支水尺的顺流向距离不得超过上、下比降断面距离的 1/200。

四、地貌监测

1. 河流及其特征

（1）河流。河流是水循环的一个重要环节，地表水沿天然槽道沟谷运动形成的水体称为河流，由流动的水体和容纳水流的河槽两个要素构成。习惯上按此类水体的大小分别称为江、河、川或溪等，但事实上，对它们并无严格、准确的划定。流入海洋的河流称为外流河，如黄河、长江以及海河等；流入内陆湖泊或消失于沙漠之中的河流称为内流河，如新疆的塔里木河以及青海的格尔木河等。

汇入干流的河流称为一级支流，汇入一级支流的河流称为二级支流，其余以此类推。由干流与各级支流所构成脉络相通的泄水系统称为水系、河系或河网。

根据干支流的分布情况，一般将水系分为以下几种：

1）扇形水系。河流的干支流分布形如扇骨状，如海河。

2）羽形水系。河流的干流由上而下沿途汇入多条支流，好比羽毛，如红水河。

3）平行水系。河流的干流在某一河岸平行接纳几条支流，如淮河。

4）混合水系。一般大的江河多由上述 2～3 种水系组成，混合排列。

划分河流的上、中、下游时，有的依据地貌特征，有的着重水文特征。上游段直接连接河源，一般落差大，水流急，水流的下切能力强，多急流、险滩和瀑布；中游

段坡降变缓，下切力减弱，旁蚀力加强，河道有弯曲，河床较为稳定，并有滩地出现；下游段一般进入平原，坡降更为平缓，水流缓慢，泥沙淤积，常有浅滩出现，河流多汊。

（2）河流特征。

1）河流的纵横断面。河流某处垂直于水流方向的断面称为横断面，又称过水断面。当水流涨落变化时，过水断面的形状和面积也随之变化。河槽横断面有单式断面和复式断面两种基本形状。

河流各个横断面最深点的连线称为中泓线或溪线。假想将河流从河口到河源沿中泓线切开并投影到平面上所得的剖面称为河槽纵断面。实际工作中，常以河槽底部转折点的高程为纵坐标，以河流水平投影长度为横坐标绘出河槽纵断面。

河槽的平面形态较为复杂。山区河流的急弯、卡口、跌水很多，河岸常有岩石突出，岸线极不规则，水面宽度变化较大。平原河流在各种不同外界条件作用下形成有微细的、蜿蜒的多种形态，而常见的是蜿蜒性河槽。在河道弯曲的地方，水流的冲刷和淤积作用，使河槽的凸岸形成浅滩、凹岸形成深槽。

河槽内水流除因重力作用向下移动的速度影响外，还呈螺旋形流动，这种现象称为水内环流。在河湾处，水流由顺直段过渡到弯道时，受到弯道的阻挡而产生离心力，使凹岸水面高于凸岸，凹岸水流又从河底流向凸岸，由于这种水内环流的影响，而形成凸岸浅滩、凹岸深槽。

2）河流长度。由河源至河口沿中泓线量计的平面曲线长度称为河流长度，简称河长。在大比例尺的地形图上用曲线仪或分规量计；在数字化地形图上可以应用有关专业软件量计。

3）河道纵比降。河段两端的河底高程之差称为河床落差，河源与河口的河底高程之差称为河床总落差。单位河长的河床落差称为河道纵比降，通常以千分数或小数表示。当河段纵面近似为直线时，比降可按下式计算，即

$$J = \frac{z_上 - z_下}{L} = \frac{\Delta z}{L} \qquad (5-5)$$

式中：J 为河段的总比降；$z_上$、$z_下$ 为河段上、下断面的底面高程，m；L 为河段的长度，m。

⊙ 5-4

2. 流域及其特征

（1）流域、分水线。流域是指河流某断面汇集水流的区域。当不指明断面时，流域是对河口断面而言的。流域内的各种特征直接影响到河流的径流变化。任一河流两岸高处的两侧，各向不同方向倾斜，这就使降水分别汇集到位于两侧的不同河系中去，所以山脊或高地岭脊的连线起着分水的作用，称为分水线，又叫分水岭，它与地形等高线呈垂直关系。例如我国秦岭以南的水流汇入长江，以北的水流汇入黄河，所以秦岭山脊的连线即为长江和黄河的分水线。分水线除地面分水线外，还有地下分水线。当地面分水线与地下分水线两者上下重合，位于一条铅直线上时，则称为闭合流域。若两者不重合，则称为非闭合流域。

（2）流域的特征。

1）流域的一般特征。包括流域面积（F）、流域长度（L）、流域平均宽度（B）和流域形状系数。

2）流域的地形特征。一般用流域平均高程和流域平均坡度表示。

3）流域的自然地理特征。包括地理位置、气候条件、地形特征、地质与土壤、植物覆盖湖泊与沼泽及人类经济活动因素。

3. 河流泥沙基本知识

河流泥沙包括随水流运动和组成河床的泥沙，且两者之间不断发生交换，正是这种交换引起河床的冲淤变化。因此，在研究河床演变规律之前，有必要先了解河流泥沙特性及运动等方面的基本知识。

（1）泥沙来源。河流中运动着的泥沙，主要来源于流域地表的侵蚀及原河床的冲刷。在运动过程中，二者又存在置换作用。但归根到底，河流泥沙都是流域地表侵蚀的产物。

（2）侵蚀模数。流域地表的侵蚀状况常用侵蚀模数 M 来衡量，它表示流域内每年每平方公里地面上被冲蚀泥沙的数量，又称为输沙量模数。流域地表的侵蚀主要与流域内水文、气象、植被、土壤、地貌等自然因素有关。

我国河流的水量大部分由降水汇集而来，地表侵蚀主要伴随降雨径流产生，因此在降雨强度大、植被覆盖差、土壤结构松散、地形坡降大的区域，水土流失就较为严重。例如，黄河中游的黄土高原便具备上述特点，所以地表侵蚀最为严重。我国南方一些省份，植被覆盖良好，土壤结构密实，侵蚀模数则多在 $160t/(km^2 \cdot a)$ 以下。此外，人类活动对地表侵蚀也起着重要作用。例如，滥伐森林、毁林毁草开荒和陡坡耕作等会加剧水土流失，而开展大规模水土保持工作，能有效减少水土流失。我国已颁布的《中华人民共和国森林保护法》《中华人民共和国水土保持法》和国务院批准实施的《全国水土保持规划纲要》及《全国生态环境建设规划》无疑对防止水土流失具有深远影响。

（3）浑水特性。含有泥沙的水称为浑水。浑水与清水的性质不同，具体表现在浑水的泥沙含量、容重等方面。

1）含沙量。浑水中含有泥沙的多少是用含沙量来表示的，含沙量有混合比含沙量、体积比含沙量和重量比含沙量三种表示方法。

2）浑水容重。单位体积浑水的重量称为浑水的容重，它与含沙量的关系如下：

$$\gamma_m = \gamma + (\gamma_s - \gamma)S_V = \gamma + (1 - \gamma/\gamma_s)S \tag{5-6}$$

式中：γ 为清水的容重，kg/m^3。

若取 $\gamma_s = 2650kg/m^3$，则

$$\gamma_m = \gamma + 0.623S \tag{5-7}$$

河流泥沙特性主要包括几何特性、重力特性和水力特性，泥沙特性是河床演变分析的基础，也是河道整治设计的重要依据。

4. 泥沙的几何特性

泥沙的几何特性是指泥沙颗粒占有空间的特性，即泥沙颗粒的形状和大小。

（1）泥沙颗粒的形状。泥沙的形状是各式各样的，常见的大颗粒泥沙如砾石、卵石，多呈圆球状、椭球状或片状，外形比较圆滑，无尖角和棱线；较细颗粒的泥沙如粉土类泥沙，外形不规则，尖角和棱线比较明显；更细颗粒泥沙如黏土类泥沙，一般都是棱角峥嵘，甚至呈分解状。

泥沙的这些形状特征与它们在水流中的运动状态密切相关。较粗的颗粒沿河底推移前进，碰撞的机会较多，碰撞时动量较大，容易磨损成较圆滑的外形。较细的颗粒随水流悬浮前进，碰撞的机会较少，碰撞时动量较小，不易磨损，往往保持棱角峥嵘的外形。

泥沙颗粒的形状常用球度系数表示，它是指与沙粒等体积的球体表面积与沙粒的实际表面积之比。

$$\Psi = \frac{F'}{F} \tag{5-8}$$

式中：Ψ 为球度系数，$\Psi \leqslant 1$；F 为沙粒的表面积；F' 为与沙粒等体积的球体表面积。

研究表明，球度系数相同的两颗泥沙，在水中的动力特性大致相同。由于球度系数难以测定，因此对大颗粒泥沙可根据三个主轴长度来估算其球度系数，设长轴为 a，中轴为 b，短轴为 c，则球度系数为

$$\Psi = \sqrt[3]{\left(\frac{b}{a}\right)^2 \left(\frac{c}{b}\right)} \tag{5-9}$$

此外，也可用形状系数 S_p 来表示泥沙颗粒的形状特征，表达式为

$$S_p = \frac{c}{\sqrt{ab}} \tag{5-10}$$

形状系数 S_p 的数值大小表征泥沙的扁平程度，S_p 越小，沙粒越扁平。

（2）颗粒大小。由于泥沙颗粒的形状很不规则，很难用一个直观的指标来衡量其大小，通常以泥沙颗粒的概化直径表示，称为泥沙的粒径，以 d 表示，常用单位为 mm 或 cm。泥沙粒径的表示方法有等容粒径、筛孔粒径、沉降粒径。

（3）泥沙群体特征。河流中的泥沙并不是均匀一致的，而是由各种大小不等、数量不同的泥沙颗粒组成的泥沙群体。为了反映泥沙群体的组合特性，目前多采用泥沙粒径级配曲线及其统计特征值来描述。

（4）泥沙重力特性。泥沙重力特性主要反映在泥沙的容重和干容重两个方面。泥沙的容重和泥沙的干容重。

（5）泥沙的沉降速度。沉降速度是泥沙的重要水力特性之一。因为沉降速度能够反映泥沙在水中运动的综合特性，可以直接判定泥沙运动的轨迹和冲淤的可能性，所以，研究泥沙的沉降速度在实际工作中有着重要意义。

1）沉速概念。在研究泥沙的静水沉降速度时均不考虑加速度段的历时，而把泥沙颗粒在静止的清水中以等速下沉时的速度，称为泥沙的沉降速度，简称泥沙的沉速，以 ω 表示，常用单位为 cm/s。

2）沉降形态。泥沙颗粒在水中下沉，水流绕过泥沙颗粒将形成绕流阻力。绕流阻力通常包括黏滞阻力与形状阻力。黏滞阻力是液体的黏滞性和流速梯度在沙粒表面

产生的切向阻力；形状阻力是沙粒沉降时在尾部产生水流分离形成旋涡而引起负压力，再与沙粒前端的正压力构成合力所形成的阻力，其大小取决于沙粒的形状和沉速。

5. 生物栖息地质量调查方法

（1）调查内容。河流生物栖息地的调查内容包括河道状况、河岸形态、河床底质、水体流动类型、植被及相邻陆地的使用情况等。数据来源有野外调查和遥感数据。人工化河流由于受人类活动干扰较大，野外调查时需结合工程类型、使用材料、植被结构、影响河流生物的因子（包括水质污染和栖息地物理退化）等内容进行调查。

栖息地的野外调查应满足 5 个基本原则：应用简单、可应用于任何河道、能提供一致的数据和结果、结构的多样性具有代表性以及数据容易统计和分析。

（2）调查范围和采样密度。河流生物栖息地调查方法目前被认为是野外调查的标准方法。RHS 和河流廊道调查中，一般以 500m 河长、包括河道在内距两岸 50m 内的范围进行测量（通常对左、右岸分别进行测量）。沿 500m 河长，等距离分布 10 个点，在测量点上记录河道和河岸的相关数据。

在每个测量点上各布置一个横断面，在该横断面上再布置 5 个测量点，记录每个测量点的水深、流速和栖息地类型。由于调查工作是对左、右岸分别进行，所以横断面长度一般取整个河流断面的一半。

采样季节一般选在基流条件（即河流的平水期）下进行。通常不在洪水期采样，因为此时不能真实反映水流形态和底质的关键特征；也不选择在夏季采样，因为茂密的草本植物会使河道特征不明显；冬季植被基本都枯死了，特别是对于渠道化和退化河流来讲，不能显示有价值的野生栖息地，因此同样不能选择。

由于不同国家和地区的河流平水期出现时间不同，导致其采样时间有所差异，如英国推荐的调查时期为 5—6 月；在挪威，初夏是最好的调查季节，因为此时植物的遮阴少，流量也较低；欧洲南部一般也选择在夏季进行调查。

五、生物监测

1. 生物监测法的概念

水生态系统的任何变化都可能影响水生生物的生理功能、种类丰度、种群密度、群落结构与功能。水生生物指标成为反映水体状况好坏的重要指标，通过对水生生物个体、种群和群落因水体环境变化而产生物种组成及其多样性、结构功能指标、生产力以及生理生态状况变化情况的监测，即生物监测，来描述河流生态系统的健康状况。

2. 生物监测方法

生物监测法的方法有四种，分别为指示生物法、优势种群法、生物指数法和物种多样性指数法。指示生物法以某些种类的存在或消失作为监测指标，优势种群法用整个生物群落组成和优势种的变化来评估水体污染的状况的方法，生物指数法运用数学方法求得的反映生物种群或群落结构的变化数值，用以评估水质质量的方法，物种多样性指数物种多样性指数是反映丰富度和均匀度的综合指标。

（1）指示生物法。指示生物法是一种经典的监测方法，是以某些种类的存在或消失作为监测指标的。早在20世纪初，德国学者就提出了指示生物的概念，并把能够表示河流污染特性的生物称为水污染指示生物。1908年提出了指示河流有机污染的污水生物系统，为各个不同的污染带列举了不同的指示生物。

（2）优势种群法。在"指示生物"的基础上，提出了用整个生物群落组成和优势种的变化来评估水体污染的状况的方法。

1964年用群落中优势种群划分污染带的方法，根据污染水体中优势种群的不同，把污染水体（主要是河流）划分为9个污水带：

1）粪生带：无浮游植物优势群落。

2）甲型多污带：裸藻群落，优势种为绿裸藻，亚优势种为华丽裸藻。

3）乙型多污带：裸藻群落，优势种为绿裸、静裸藻。

4）丙型多污带：绿色颤藻群落。

5）甲型中污带：环丝藻群落或底生颤藻等群落。

6）乙型中污带：脆弱刚毛藻或席藻等群落。

7）丙型中污带：红藻群落，优势种群为串珠藻或绿藻群落，优势种为团刚毛藻或环丝藻。

8）寡污带：绿藻群落，优势种群为簇生竹枝藻、环状扇形藻群落或红藻群落。

9）清水带：绿藻群落，优势种群为羽状竹枝藻或红藻群落，优势种为胭脂等。

（3）生物指数法。生物指数法是运用数学方法求得的反映生物种群或群落结构的变化数值，用以评估水质质量的方法。它是污水生物系统法的定量化。

生物指数法是用简单的数字来评估河流的有机污染程度，比指示生物法更为简便。

较有代表性的方法有浮游植物的浮游植物污染指数和污生指数；适用于底栖动物的BeCk生物指数法和Trent生物指数法等。

（4）物种多样性法。物种多样性指数是反映丰富度和均匀度的综合指标。应用数理统计法求得表示生物群落的种类和个体数量的数值，用以评估环境质量。

群落中物种的多样性反映了生物群落或生态环境的复杂程度，同时也反映了群落的稳定性与动态以及不同自然地理条件与群落的相互关系。

群落多样性指数法通过监测群落中物种多样性的变化来表征生态环境，指数越大，表示多样性越高，生态环境状况越好。

常用的物种多样性指数包括Margalef多样性指数，Shannon-Wiener多样性指数和辛普森多样性指数，这类方法对确定物种、判断物种耐性的要求不太严格，应用起来较为简便。

（5）生物监测法的优缺点。生物监测法是目前河流生态系统健康评估的常用方法，它克服了理化检测的局限性和连续取样的繁琐性。可以直接检测出生态系统已经发生的变化或已经产生影响而没有显示出不良效应的信息。如水环境监测利用底栖动物及浮游动物群落、种群及个体数量和形态学的改变来反映污染程度；利用活体生物的急性毒性试验反映污染物浓度。

生物监测法也存在许多缺点，如选择不同的研究对象及监测参数会导致不同的评估结果，难于确定不同生物类群进行评估时的取样尺度与频度，无法综合评估河流生态系统状况问题等。而且，一个指标只能反映干扰传播过程中造成的某方面影响，在流域范围内对所有干扰都敏感的单一河流健康指标是不可能存在的。

3. 鱼类

鱼类在各个空间尺度上对生境质量的变化比较敏感，而且具有迁移性，更是衡量栖息地连通性的理想指标。在时间尺度上，鱼类的生命历程记载了环境的变化过程。在渔业和水产养殖管理中，将鱼类当作水质的指标也有着悠久的历史。因此，通常根据鱼类群落的组成与分布、物种多度以及敏感种、耐受种、土著种和外来种等指标的变化来评估水体生态系统的完整性。不同地区拥有不同的河流以及它们特有的鱼类群落。目前，鱼类生物完整性指数（F-IBI）已被广泛应用于河流生态与环境基础科学研究、水资源管理等。

4. 底栖无脊椎动物

底栖动物群落的结构和动态是理解水生系统现状和演变过程的关键所在。因此，在水质评估中，底栖无脊椎动物是最广泛应用的指示生物，评估方法主要有类群丰富度、物种丰富度、多度、优质度、功能摄食群和经度地带性分布模式，其中类群丰富度随着水质的恶化而减少。底栖动物完整性指数（B-IBI），其评估体系的建立主要包括 5 个步骤：①样点数据资料收集；②候选参数选用；③参数筛选；④评估量纲的统一；⑤B-IBI 的验证与修订。

国内目前鲜有以大型底栖无脊椎动物作为河流健康评估指标的研究实例。王备新和杨莲芳利用 B-IBI 指数研究安徽阊江河溪流生态系统健康时发现，引起阊江河水系健康退化的主要原因是生境质量的恶化，而生境质量的恶化是林地改为茶地、大量引水灌溉农田和农田水土流失等面源污染引起的。

5. 藻类

藻类是天然水体的重要成分，可以存活在绝大多数水环境条件下，具有种类多、分布广的特点，且对水环境条件变化很敏感，在判别水体污染程度、评估水体富营养状态等方面具有广泛的应用价值。硅藻是一种光自养型藻类，为天然水体的重要成分。由于硅藻对水体离子含量、pH 值、溶解性有机物质以及营养盐的变化十分敏感，近 30 年来，大量以硅藻为指示生物的研究成果应用于评估水体营养物富集、盐碱化和酸化等方面。与此同时，相关的指数方法相继被提出并不断改进，如特殊污染敏感指数（SPI）、水生环境腐殖度指数（SPI）、生物硅藻指数（BDI）、硅藻属指数（GI）、富营养化硅藻指数（TDI）等。

6. 其他生物

水生态生物监测的指示生物还有细菌、原生动物、水生植物等，这些指标都有其各自的优势，但也有其先天的不足。例如，利用底栖无脊椎动物进行水生态监测具有种类多、栖息地相对固定、对干扰反应敏感、定性采样简单、采样设备简易等优点，但同时具有定量采样分析困难、采样时对底质有要求、物种可能会在流动的水体中漂移等缺陷，使分析结果产生偏差。因此，有研究者建议，在利用生物完整性指数监测与评估水体健康时，可考虑采用多个生物集合群来进行综合评估。

六、监测数据的质量控制

监测数据质量控制应贯穿于整个调查监测分析工作的全过程。为了保证监测数据能准确反映河湖生态现状，需保证获得的数据具备 5 项特征：代表性，准确性，完整性，可比性和可溯源性。

1. 采样质量控制

根据河流湖泊的形态特征、水文、水质和水生生物的分布特点，确定合理的采样点设计方案及样品的类别和数量，在确定采样时间和地点的基础上，使用统一的采样器械和合理的采样方法，以保证采样样品具有代表性。

2. 样品分析质量控制

在实验室分析工作中，经过鉴定和检验的样品，可以在样品登记本上填写跟踪信息，以便跟踪每个样品的进展情况，每完成一步及时更新样品登记日志（如接收、鉴定、查验、存档）。

3. 数据处理与资料汇编

进行系统规范化的监测分析，对原始结果进行核查，发现问题应及时处理。原始资料检查内容包括样品采集、保存、运输、分析方法的选用。采样记录，最终检验报告及有关说明等原始记录，经检查审核后，应装订成册，以便保管备查。原始测试分析报表及分类电子数据，按照统一资料记录格式整编成电子文档。

4. 监测方案的风险、精度和置信度

监测方案设计的统计学要素包括风险、精度和置信度。所谓风险（risk），简单地理解是一个事件发生的机会。它有两个方面，一是机会，二是可能发生事件的重要性。置信度（confidence）的含义是依据监测方案所得到结果，实际上落在取值区间内的概率（以百分比表示）。置信区间所提供的保证程度由置信系数描述（例如90%、95%），通常称为置信水平。举例来说，如果我们计算每 40 个不同站点数据的平均值为 90% 的置信区间，就可以认为，准确的站点意味着在这 40 个站点中大约 36 个站点落在相应置信区间内。所谓精度（precision）是指监测方案得出的结果与真实值之间的差值。精度通常定义为置信区间的半宽度。精度和置信度水平决定了监测方案所允许的不确定性程度，这种不确定性来源于自然力和人为活动变化。通过采样数据对物理和生物状况进行评估，这些评估值与真实值通常存在差异。

风险水平可接受程度会影响评估生态状况所需要的监测点数量。一般来说，如果期望获得的评估偏差风险越低，则需要布设的监测点数量越大，相应所需成本就越高。需要指出，项目投入资金远大于监测成本，足够的采样点数量是保证项目有效性评估得到正确结果的前提。总之，合理的监测设计的关键原则是实际的精度和置信度水平应该能够对时间和空间的生态状况进行有意义的评估。

为使监测方案统计学要素规范化，英国环境署（UK Environment Agency，2006）发布了《水框架指令生物分类工具监测结果的不确定性估算》（Uncertaining estimation formonitoring results by WFD biological classification tools）这份技术文件指出，在下列 4 种情况下涉及监测结果所需要的精度和置信度。

（1）在流域管理规划中，要估计监测成果的置信度和精度。

（2）在选择生物质量要素参数时，需要确定适当的分级水平，以便在质量要素的分级中获得足够的置信度和精度。

（3）应选择合适的监测频率以达到可接受的置信度和精度。

（4）评估监测成果的置信度和精度，用以指导制定具有合理的成本/效益的修复措施方案。

5. 实时监测网网络系统

河湖生态系统实时监测网络系统，是实施有效的生态管理的现代化工具。它是利用通信、网络、数字化、RS、GIS、GPS、辅助决策支持系统（ADSS）、人工智能（AI）、远程控制等先进技术，对各类生态要素的大量信息进行实时监测、传输和管理，形成的监测网络系统，如图 5-11 所示。

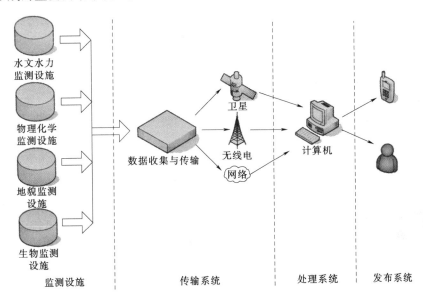

图 5-11　河流生态修复工程监测网络系统示意图

监测网络系统包括监测设施、传输网络、处理系统和发布系统四大部分。监测设施包括各类生态要素监测站的测验设施、标志、场地、道路、照明设备、测船码头等设施；传输网络包括利用卫星、无线电和有线网络（光纤、微波）等，用于实现数据的传输；处理系统用于存储、管理和分析收到的监测数据；发布系统用于监测数据的分发和上报，为决策提供科学依据。

监测网络的构建应充分利用现有的水文、环境、农业、林业等监测站网，增设监测项目与设备，提高监测与信息处理水平。在河段内的典型区和水环境敏感区增设独立的监测站，站点设置与相关管理机构相一致。监测站网布设应采取连续定位观测站点、临时性监测站点和周期性普查相结合，在重点区域设立长期连续定位观测点，定

5-5

213

量监测该段河流的生态要素。

就河湖生态修复项目而言，项目区的实施往往是在河段尺度上进行，但是应在河流廊道或流域尺度上布置生态监测系统，以长期收集水文、水质、地貌和生物数据，在项目施工过程中，对监测数据进行定期分析，当出现不合理结果时，需结合项目起始阶段的河流历史现状数据进行对比分析，并对项目实施目标，总体设计细部设计进行重新调整，项目完工后生态监测系统服务于项目有效性评估，项目运行期，生态监测系统用于生态系统的长期监测，掌握系统的演变趋势，不断改善生态管理。

任务二 水生态系统评估

知识点一 水生态系统的评估方法

水生态健康评估方法学不断发展，按照原理大致分为预测模型法和指数评估法。

预测模型法以英国建立的 RIVPACS 和澳大利亚的 AUSRIVAS 为代表。预测模型将假设河流在无人为干扰条件下理论上应该存在的物种组成与河流实际的生物组成进行比较，评估河流的健康状况。

指数评估法是利用指标进行水生态健康评估包括水体理化要素、水文要素、生物栖息地要素和水生生物要素，而利用水生生物评估是目前的重点。水生生物评估按照不同层次的差异，可分为分子与基因表达、组织与生理功能、物种种群、群落结构等不同层次。主要有指示物种法、生物指数法、多参数评估法等。

生态要素层下设若干生态指标，生态指标的数量，根据具体项目规模和数据可达性确定生态指标下设 5 个等级，即优、良、中、差、劣。

首先，需要定义一个河流参照系统，参照系统是自然河流生态状况，可以近似认为水资源大规模开发前的河流生态状况是近自然状况。建立参照系统需要开展大量的基础工作，包括河流调查，生物调查，收集历史与现状数据资料，在大量数据支持下，按照统计学原理结合专家经验，确定各项指标值，有些指标如水质类指标有相关国家或行业标准。

把参照系统状况定为"优"等级，然后，以河流生态系统严重退化状况作为最坏状况，定为"劣"等级，其表征是栖息地严重退化，生物群落多样性严重下降，甚至导致水生生物死亡，在"优"与"劣"之间又划分"良""中"和"差"3 级，形成优、良、中、差、劣 5 级系统。所谓生态状况"优"，表示生物质量、水文情势、地貌形态和物理化学等生态要素均达到理想状况；所谓"良"表示受人类活动影响，各生色要素均发生一定改变。所谓生态状况"中"，表示各生态要素均发生中等变化。所谓生态状况"差"，表示各生态要素均发生重大变化。所谓生态状况"劣"，表示各生态要素均发生严重变化，生物群落大部分缺失，生物大批死亡。

按照生态状况分级原则，构造生态状况指标赋值矩阵，其步骤如下：

（1）按照上述构建河流生态状况参照系统方法，给"优"等级的各项生态指标赋值。

（2）依据不同类别的生态要素特征，确定赋值准则。

（3）以参照系统的理想标准值为基准，按照与理想标准值的偏离度（变化率），将各生态指标分5个等级。生态指标与理想标准值的比值，是一个无量纲值，以100计分，"优"等级记为100，其他等级依次递减，不同类别生态指标递减程度需符合赋值准则。这样就构造了生态状况指标赋值矩阵。

5-7

知识点二　水　质　评　估

一、水生态系统评估常用指标

1. 化学指标

溶解氧、电导率等常规水质参数，总氮、总磷等营养盐参数，以及COD（化学需氧量）、BOD（生化需氧量）等好氧水质参数是较常见的评估指标。河流生态系统更加偏重于常规水质参数和好氧水质阐述，湖泊则偏向于营养盐参数以及透明度、叶绿素a等反应湖泊营养化的水质参数。

2. 物理指标

物理指标主要分为两类：一类是反映流态和水量的水文参数，例如基流、断流事件。其中，基流包括高流量季节、低流量季节、月基流等参数；断流事件包括断流年际频率、年度频率、发生时间、持续时间等。另一类是反映物理形态的生境参数。物理形态包括河流地貌过程和形态，对于河流主要包括的内容为河岸带状况、河道连通性、河床高程、湿地保留率、地质状况等，对于湖泊则主要包括湖滨带状况、萎缩情况、淤泥状况、河湖连通状况等。

3. 生物指标

从水生生物完整性出发，鱼类、大型底栖动物、着生藻类、浮游动物、大型水生植物、微生物等生物类群都可以作为水生态健康评估指标。物种丰度、密度、多样性指数、生物完整性指数等反应群落结构与功能的指标在各类生物评估中应用广泛。

二、地表水分类及评估

1. 地表水分类

依据地表水水域环境功能和保护目标，按功能高低依次划分为五类：

Ⅰ类主要适用于源头水和国家自然保护区；

Ⅱ类主要适用于集中式生活饮用水地表水源地一级保护区、珍稀水生生物栖息地、鱼虾类产场、仔稚幼鱼的索饵场等；

Ⅲ类主要适用于集中式生活饮用水地表水源地二级保护区、鱼虾类越冬场、洄游通道、水产养殖区等渔业水域及游泳区；

Ⅳ类主要适用于一般工业用水区及人体非直接接触的娱乐用水区；

Ⅴ类主要适用于农业用水区及一般景观要求水域。

对应地表水上述五类水域功能，将地表水环境质量标准基本项目标准值分为五类，不同功能类别分别执行相应类别的标准值。水域功能类别高的标准值严于水域功能类别低的标准值。同一水域兼有多类使用功能的，执行最高功能类别对应的标准值。实现水域功能与达标功能类别标准为同一含义。

2. 地表水水质评估指标

地表水环境质量状况及其变化趋势，依据《地表水环境质量标准》（GB 3838—2002）和有关技术规范进行评估。

重点考虑除水温、总氮、粪大肠菌群以外的 21 项指标，见表 5-3。

表 5-3 地表水水质重点评估指标

序号	项目	序号	项目
1	pH 值	12	砷
2	溶解氧	13	汞
3	高锰酸盐指数	14	镉
4	化学需氧量	15	铬（六价）
5	五日生化需氧量	16	铅
6	氨氮	17	氰化物
7	总磷	18	挥发酚
8	铜	19	石油类
9	锌	20	阴离子表面活性剂
10	氟化物	21	硫化物
11	硒		

湖泊、水库营养状态评估指标为：叶绿素 a(chla)、总磷（TP）、总氮（TN）、透明度（SD）和高锰酸盐指数（COD_{Mn}）共 5 项。

3. 地表水水质评估方法

（1）河流水质评估方法。

1）断面水质评估。河流断面水质类别评估采用单因子评估法，即根据评估时段内该断面参评的指标中类别最高的一项来确定。描述断面的水质类别时，使用"符合"或"劣于"等词语。断面水质类别与水质定性评估分级的对应关系见表 5-4。

表 5-4 断面水质类别与水质定性评估分级

水质类别	水质状况	表征颜色	水 质 功 能 类 别
I～II类	优	蓝色	饮用水源地一级保护区、珍稀水生生物栖息地、鱼虾类产卵场、仔稚幼鱼的索饵场等
III类	良好	绿色	饮用水源地二级保护区、鱼虾类越冬场、洄游通道、水产养殖区、游泳区
IV类	轻度污染	黄色	一般工业用水和人体非直接接触的娱乐用水
V类	中度污染	橙色	农业用水及一般景观用水
劣V类	重度污染	红色	除调节局部气候外，使用功能较差

2）河流、流域（水系）水质评估。当河流、流域（水系）的断面总数少于 5 个时，计算河流、流域（水系）所有断面各评估指标浓度算术平均值，然后按照"断面水质评估"方法评估，并指出每个断面的水质类别和水质状况。

当河流、流域（水系）的断面总数在 5 个（含 5 个）以上时，采用断面水质类别比例法，即根据评估河流、流域（水系）中各水质类别的断面数占河流、流域（水系）所有评估断面总数的百分比来评估其水质状况。河流、流域（水系）的断面总数在 5 个（含 5 个）以上时不作平均水质类别的评估。

河流、流域（水系）水质类别比例与水质定性评估分级的对应关系见表 5-5。

表 5-5　　　河流、流域（水系）水质类别比例与水质定性评估分级

水 质 类 别 比 例	水质状况	表征颜色
Ⅰ～Ⅲ类水比例≥90%	优	蓝色
75%≤Ⅰ～Ⅲ类水比例<90%	良好	绿色
Ⅰ～Ⅲ类水比例<75%，且劣Ⅴ类比例<20%	轻度污染	黄色
Ⅰ～Ⅲ类水比例<75%，且 20%≤劣Ⅴ类比例<40%	中度污染	橙色
Ⅰ～Ⅲ类水比例<60%，且劣Ⅴ类比例≥40%	重度污染	红色

例 5-1：某次地表水监测中，仅设置了一个监测断面，该断面的监测结果见表 5-6，判断河流水质是否符合地表水环境质量标准的Ⅲ类标准。

表 5-6　　　　　　　　　　某次地表水断面监测结果

项目	BOD /(mg/L)		COD /(mg/L)		硫化物 /(mg/L)		氨氮 /(mg/L)		粪大肠菌群 /(个/L)	
监测值	2.6	2.4	13	11	0.1	0.08	0.9	0.7	2500	3500
平均值	2.5		12		0.09		0.8		3000	
地表水Ⅲ类	4		15		0.2		1		10000	
评估结果	符合地表水Ⅲ类标准，水质良好									

例 5-2：某次监测，该河流共有 20 个监测断面，经对断面的评估，其中Ⅰ～Ⅱ类水质断面 5 个，Ⅲ类断面 3 个，Ⅳ类 2 个，Ⅴ类 6 个，劣Ⅴ类断面 4 个，该河流水质状况如何？

Ⅰ～Ⅲ类断面个数为 5+3=8 个；Ⅳ和Ⅴ类断面个数为 2+6=8 个；

劣Ⅴ类断面个数为 4 个；

Ⅰ～Ⅲ类水质比例 $=\dfrac{8}{20}=40\%$　　劣Ⅴ类水质比例 $=\dfrac{4}{20}=20\%$。

查表 5-5 可知：Ⅰ～Ⅲ类水质比例<75%，且 20%≤劣Ⅴ类比例<40%，因此可判定为中度污染。

3）主要污染指标的确定。断面主要污染指标的确定方法评估时段内，断面水质为"优"或"良好"时，不评估主要污染指标。断面水质超过Ⅲ类标准时，先按照不同指标对应水质类别的优劣，选择水质类别最差的前三项指标作为主要污染指标。当不同指标对应的水质类别相同时计算超标倍数，将超标指标按其超标倍数大小排列，取超标倍数最大的前三项作为主要污染指标。当氰化物或铅、铬等重金属超标时，优先作为主要污染指标。确定了主要污染指标的同时，应在指标后标注该指标浓度超过

⏵5-6

⏵5-7

Ⅲ类水质标准的倍数，即超标倍数，如高锰酸盐指数（1.2）。对于水温、pH 值和溶解氧等项目不计算超标倍数。

$$超标倍数 = \frac{某指标的浓度值 - 该指标的Ⅲ类水质标准}{该指标的Ⅲ类水质标准} \qquad (5-11)$$

例 5-3：某河流断面 COD 的检测值为 50mg/L，《地表水环境质量标准》（GB 3838—2002）表 1，Ⅲ类水体的 COD 标准值为 20mg/L，则该断面 COD 的超标倍数为 1.5 倍：

$$COD_{超标倍数} = \frac{50mg/L - 20mg/L}{20mg/L} = 1.5$$

河流、流域（水系）主要污染指标的确定方法：将水质超过Ⅲ类标准的指标按其断面超标率大小排列，一般取断面超标率最大的前三项为主要污染指标。对于断面数少于 5 个的河流、流域（水系），按断面主要污染指标的确定方法确定每个断面的主要污染指标。

$$断面超标率 = \frac{某评价指标超过Ⅲ类标准的断面(点位)个数}{断面(点位)总数} \times 100\% \qquad (5-12)$$

例 5-4：某监测断面的水质监测结果见表 5-7，请找出主要污染指标。

表 5-7   **某监测断面的水质监测结果**

项目	BOD_5 /(mg/L)	COD /(mg/L)	硫化物 /(mg/L)	氨氮 /(mg/L)	粪大肠菌群 /(个/L)	总磷 /(mg/L)
监测值	2.6	16	0.6	2.2	2500	0.1
地表水Ⅲ类	4	15	0.2	1.0	10000	0.2
分类	Ⅰ～Ⅱ类	Ⅲ类	Ⅳ类	Ⅴ类	Ⅲ类	Ⅱ类

首先，按照不同指标对应水质类别的优劣排列：氨氮（Ⅴ类）、硫化物（Ⅳ类）、COD（Ⅲ类）、总磷（Ⅱ类）、BOD_5（Ⅰ～Ⅱ类），找出断面水质超过Ⅲ类标准的项目；选择水质类别最差的前三项指标作为主要污染指标。因此，主要污染指标：氨氮（Ⅴ类）、硫化物（Ⅳ类）、COD（Ⅲ类）。

例 5-5：某监测断面的水质监测结果见表 5-8，请计算主要污染指标的超标倍数。

表 5-8   **某监测断面的水质监测结果**

项目	BOD_5 /(mg/L)	COD /(mg/L)	硫化物 /(mg/L)	氨氮 /(mg/L)	粪大肠菌群 /(个/L)	总磷 /(mg/L)
监测值	2.6	18	0.4	1.4	15000	0.1
地表水Ⅲ类	4	15	0.2	1.0	10000	0.2
分类	Ⅰ～Ⅱ类	Ⅲ类	Ⅲ类	Ⅲ类	Ⅲ类	Ⅰ～Ⅱ类
超Ⅲ类倍数	—	0.2	1	0.4	0.5	—

按照不同指标对应水质类别的优劣排列：硫化物（Ⅲ类）、粪大肠菌群（Ⅲ类）、氨氮（Ⅲ类）、COD（Ⅲ类）、总磷（Ⅰ～Ⅱ类）、BOD_5（Ⅰ～Ⅱ类）。

主要污染指标：硫化物（超Ⅲ类 1 倍）、粪大肠菌群（超Ⅲ类 0.5 倍）、氨氮（超Ⅲ类 0.4 倍）。

注意事项：当氰化物或铅、铬等重金属超标时，优先作为主要污染指标。确定了主要污染指标的同时，应在指标后标注该指标浓度超过Ⅲ类水质标准的倍数，即超标倍数，如高锰酸盐指数（1.2）。水温、pH 值和溶解氧等项目不计算超标倍数。

例 5 - 6： 在对某河流的监测中，共设置 10 个水质监测断面，其潜在污染物为 BOD_5、COD、硫化物、氨氮、粪大肠菌群、总磷。经监测发现其各项指标断面超标情况见表 5 - 9，请指出该河流的主要污染指标。

表 5 - 9　　　　　　　　　　　某 河 流 监 测 数 据

项目	BOD_5 /(mg/L)	COD /(mg/L)	硫化物 /(mg/L)	氨氮 /(mg/L)	粪大肠菌群 /(个/L)	总磷 /(mg/L)
断面 1	超地表水Ⅲ类					
断面 2		超地表水Ⅲ类	超地表水Ⅲ类			
断面 3	超地表水Ⅲ类				超地表水Ⅲ类	超地表水Ⅲ类
断面 4	超地表水Ⅲ类		超地表水Ⅲ类			
断面 5		超地表水Ⅲ类		超地表水Ⅲ类		
断面 6	超地表水Ⅲ类		超地表水Ⅲ类			
断面 7		超地表水Ⅲ类			超地表水Ⅲ类	
断面 8		超地表水Ⅲ类				
断面 9		超地表水Ⅲ类				
断面 10						
合计	4	5	3	1	2	1
断面超标率	40%	50%	30%	10%	20%	10%

河流、流域（水系）主要污染指标的确定方法：将水质超过Ⅲ类标准的指标按其断面超标率大小排列，一般取断面超标率最大的前三项为主要污染指标。该河流主要污染指标：BOD_5、COD、硫化物。

（2）湖泊、水库评价方法

1）水质评估。

a. 湖泊、水库单个点位的水质评估，按照地表水水质评估方法进行。

b. 当一个湖泊、水库有多个监测点位时，计算湖泊、水库多个点位各评估指标浓度算术平均值，然后按照地表水水质评估方法评估。

c. 湖泊、水库多次监测结果的水质评估，先按时间序列计算湖泊、水库各个点位各个评估指标浓度的算术平均值，再按空间序列计算湖泊、水库所有点位各个评估指标浓度的算术平均值，然后按照地表水水质评估方法评估。

d. 对于大型湖泊、水库，也可分不同的湖（库）区进行水质评估。

e. 河流型水库按照河流水质评估方法进行。

▶ 5 - 8

2）营养状态评估。

a. 评估方法采用综合营养状态指数法（$TLI(\sum)$）。

b. 湖泊营养状态分级。采用 0～100 的一系列连续数字对湖泊（水库）营养状态进行分级：$TLI(\sum)<30$ 为贫营养；$30\leqslant TLI(\sum)\leqslant 50$ 为中营养，$TLI(\sum)>50$ 为富营养；$50<TLI(\sum)\leqslant 60$ 为轻度富营养；$60<TLI(\sum)\leqslant 70$ 为中度富营养；$TLI(\sum)>70$ 为重度富营养。

3）综合营养状态指数计算。综合营养状态指数计算公式如下：

$$TLI(\sum)=\sum_{j=1}^{m}W_j\times TLI(j) \tag{5-13}$$

式中：$TLI(\sum)$ 为综合营养状态指数；W_j 为第 j 种参数的营养状态指数的相关权重；$TLI(j)$ 为第 j 种参数的营养状态指数。

若以叶绿素 a 作为基准参数，则第 j 种参数的归一化的相关权重计算公式为

$$W_j=\frac{r_{ij}^2}{\sum_{j=1}^{m}r_{ij}^2} \tag{5-14}$$

式中：r_{ij} 为第 j 种参数与基准参数叶绿素 a 的相关系数；m 为评价参数的个数。

中国湖泊（水库）的 chla 与其他参数之间的相关关系 r_{ij} 及 r_{ij}^2 见表 5-10。

表 5-10　　　中国湖泊（水库）部分参数与 chla 的 r_{ij} 及 r_{ij}^2 相关关系值

参数	chla	TP	TN	SD	COD$_{Mn}$
r_{ij}	1	0.84	0.82	-0.83	0.83
r_{ij}^2	1	0.7056	0.6724	0.6889	0.6889

4）各项目营养状态指数计算：

$$TLI(chla)=10(2.5+1.086\ln chla)$$
$$TLI(TP)=10(9.436+1.624\ln TP)$$
$$TLI(TN)=10(5.453+1.694\ln TN)$$
$$TLI(SD)=10(5.118-1.94\ln SD)$$
$$TLI(COD_{Mn})=10(0.109+2.661\ln COD_{Mn})$$

式中：chla 的单位为 mg/m³；SD 的单位为 m；其他指标单位均为 mg/L。

5-9

5-3

三、地下水分类及评估

地下水的质和量，都在不断地变化之中。影响其变化的因素有天然的和人为的两种。天然因素的变化往往是缓慢的、长期的；而人为因素对地下水质和量的影响越来越突出。地下水污染是指人为因素影响下地下水水质的明显变化流动性这一基本特征，决定了地下水不会孤立地赋存于某一空间之中，其内部各要素之间存在着相互作用，而且还与外部环境发生联系。所以研究地下水质和量的变化，研究污染物在地下水系统中的迁移，就必须用系统论的思想与方法把地下水及其环境看成一个整体，即以地下水系统的观点，从整体的角度去考察、分析与处理。

1. 地下水分类

根据最新版的国家标准——《地下水质量标准》（GB/T 14848—2017）指导意

见，依据我国地下水质量状况和人体健康风险，参照生活饮用水、工业、农业等用水质量要求，依据各组分含量高低（pH 除外），将地下水分为五类。

（1）Ⅰ类：地下水化学组分含量低，适用于各种用途。

（2）Ⅱ类：地下水化学组分含量较低，适用于各种用途。

（3）Ⅲ类：地下水化学组分含量中等，以 GB 5749—2006 为依据，主要适用于集中式生活饮用水水源及工农业用水。

（4）Ⅳ类：地下水化学组分含量较高，以农业和工业用水质量要求以及一定水平的人体健康风险为依据，适用于农业和部分工业用水，适当处理后可作生活饮用水。

（5）Ⅴ类：地下水化学组分含量高，不宜作为生活饮用水水源，其他用水可根据使用目的选用。

2. 地下水评估指标

根据《地下水质量标准》（GB/T 14848—2017），地下水的常规检测指标有 20 项，微生物指标 2 项，毒理学指标 14 项。

3. 地下水质量评估

地下水质量评估应以地下水质量检测资料为基础。

地下水质量单指标评估，按指标值所在的限值范围确定地下水质量类别，指标限值相同时，从优不从劣。

示例：挥发性酚类Ⅰ、Ⅱ类限值均为 0.001mg/L，若质量分析结果为 0.001mg/L 时，应定为Ⅰ类，不定为Ⅱ类。

地下水质量综合评估，按单指标评估结果最差的类别确定，并指出最差类别的指标。

示例：某地下水样氯化物含量 400mg/L，四氯化碳含量 150ug/L，这两个指标属Ⅴ类，其余指标均低于Ⅴ类。则该地下水质量综合类别定为Ⅴ类，Ⅴ类指标为氯离子和四氯乙烯。

知识点三　水　文　评　估

河流的水文特征一般包括水位、流量、流速、汛期、含沙量、结冰期、水能资源、航运价值和污染程度根据水温、径流与受影响地表水域等三类水文要素的影响程度，评估规则见表 5-11。

一、水位和流量

水位和流量大小及其季节变化取决于河流补给类型。以雨水补给为主的河流水位和流量季节变化由降水特点决定，如热带雨林气候和温带海洋性气候区的河流径流量大，水位和径流量时间变化很小；热带草原气候、地中海气候区的河流水位和径流量时间变化较大分别形成夏汛和冬汛；热带季风气候、亚热带季风气候、温带季风气候区的河流均为夏汛，汛期长短取决于雨季长短（注意温带季风气候区较高纬度地区的河流除雨水补给外，还有春季积雪融水的河流形成春汛，一年有两个汛期，河流汛期会较长），但是由于夏季风势力不稳定，降水季节变化和年际变化大，河流水位和径

表 5-11 河流水文特征评估规则

评估等级	水温	径流		受影响地表水域		
	年径流量与总库容百分比 α/%	兴利库容与年径流量百分比 β/%	取水量占多年平均径流量百分比 γ/%	工程垂直投影面积及外扩范围 A_1/km²；工程扰动水底面积 A_2/km²；过水断面宽度占用比例或占用水域面积比例 R/%		工程垂直投影面积及外扩范围 A_1/km²；工程扰动水底面积 A_2/km²
				河流	湖库	入海河口、近岸海域
一级	$\alpha \leqslant 10$；或稳定分层	$\beta \geqslant 20$；或完全年调节与多年调节	$\gamma \geqslant 30$	$A_1 \geqslant 0.3$；或 $A_2 \geqslant 1.5$；或 $R \geqslant 10$	$A_1 \geqslant 0.3$；或 $A_2 \geqslant 1.5$；或 $R \geqslant 20$	$A_1 \geqslant 0.5$；或 $A_2 \geqslant 3$
二级	$20 > \alpha > 10$；或不稳定分层	$20 > \beta > 2$；或季调节与不完全年调节	$30 > \gamma > 10$	$0.3 > A_1 > 0.05$；或 $1.5 > A_2 > 0.2$；或 $10 > R > 5$	$0.3 > A_1 > 0.05$；或 $1.5 > A_2 > 0.2$；或 $20 > R > 5$	$0.5 > A_1 > 0.15$；或 $3 > A_2 > 0.5$
三级	$\alpha \geqslant 20$；或混合型	$\beta \leqslant 2$；或无调节	$\gamma \leqslant 10$	$A_1 \leqslant 0.05$；或 $A_2 \leqslant 0.2$；或 $R \leqslant 5$	$A_1 \leqslant 0.05$；或 $A_2 \leqslant 0.2$；或 $R \leqslant 5$	$A_1 \leqslant 0.05$；或 $A_2 \leqslant 0.5$

流量的季节变化和年际变化均较大。以冰川融水补给和季节性冰雪融水补给为主的河流，水位径流量大小还与流域面积大小以及流域内水系情况有关。

总之，夏季降水丰沛，河流流量大增，水位上升；冬季降水少，河流水量减少，水位下降；降水的季节变化大，河流流量季节变化也大。

1. 水位观测

水位是指河流的自由水面相对于某固定基面的高程。水位是水利工程建设和防汛抗洪斗争的重要依据。

基面是计算水位的起点。常用的基面有两种，即绝对基面和测站基面。绝对基面是以某一海滨地点的海平面为零点，如黄海基面、吴淞基面等。测站基面是水文站专用的一种固定基面，属假定基面，可取当地历年最低水位以下 0.5～1.0m 处的水面作为测站基面。

此外，有些测站，从水文观测资料的连续性与可比性考虑，将测站第一次使用的基面冻结下来并沿用下去，这种基面称为冻结基面，冻结基面也是水文测站专用的一种固定基面。在实际运用时，要注意各种基面高程的换算关系。

观测水位常用的设备有水尺和自记水位计两大类。水尺可分为直立式、倾斜式、矮桩式与悬锤式四种。其中以直立式水尺构造最简单，因其观测方便，采用最为普遍。观测时，水面在水尺上的读数加上水尺零点的高程，即为当时水面的水位值。

自记水位计能将水位变化的连续过程自动记录下来，具有连续、完整和节省人力等优点。其种类很多，主要有横式自记水位计、电传自记水位计、超声波自记水位计和水位遥测计等。

水位实时观测资料要进行整编。整编内容包括日平均水位、月平均水位、年平均水位的计算。常用的计算方法是算术平均法。其中日平均水位的计算，还常用面积包围法，这种方法是将当日 0~24h 内水位过程线所包围的面积除以 24h 的时间，即可得到日平均水位。在日（月、年）平均水位整编好后，连同月（年）最高（最低）水位等资料一起刊于水文年鉴中，供有关部门查用。

2. 流量测验

流量是每秒钟通过河流某一断面的水量，常用符号 Q 表示，单位为 m^3/s。流量 Q 等于过水断面面积 A 和断面平均流速 U 的乘积，即

$$Q = AU \qquad (5-15)$$

因此，流量测验应包括断面测量和流速测验两方面工作。

流量测验的方法很多，其中最常用的是流速-面积法。在这类方法中，又有流速仪测流法、浮标测流法等多种方法，其中以流速仪测流法最为常用。

流速仪测流法，是以式（5-15）为依据，将过水断面划分为若干部分，用普通测量的方法测算出各部分断面的面积，用流速仪测算出各部分面积上的平均流速，部分面积乘以相应部分面积上的平均流速，称为部分流量。部分流量的总和即为全断面的流量。

二、流速

河流的流速是由地形决定，落差大，流速大；地形平坦，水流缓慢。

河流流速测验就是利用流速仪测定水流中任意位置沿流向的水平流速。我国的流速仪主要有旋杯式和旋桨式两类，如图 5-12 和图 5-13 所示。当流速仪放入水中时，旋杯或旋桨受水流冲击而旋转，流速越大，旋转越快。野外测流时，对于某一测点，记下仪器的总转数 N 和测速历时 T，即可求得转速 $n=N/T$，再据实验率定的流速仪的转速 n 与流速 v 的关系，便可算出测点流速 v。

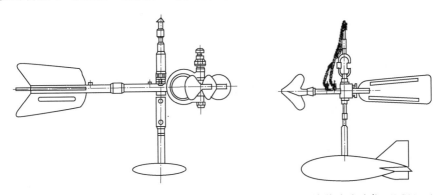

图 5-12　旋杯式流速仪（LS68-2 型）　　图 5-13　旋桨式流速仪（LS25-1 型）

三、汛期

河流汛期出现的时间和长短，直接由流域内降水量的多少、雨季出现的时间和长短决定。雨季开始早结束晚，河流汛期长，雨季开始晚，结束早，河流汛期短。冰雪融水补给为主的内流河则主要受气温高低的影响，汛期出现在气温最高的时候。

我国东部季风气候区河流都有夏汛，东北的河流除有夏汛外，还有春汛；西北河流只有夏汛。另外有些河流有凌汛现象。流域内雨季开始早结束晚，河流汛期长；雨季开始晚，结束早，河流汛期短。我国南方地区河流的汛期长，北方地区比较短。

内流河一般不产生凌汛现象，因为内流河水量小，冬季有枯水期。

四、含沙量

随河水运动和组成河床的松散固体颗粒，叫做泥沙。河流泥沙主要来源于两个方面，一是流域地表的侵蚀，二是上游河槽的冲刷。

降水形成的地面径流，侵蚀流域地表，造成水土流失，携带大量泥沙直下江河。流域地表的侵蚀程度，与气候、土壤、植被、地形地貌及人类活动等因素有关。如若流域气候多雨、土壤疏松、植物覆被差、地形坡陡以及人为影响如毁林垦地现象严重等，则流域地表的侵蚀就较严重，进入江河的泥沙量就多。

河道水流在奔向下游的过程中，沿程要不断地冲刷当地河床和河岸，以补充水流挟沙之不足。从上游河槽冲刷而来的这部分泥沙，随同流域地表侵蚀而来的泥沙一道，构成河流输移泥沙的总体，除部分可能沉积到水库、湖泊或下游河道之外，大部分将远泻千里而入海。

河流泥沙常用含沙量、输沙率、输沙量和输沙量模数（侵蚀模数）等度量单位表示。含沙量是指每立方米浑水中的泥沙质量（kg/m^3），常用 s 表示；输沙率是每秒通过河流某断面的泥沙数量（t/s），常用 G_s 表示；输沙量是指一定时段内通过河流某断面的泥沙数量（t），常用 W_s 表示；输沙量模数（侵蚀模数）是指每平方公里地面每年冲蚀的泥沙数量 $[t/(km^2 \cdot a)]$，通常用 M 表示。输沙量模数的大小，可用来反映流域地表的侵蚀程度。

一般来说，我国的输沙量模数分布是，北方地区的地表侵蚀的严重程度甚于南方。其中最严重的地区是，黄河中游黄土高原地区的支流流域，其输沙量模数 M 一般大于 $1000t/(km^2 \cdot a)$，如陕北的皇甫川、窟野河、无定河、延河流域，输沙量模数达 $10000 \sim 20000t/(km^2 \cdot a)$，相当于地面每年普遍冲刷 $6 \sim 12mm$ 的厚度。

总之，河流泥沙是由植被覆盖情况、土质状况、地形、降水特征和人类活动决定。植被覆盖差，土质疏松，地势起伏大，降水强度大的区域河流含沙量大；反之，含沙量小。人类活动主要是通过影响地表植被盖情况而影响河流含沙量大小。

我国南方地区河流含沙量较小；黄土高原地区河流含沙量较大；东北（除辽河流域外）河流含沙量都较小。

五、结冰期

由流域内气温高低决定，月均温在 0℃ 以下河流有结冰期，0℃ 以上无结冰期。我国秦岭—淮河以北的河流有结冰期；秦岭—淮河以南河流无结冰期。有结冰期的河流才可能有凌汛出现。

六、水能资源

由流域内的河流落差（地形）和水量（气候和流域面积）决定。地形起伏越大落差越大，水能越丰富；降水越多、流域面积越大河流水量越大，水能越丰富，因此，河流中上游一般以开发河水能为主。

七、航运价值

由地形和水量决定，地形平坦，水量丰富河流航运价值大，因此，河流中下游一般以开发河流航运为主。（同时需考虑河流有无结冰期，水位季节变化大小能否保证四季通航；天然河网密度大小，有无运河沟通，能否四通八达；内河航运与其他运输方式的连接情况——联运；区域经济状况对运输的需求）。

P 5-4

知识点四 生 物 评 估

传统的河流环境评估是以物理、化学指标为基础，通过对物理化学指标的分析来反映河流系统所处的环境条件状况，具有重要的使用价值，但用于生态系统水平上，则显示出其局限性。这种评估并不能有效地反映河流生态系统的健康状态，因为它实质上说明的是生态系统所面临的环境压力，而不是生态系统对环境条件变化的反应及受到的影响。从现今发展来看，采用生物指标进行河流健康评估已成为了一种趋势，并且被广泛应用于河流健康评估。

国内的研究者开始关注水环境变化及由此所带来的浮游植物等生物群落结构特征的改变，并试图通过短期的或季节性的监测，来分析生物群落与水环境因子之间的相互关系，对生物指标在水质监测上的应用做出了初步的探索研究，为我国淡水生态学研究提供了生物学资料和参考依据。例如通过调查丰水期和枯水期浮游植物状况，根据浮游植物群落结构和多样性指数进行营养状况评估；调查了南水北调中线水源区水体浮游植物情况，运用多样性指数进行评估。

一、综合指标法

1. 综合指标法的定义

综合物理、化学、生物，甚至社会经济指标，能够反映不同尺度信息的指标法，是生态系统健康评估的重要手段。这种方法既能反映河流的总体健康水平和社会功能水平，又可以反映出生态系统健康变化的趋势，适用于评估受干扰较深的城市河流健康状况。

2. 综合评估法的分类

综合指标法最具代表性的三种评估方法分别为生物完整性指数 IBI、RCE 评分和溪流状况指数 ISC。

（1）生物完整性指数 IBI。完整性是指具有或保持着应有的各部分，没有损坏或残缺。生物完整性的内涵是支持和维护一个与地区性自然生境相对等的生物集合群的物种组成、多样性和功能等的稳定能力，是生物适应外界环境的长期进化结果。简言之，生物完整性指数是指可定量描述人类干扰与生物特性之间的关系，且对干扰反应敏感的一组生物指数。

1）生物完整性指数基本原理。如图 5-14 所示。

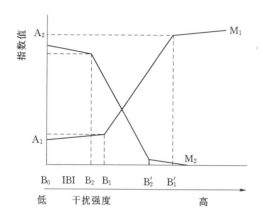

图 5-14 生物完整性指数基本原理图

B—某类干扰；M—对此类干扰及其梯度会产生相应的生物指标集合

对于任一生物指标，如 M_1，当干扰强度小于 B_1 时，其指标值缓慢上升，此时 M_1 的变化仅是由于自然因素引起，而非对干扰的响应，当干扰强度介于 $B_1 \sim B_1'$ 之间，指标值上升速度较快，此时 M_1 的变化主要是对干扰的响应；当干扰强度大于 B_1' 时，指标值上升速率又变小，此时干扰强度的增大对 M_1 的影响已达到上限；说明 M_1 对于干扰具有正效应，但其敏感阈值为 $B_1 \sim B_1'$。同理，生物指标 M_2 对此类干扰具有负效应，其敏感阈值为 $B_2 \sim B_2'$。对于同一类干扰的梯度变化，不同生物指标的响应就表现出正负效应不同，敏感阈值不同以及同一区间内敏感性强度不同，而生物群落往往同时受多种干扰作用。IBI 即是通过选取若干生物指标，考虑它们的敏感性差异，经合理赋权和复核后得到的水生态健康状况的定量表征。

2）生物完整性指数分类。根据生物类群分类可以分为鱼类生物完整性指数、底栖生物完整性指数、浮游生物完整性指数和固着藻类生物完整性指数。根据生物类群数量可以分为单类群生物完整性指数、多类群生物完整性指数。

3）生物完整性指数基本构建过程。生物完整性指数构建基本过程为根据所选生物类群及其在研究区域内的群落特征，初选候选指标，选定参照位点和干扰位点，测定或计算候选指标参数并进行相关性分析，根据相互独立原则从中筛选出度量指标，对度量指标参数统一量纲，然后以参照位点值为基准，量化各干扰位点值与基准值的差异，量化的结果对应位点的 IBI 值，最后通过独立数据集或其他方法对 IBI 结果进行验证。

（2）RCE 评分。RCE 评分即为农业景观区域河岸带与河道环境评估方法，常用于快速评估农业地区河流状况，包括河岸带完整性、河道宽/深结构、河岸结构、河床条件、水生植被、鱼类等 16 个指标，将河流健康状况划分为 5 个等级。该方法主要适用于农业地区，如用于评估城市化地区河流的健康状况，则需要进行一定程度的改进。

知识点五 栖息地质量评估

一、河流栖息地类型

河流栖息地的状况涉及许多生境因子，目前将栖息地分为两种类型：一类是生态学家定义的栖息地单元——功能性栖息地（functional habitats）；另一种是地貌学家定义的河道内物理栖息地单元——水流生境（flow biotopes）或物理栖息地（physical habitat）。

⊙5-10

⊙5-11

⊙5-12

⊙5-5

1. 功能性栖息地

功能性栖息地以河流中的介质为研究对象，由底质和植被类型组成。常见的功能性栖息地种类有无机类（岩石、卵石、砾石、砂、粉砂等）和植物类（根、蔓生植物、边缘植物、落叶、木头碎屑、挺水植物、浮叶植物、阔叶植物、苔藓、海藻等）。功能性栖息地的研究方法是通过无脊椎生物取样，然后作统计分析得出栖息地类型出现的频度与生物量（或生物多样性）之间的关系。功能性栖息地适于研究未受人类干扰的自然或半自然状态的河流。

2. 物理栖息地

物理栖息地的研究对象为水流的形态，是通过水力测量，根据水体流动的类型和特点定义的。影响流态的因素有水深、流速、河床糙率、坡降及河床底质结构等，根据这些因素可以对流态进行分类。常见的物理栖息地类型有浅滩、缓流、水潭、急流、岸边缓流和回流等。物理栖息地则适于研究任何状态的河流，尤其是对人工化河流的修复具有明显效果。

二、河流生物栖息地评估的意义

从发达国家的经验来看，随着河流生态修复行业的迅速发展，迫切需要进行项目实施后的系统性评估工作。美国平均每年投入 10 亿美元进行河流生态修复，截至 2004 年底，美国共有 37000 多个河流生态修复项目，其中仅有 10% 左右的项目进行了监测和评估，由此失去了吸取经验教训的宝贵机会。

在河流生态修复中，河流生物栖息地评估具有重要作用，通过栖息地评估可为河流生态修复项目提供基本的信息基础和依据，栖息地评估往往是系统性评估工作的重要组成部分，河流生态修复项目后评估方法中将栖息地评估作为 3 个评估因素之一。栖息地评估已成为生态完整性评估的重要指标，并且是很多河流评估计划不可缺少的部分。

河流生物栖息地建设技术和评估方法也成为生态水利工程学的重要研究内容。河流生物栖息地是对水生生物有直接或间接影响的多种尺度下的物理化学条件的组合。

河流生物栖息地质量评估是评估河流的物理化学条件、水文条件和河流地貌学特征对于生物群落的适宜程度。

三、河流生物栖息地评估的关键问题

尺度问题是河流生物栖息地评估中首先要明确的关键问题，不同尺度的栖息地对应不同的评估参数和指标体系。河流生物栖息地根据空间尺度可大致分为宏观栖息地、中观栖息地和微观栖息地三种类型。

其中，宏观栖息地包括流域和整体河段两个层次，中观栖息地包括局部河段和深潭/浅滩序列两个层次，微观栖息地指流态、河床结构、岸边覆盖物等局部状况。

▶5-13

四、河流生物栖息地质量调查方法

1. 调查内容

河流生物栖息地的调查内容包括河道状况、河岸形态、河床底质、水体流动类型、植被及相邻陆地的使用情况等。数据来源有野外调查和遥感数据。人工化河流由于受人类活动干扰较大，野外调查时须结合工程类型、使用材料、植被结构、影响河流生物的因子（包括水质污染和栖息地物理退化）等内容进行调查。

栖息地的野外调查应满足 5 个基本原则：应用简单、可应用于任何河道、能提供一致的数据和结果、结构的多样性具有代表性以及数据容易统计和分析。

2. 调查范围和采样密度

河流生物栖息地调查方法目前被认为是野外调查的标准方法。RHS 和河流廊道调查中，一般以 500m 河长、包括河道在内距两岸 50m 内的范围进行测量（通常对左、右岸分别进行测量）。沿 500m 河长，等距离分布 10 个点，在测量点上记录河道和河岸的相关数据。

在每个测量点上各布置一个横断面，在该横断面上再布置 5 个测量点，记录每个测量点的水深、流速和栖息地类型。由于调查工作是对左、右岸分别进行，所以横断面长度一般取整个河流断面的一半。

采样季节一般选在基流条件（即河流的平水期）下进行。通常不在洪水期采样，因为此时不能真实反映水流形态和底质的关键特征；也不选择在夏季采样，因为茂密的草本植物会使河道特征不明显；冬季植被基本都枯死了，特别是对于渠道化和退化河流来讲，不能显示有价值的野生栖息地，因此同样不能选择。

由于不同国家和地区的河流平水期出现时间不同，导致其采样时间有所差异，如英国推荐的调查时期为 5—6 月；在挪威，初夏是最好的调查季节，因为此时植物的遮阴少，流量也较低；欧洲南部一般也选择在夏季进行调查。

⊙ 5-14

⊙ 5-8

⊙ 5-9

五、栖息地评估方法

近些年，对河流栖息地健康评估采用的评估方法主要有栖息地模拟法、综合评估法、水文水力学方法和河流地貌法 4 种类型。栖息地评估是指对影响水资源质量和固有水生生物群落健康状况的周围物理环境结构的评估，主要是根据水体及其周围陆地的关键性物理特征指标进行评估，如调查监测点所在流域的物理特征。

1. 栖息地模拟法

栖息地模拟法包括基于相关关系的栖息地适宜性模型和基于过程的生物种群或生物能模型两大类。

基于相关关系的栖息地适宜性模型包括单变量栖息地适宜性模型和多变量栖息地适宜性模型，主要通过对生物行为和环境因子相关关系的研究来对栖息地适宜性作出判断。

单变量栖息地适宜性模型以特定属性（如水深、流速）区域内的物种数量表示栖息地的适宜性程度。多变量栖息地适宜性模型包括回归模型、排序技术、人工神经网络、模糊准则、决策树等。

回归模型包括逻辑回归模型和多重回归模型。排序技术是指依据出现的物种及其丰富度，将样点（或样区）进行依序排列的技术方法，包括利用群落本身属性排序的间接梯度分析和利用环境因素排序的直接梯度分析两种方法。

生物能模型是一种特殊种类的生物过程模型,在这种模型中,鱼类的最佳位置是基于对能量的预算。这些模型计算出鱼类进行生命活动所需的能量,根据流速、能量摄入和损失的预算确定最优的鱼类位置。

2. 综合评估法

综合评估法是从河流生物栖息地的整体出发,根据专家知识综合研究水文、水力学、地貌、物理化学等因素与河流栖息地之间的关系。

3. 水文水力学方法

水文水力学方法主要通过流量、水位等参数反映河流栖息地的状况,如湿周法、R2CROSS 法等,在计算河道生态需水量时也通常采用这类方法。

河道湿周法假设浅滩是最临界的河流栖息地类型,保护了浅滩也就保护了其他栖息地类型。在应用中,首先要在浅滩区域选定几个代表性断面,测量不同流量条件下的水深和流速,然后绘制湿周与流量的相关曲线,二者是非线性关系,湿周随着流量的增加而增大,但当湿周超过某临界值后,关系曲线斜率降低,可认为湿周-流量关系曲线中的第一个转折点所对应的流量为河道生态流量值。

R2CROSS 法将河流平均深度、平均流速和湿周率作为反映生物栖息地质量的水力学指标,认为如能在浅滩类型栖息地保持这些参数在适宜的水平,即可维护鱼类在河流内的水生栖息地。

4. 河流地貌法

研究表明,在水量与水质不变的情况下,河流地貌特征与生物群落的多样性存在着线形关系,影响着生物群落的结构和功能,河流地貌法主要就是通过河流地貌特征反映栖息地的状况。

应用这种方法时,流域内的其他部分也需要进行评估,因为流域特性对河流生态修复项目有重要影响。英国环境署编写的河流栖息地调查手册通过现场调查河段的物理特征来对栖息地状况进行评估,调查内容主要包括河道形态、岸坡状况、流态、植被结构、土地利用状况、深潭-浅滩序列、人工结构物等。

知识点六　河道连通性评估

一、河流纵断面

沿河流中线(也有取沿程各横断面上的河床最低点,即中泓线)的剖面,测出中线以上(或河床最低点)地形变化转折的高程,以河长为横坐标,高程为纵坐标,即可绘出河流的纵断面图。纵断面图可以表示河流的纵坡及落差的沿程分布。河流纵断面图,如图 5-15 所示。

二、河流横断面

水流方向垂直的断面称为横断面。

河槽中某处垂直于流向的断面称为在该处河流的横断面。它的下界为河底,上界为水面线,两侧为河槽边坡,有时还包括两岸的堤防。

横断面又称为过水断面,它是计算流量的重要参数。常见的断面形式有矩形断

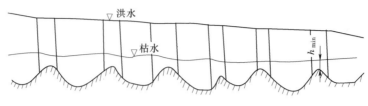

图 5-15 河流纵断面图

面、马蹄形断面等。

三、河床的断面特征

河床的断面特征如图 5-16 所示。

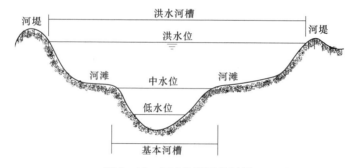

图 5-16 河床的断面特征图

上游：连接河源，位于河流上段，较大河流的上游往往高山夹峙，沿河有许多峡谷，河床一般窄而深。特点：水流急，落差大，洪水涨落急剧，带有跌水等险滩。

中游：河流中段，多位于丘陵地区。特点：河面较宽，河床坡度较平缓，水流较平静。

下游：河流最下一段，大河流下游位于冲击平原地区。特点：河床较宽，复式断面，河槽纵向坡度平缓，流速较小。

河口：河流终点，大河流入海洋，小河流入湖泊或其他河流，再者消失沙漠之中，如图 5-17 所示。

平原河流的断面特征，如图 5-18 所示。

四、河流的宽度

河流宽度指河槽两岸间的距离，它随水位变化而变化。水位常有洪、中、枯水之分，因而河槽宽度相应有洪水河宽、中水河宽和枯水河宽。通常意义下的河宽多指中水河槽宽度，即河道两侧河漫滩滩唇间的距离，如图 5-19 所示。

五、河流的弯曲程度

河流的弯曲程度可用弯曲系数表示，即河流实际长度与河流两端间的直线长度之比，河流弯曲系数图如图 5-20 所示。

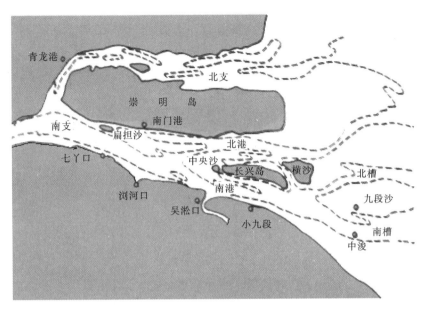

图 5-17　河口示意图

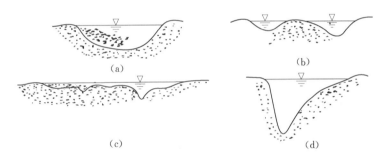

图 5-18　平原河流不同河段断面图

（a）顺直过渡段；（b）分汊段；（c）游荡段；（d）弯曲段

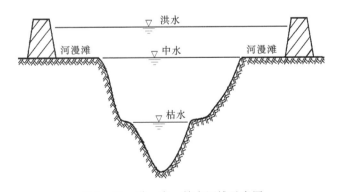

图 5-19　洪、中、枯水河槽示意图

弯曲系数：河流的弯曲系数表示河流平面形状的弯曲程度，可用河流实际长度与河流两端间的直线长度之比来衡量，见式（5-15）。

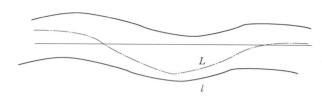

图 5-20　河流弯曲系数图

$$\phi = \frac{L}{l} \tag{5-16}$$

式中：ϕ 为河流弯曲系数；L 为河流实际长度，m；l 为河流间直线长度，m。

知识点七　社　会　服　务　评　估

一、水生态系统服务评估概述

1. 生态系统服务研究的产生和发展

美国学者 Marsh G 是第一个用文字记载生态系统服务功能的人，他在 1864 年出版的 *Man and Nature* 一书中记载了自然生态系统分解动植物尸体的服务功能。1949年，Leopold A 开始深入思考生态系统服务功能，他指出人类自身是不可能替代自然生态系统服务功能的。"生态系统服务"一词在 20 世纪 60 年代第一次使用。20 世纪 70 年代初，SCEP（Study of Critical Environmental Problems）(1970) 在 *Man's Impact on the Global Environment* 报告中提出了生态系统服务功能的"Service"一词，并列出了自然生态系统对人类的"环境服务功能"。Holden J 与 Ehrlich P R 论述了生态系统在土壤肥力与基因库维持中的作用，将其拓展为"全球环境服务功能"。后来又出现了"全球生态系统公共服务功能"和"自然服务功能"等词，最后由 Ehrlich P R 等将其确定为"生态系统服务"。生态系统服务功能这一术语逐渐为人们所公认和普遍使用。

1991 年国际科学联合会环境问题科学委员会（Scientific Committee on Problems of the Environment，SCOPE）的生物多样性间接经济价值定量研究会议召开后，关于生物多样性与生态系统服务功能经济价值评估方法的研究和探索才逐渐多了起来。真正把生态系统服务功能及其价值研究推向生态学研究的前沿，引起人们重视的研究是 Costanza R 等在 *Nature* 杂志上发表的《全球生态系统服务功能价值估算》。随着 3S 技术的发展，在生态学和生态系统服务功能研究上也得到了广泛应用。从生态系统服务功能的研究发展历程可以看出，生态系统服务功能的研究经历了从认识和了解生态系统的服务功能，到描述和定义生态系统服务功能，再到探讨不同区域生态系统的生态功能及所提供的服务，再到运用经济学对生态系统服务功能进行定量计算和评估，并融合了现在蓬勃发展并为广大生态学者普遍运用的 3S 技术，使评估生态系统服务功能更为准确。

2. 水的生态系统服务的内涵

正确理解水的生态系统服务的内涵，有助于我们更加清楚的认识这些服务，也有助于对这些服务进行定量和定价。关于生态系统服务的定义，许多学者进行了大量的研究，具有代表性的包括：Daily G C 认为生态系统服务是指自然生态系统及其物种所提供的能够满足和维持人类生活需要的条件和过程；Costanza R 等认为生态系统服务是指人类从生态系统功能中获得的收益；De Groot R S 等认为生态系统服务功能是提供满足人类需要的产品和服务能力的自然过程和组成；"千年生态系统评估"在总结前人工作的基础上对生态系统服务进行定义：人类从生态系统中获得的收益，并将生态系统服务分为供给服务、调节服务、文化服务和支持服务 4 大类。水的生态系统服务是生态系统服务重要组成部分，基于上述学者对于生态系统服务的定义，可以将水的生态系统服务定义为：水在水生生态系统与陆生生态系统中通过一定的生态过程来实现的对人类有益的所有效应集合。根据上述定义，从对象、载体、实现途径和最终对人类的效应 4 个方面而言，水的生态系统服务具有以下特点。

（1）水的生态系统服务是针对人类的需求而言的。服务是对人类的服务。人类是水的生态系统服务的享用者。人类需求主要包括物质需求、精神需求和生态需求三个层次。人类对水的生态系统物质需求主要包括生产及生活用水、各种水产品等；人类对水的生态系统精神需求包括对知识的需求、美的需求、文化的需求等；人类对水的生态系统生态需求包括健康舒适的大气环境、水环境以及丰富的生物资源等。

（2）从产生的载体上看，水的生态系统服务来自于无机环境资源和生物环境资源，服务产生的载体变化，那么服务的内涵将会随之而变。水量及水质的变化都影响着水的生态系统服务的种类和质量。例如河流生态系统中由于上游水量不断递减，使得河道缩短并逐渐干涸，引起原来沿河岸分布的河岸林逐渐退化，导致景观格局改变。

（3）水的生态系统服务实现途径包括两方面：一是水的基本生态服务，是由水的生物理化特性及其伴生过程提供的服务；二是水的生态经济服务，是由水产生的生态经济效益的服务类型。气候调节服务、氧气服务、保护生物多样性服务、初级生产服务、提供生境服务、水资源调蓄服务的实现主要决定于水体自身的结构和功能。这六项服务的产生过程即是它们的实现过程，它们的实现不依赖于人类的社会经济活动，属于水体自身的功能和效用。其余各项服务的实现必须要有人类的社会经济活动参与，如渔业产品生产服务必须要有人类的渔业经济活动的参与；生产及生活用水供给服务必须要有大规模工业生产和其他生产性活动；水力发电服务需要通过人类加工产生生态经济效益；水体自净服务是针对人类社会生活、生产所产生的各种排水污染物而言的；休闲娱乐服务需要人们来体验和消费；离开人类社会，精神文化服务、教育科研服务便失去了存在的载体。

（4）从最终对人类的效应上看，水的生态系统服务表达的是对人类有益的正效应。因为水具有利弊共存性、分配差异性及可溶性等性质，使水具有正效应外，还具有对人类环境不利的负效应。水的负效应是指水在社会、经济、环境中能够给人类带来危害效应，如水灾、水患和水污染等。因此这里所说的水的生态系统服务是水的有利效应或正效应。

二、水的生态系统服务的分类

对水的生态系统服务进行科学分类，是开展水的生态系统服务价值评估的理论基础。水的生态系统服务种类众多，不同学者对生态系统服务类型的划分不相同。目前对于水的生态系统服务和价值评估尚没有统一、公认的分类标准和方法。参考前人关于生态系统服务的分类体系以及 MA 的分类体系，并根据水的生态系统服务效用的表现形式，本文将水的生态系统服务划分为供给服务、调节服务和美学服务 3 大类 16 项（图 5-21）。其中供给服务是指水生态系统为人类生产生活所提供的基本物质，一般包括生产及生活用水、水力发电、渔业产品等 3 项；生态系统通过一系列生态过程实现水的调节服务，这些调节服务包括气候调节、氧气生产、空气净化、泥沙推移、荒漠化控制、水体自净、保护生物多样性、初级生产、提供生境、水资源调蓄等 10 项；美学服务是水的生态系统服务的整体表现，是通过丰富精神生活、发展认知、大脑思考、消遣娱乐和美学欣赏等方式，而使人类从水生态系统获得的非物质收益，包括旅游娱乐、文化用途、知识扩展服务等 3 项。

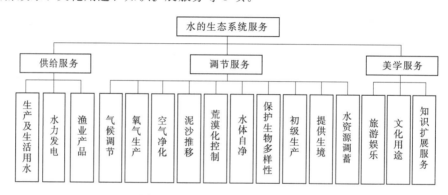

图 5-21　水的生态系统服务分类

三、水的生态系统服务价值构成及评估方法

水的生态系统服务价值是水生态系统及其生态过程所形成的对人类的满足程度，水的生态系统服务价值不仅在于它对工业、农业、电力等基础产业的天然贡献，更在于它的有用性和稀缺性使其自身蕴含着潜在价值，包括利用价值和非利用价值。

1. 利用价值

水的生态服务的利用价值包括直接利用价值、间接利用价值和选择价值。直接利用价值主要是指被人们为了满足消耗性目的或者非消耗性目的而直接利用的。水可以作为生产要素进入人类的生产活动，满足工业、农业、居民生活等要求，体现的是直接使用价值，如所蓄之水用于工业用水、生活用水以及水力发电等，其服务价值由水量和水质决定。间接利用价值是指水被用做生产人们使用的最终产品和服务的中间投入。水对维持人类生存与发展所依赖的生态环境条件具有间接的促进作用。水对生态系统正常运转需求的满足程度与作用就是水的生态系统服务的间接利用价值，如水体自净、荒漠化控制，以及供给清新空气和洁净水从而降低健康风险。间接利用价值是一个发展的动态概念，它是随着社会发展水平和人民生活水平的不断提高而逐渐显现并增加起来，即其间接利用价值的大小取决于不同发展阶段人们对水的生态系统服务功能的认识水平，重视程度和为之进行支付的意愿。选择价值是一种潜在利用价值，它是人们为了将来能被自己，或者被子孙后代，或者被他人直接与间接利用某种服务的支付意愿。

2. 非利用价值

非利用价值是独立于人们对水的生态服务现期利用的价值，是与子孙后代将来利用有关的水的生态服务经济价值以及与人类利用无关的水的生态服务经济价值，包括遗产价值和存在价值。其中存在价值又称为非使用价值，指水的固有的不可被替代的内在价值，它可以满足人类未来潜在的需求。同时水本身具有文化教育功能。在人类文明发展历史中，积淀了极为丰富的水文化内涵，一条江河养育一个民族，繁衍一种人类文明，与水有关的风俗习惯、涉水的休闲方式的演变等本身就是一种文化。另外，自然之物的水赋予灵性，可以为文学、艺术创作提供丰富的灵感源泉。

3. 水的生态系统服务价值评估方法

水的生态系统服务价值评估的目的主要是为了将水生态和水环境问题纳入到现行市场体系和经济体制中，并结合政府政策协调人与水的关系。近年来，国内外学者对生态系统服务价值的评估方法进行了大量的研究，其中，具有代表性的有，Mitchell等提出的环境价值评估方法，基于生态经济学、环境经济学和资源经济学的研究成果提出的替代市场技术和模拟市场技术评估方法。水的生态系统服务价值评估的方法大多借鉴生态系统服务价值的评估方法，目前其主要的评估方法可分为3类（见表5-11）。第一类是常规市场评估法，包括市场价值法、替代成本法、机会成本法、影子工程法、人力资本法、防护和恢复费用法等；第二类是替代市场评估法，包括旅行费用法等；第三类是模拟市场评估法，包括条件价值法等。3类评估方法均有其适用的范围，常规市场评估法适用于有市场价格的水的生态系统服务功能的价值评估，替代市场评估法适用于没有直接的市场交易和市场价格服务，但具有这些服务的替代品的市场价格水的生态系统服务功能的价值评估，模拟市场评估法适用于没有市场交易和实际市场价格水的生态系统服务功能的价值评估。

对于每一种水的生态服务评估方法的选择要依据水的生态服务的特点、评估方法的适用范围以及数据的可获得性来确定。水的生态系统各种服务价值评估适宜方法如表5-11所示，由于各种方法均存在着或多或少的不足或制约因素，考虑到每种方法的优缺点，对同一种服务，应采取多种方法计算，选取最实用的。

四、常用水生态系统服务评估方法举例

1. 水供给

水生态系统的淡水供给功能采用市场价值法。

$$W_w = \sum A_i \cdot P_i \qquad (5-17)$$

式中：W_w 为水供给功能价值；A_i 为第 i 种用途的水量；P_i 为第 i 种用途水的市场价格。

表 5 - 11 水的生态系统服务价值评估方法比较

分　类	评估方法	优　点	缺　点
常规市场评估法	市场价值法	具有客观性、可接受性	只考虑作为有形交换的商品价值，没有考虑作为无形交换的生态价值
	替代成本法	比较客观全面地体现了某种资源系统的生态价值	无法用技术手段代替和难以准确计量的
	机会成本法	简单易懂，是一种非常实用的技术	资源必须具有稀缺性
	影子工程法	将本身难以用货币表示的生态系统服务价值用其"影子工程"来计量	替代工程的非唯一性和两种功能效用的异质性
	人力资本法	对难以量化的生命价值进行量化	违背伦理道德；理论上的缺陷；效益的归属问题
	防护和恢复费用法	可通过生态恢复费用或防护费用量化生态环境价值	评估结果为最低的生态环境价值
替代市场评估法	旅行费用法	理论通俗易懂，所有数据可通过调查、年鉴和有关统计资料获得	不能核算生态系统的非使用价值
模拟市场评估法	条件价值法	特别适宜于对非使用价值（存在价值、遗产价值和选择价值）占较大比重的独特景观价值的评价	由于个人对环境服务的支付意愿是以假想数值为基础，而不是依据数理方法进行估算的，可能存在很多偏差

2. 水产品

水生态系统水产品功能价值的计算公式如下：

$$W_p = \sum U_i \cdot P_i \tag{5-18}$$

式中：W_p 为水产品价值；U_i 为第 i 类物质的产量；P_i 为第 i 类物质的市场价格。

3. 航运功能

河流航运功能价值计算公式如下：

$$W_s = G \cdot P_g + F \cdot P_f \tag{5-19}$$

式中：W_s 为河流航运价值；G 为水路旅客周转量；P_g 为客运价格；F 为水路货运周转量；P_f 为货运价格。

4. 蓄水功能

水生态系统蓄水功能价值利用替代工程法进行计算。

$$W_r = R \cdot P_c \tag{5-20}$$

式中：W_r 为蓄水价值；R 为河流和湖泊蓄水量；P_c 为这种潜在水量的获得成本（单位蓄水量的库容成本）。

5. 水文调节

水文调节功能价值计算公式如下：

$$W_f = A \cdot L \cdot P_c \tag{5-21}$$

式中：W_f 为水文调节功能价值；A 为湖泊（水库）面积；L 为湖泊（水库）水位绝对变幅；P_c 为这种潜在水量的获得成本（单位蓄水量的库容成本）。

6. 大气调节

水体中的藻类浮游植物可以进行光合作用和呼吸作用，与大气交换 CO_2 和 O_2，对维持大气中 CO_2 和 O_2 的动态平衡有着重要作用。水生态系统大气调节价值利用生产成本法进行计算。

$$W_a = A \cdot PP \cdot (P_c + 2.666 \cdot P_o) \qquad (5-22)$$

式中：W_a 为大气调节价值；A 为水域面积；PP 为浮游植物初级生产力；P_c 为固碳成本，P_o 为释氧成本；根据光合作用方程，生态系统每固定 $1g\,C$ 可释放 $2.666g\,O_2$。

7. 水质净化

其水质净化功能价值计算公式如下：

$$W_p = V \cdot L \qquad (5-23)$$

式中：W_p 为水质净化价值；V 为废污水年排放量；L 为工厂污水处理成本。

8. 输沙造陆

（1）输沙功能。

河流输沙功能价值计算公式如下：

$$W_s = S \cdot V \cdot L \qquad (5-24)$$

式中：W_s 为河流输沙价值；S 为河流悬移质含量；V 为出境水量；L 为人工清理河道成本费用。

（2）造陆功能。

河流造陆功能价值计算公式如下：

$$W_m = (M \div W \div T_b) \cdot P_d \qquad (5-25)$$

式中：W_m 为造陆价值；M 为造陆泥沙量；W 为土壤平均容重；T_b 为土壤表土平均厚度；P_d 为土地单位面积收益。

⊙ 5-17

⊙ 5-18

⊘ 5-12

⊘ 5-13

℗ 5-8

参 考 文 献

[1] 何池全，赵魁义，余国营，等. 湿地生态过程研究进展 [J]. 地球科学进展，2000 (2)：165 - 171.

[2] 宋拥军，李文海，刘挺，等. 北京市植物园景观水生物修复技术与工艺 [J]. 园林科技，2006 (3)：44 - 46.

[3] 李尚志，唐永琼. 利用水生植物对污染水体进行生态修复 [J]. 深圳大学学报，2005，22 (3)：272 - 276.

[4] 徐祖信，叶建锋. 前置库技术在水库水源地面源污染控制中的应用 [J]. 长江流域资源与环境，2015 (6)：120 - 123.

[5] 李俊奇，秦祎，王亚婧，等. 雨水塘的多级出水口及其设计方法探析 [J]. 中国给水排水，2014，30 (12)：34 - 40.

[6] 朱英. 河流生态健康评价中生物指标的研究与应用 [D]. 上海：华东师范大学，2008.

[7] 袁文芳，程小琴. 水的生态系统服务内涵及价值评估 [J]. 江西化工，2015 (6)：59 - 64.

[8] 赵润，董云仙，谭志卫. 水生态系统服务功能价值评估研究综述 [J]. 环境科学导刊，2014，33 (5)：33 - 39.

[9] 水利部水资源管理中心. 水生态保护与修复关键技术及应用 [M]. 北京：中国水利水电出版社，2015.

[10] 王斌，杨艳刚，张彪，等. 常州市水生态系统服务功能分析及其价值评价 [J]. 湖南农业科学，2010 (23)：72 - 76.

[11] 王云中，杨成建. 生态喷泉运用于景观水体水质稳定的可行性分析 [J]. 生态经济，2009 (11)：180 - 182.

[12] 王文林，殷小海，卫臻，等. 太阳能曝气技术治理城市重污染河道试验研究 [J]. 中国给水排水，2008，24 (17)：44 - 48.

[13] 孙傅，曾思育，陈吉宁. 富营养化湖泊底泥污染控制技术评估 [J]. 环境污染治理技术与设备，2003 (8)：61 - 64.

[14] 何强，秦梓荃，周健，等. 山地小城镇污水自然跌水曝气下水道沟渠处理技术研究 [J]. 给水排水，2012，48 (7)：39 - 42.

[15] 王超，王沛若，侯俊，等. 流域水资源保护和水质改善理论与技术 [M]. 北京：中国水利水电出版社，2011.

[16] 吕宏德. 水处理工程技术 [M]. 北京：中国建筑工业出版社，2005.

[17] 张毅敏，丘锦荣，等. 生态治污技术与工程 [M]. 北京：科学出版社，2013.

[18] 郑李军. 基于水生态过程和水环境效应的湿地生态系统稳定性研究 [J]. 能源环境保护，2012，26 (3)：16 - 19.

[19] 匡跃辉. 水生态系统及其保护修复 [J]. 中国国土资源经济，2015，28 (8)：17 - 21.

[20] 中国市政工程东北设计研究总院. 给水排水设计手册：第 7 册 [M]. 3 版. 北京：中国建筑工业出版社，2014.

[21] 徐续，操家顺. 河道曝气技术在苏州地区河流污染治理中的应用 [J]. 水资源保护，2006 (1)：30 - 33.

[22] 朱广一，冯煜荣，詹根祥，等. 人工曝气复氧整治污染河流 [J]. 城市环境与城市生态，

2004 (3)：30 - 32.

[23] 谢海文，沈乐. 河流曝气技术简介 [J]. 水文，2009，29 (3)：59 - 62，27.

[24] 唐恒军，施永生，王琳. 跌水曝气的应用初探 [J]. 山西建筑，2007 (9)：175 - 177.

[25] 李杰，钟成华，邓春光. 跌水曝气高度、流量与复氧量关系研究 [J]. 环境保护科学，2008 (5)：39 - 41.

[26] 王左良. 跌水曝气（充氧）效果的影响因素试验研究 [D]. 重庆：重庆大学，2006.

[27] 邓荣森，王左良，王涛. 跌水曝气系统在污水处理工艺上的运用前景探讨 [J]. 重庆建筑大学学报，2007 (1)：78 - 80，84.

[28] 白勇，谭丽霞. 明渠中跌水的水力计算 [J]. 黑龙江交通科技，2012，35 (3)：64.

[29] 戴青松，韩锡荣，黄浩，等. 生态浮床的应用现状及前景 [J]. 水处理技术，2014，40 (7)：7 - 11.

[30] 曾立雄，黄志霖，肖文发，等. 河岸植被缓冲带的功能及其设计与管理 [J]. 林业科学，2010，46 (2)：128 - 133.

[31] 叶春，李春华，邓婷婷. 湖泊缓冲带功能、建设与管理 [J]. 环境科学研究，2013，26 (12)：1283 - 1289.

[32] 叶艳妹，吴次芳，俞婧. 农地整理中灌排沟渠生态化设计 [J]. 农业工程学报，2011，27 (10)：148 - 153.

[33] 陈友国，王涛. 农田沟渠常见生态护砌形式及特点初探 [J]. 水利建设与管理，2015，35 (4)：48 - 50.

[34] 赵进勇，董哲仁，孙东亚. 河流生物栖息地评估研究进展 [J]. 科技导报，2008，26 (17)：82 - 88.

[35] 石瑞花，许士国. 河流生物栖息地调查及评估方法 [J]. 应用生态学报，2008，19 (9)：2081 - 2086.

[36] 王超，王永泉，王沛芳，等. 生态浮床净化机理与效果研究进展 [J]. 安全与环境学报，2014，14 (2)：112 - 116.

[37] 曹勇，孙从军. 生态浮床的结构设计 [J]. 环境科学与技术，2009，32 (2)：121 - 124.

[38] 董哲仁，等. 河流生态修复 [M]. 北京：中国水利水电出版社，2016.

[39] 高秀清，苏春宏，焦有权，等. 五种混凝剂控制景观水环境恶化效果研究 [J]. 中国给水排水，2016，32 (7)：89 - 91.

[40] 高秀清，苏春宏，吴小苏，等. 除藻剂对景观水体中藻类及叶绿素的影响 [J]. 中国给水排水，2016，32 (17)：70 - 72.

[41] 高秀清，张昊，焦有权，等. 延庆铁炉沟域生态环境指标测定与发展初探 [J]. 北京农业职业学院学报，2015，29 (4)：29 - 35.

[42] 高秀清. 我国水资源现状及高效节水型农业发展对策 [J]. 南方农业，2016 (6)：233，236.

[43] 高秀清. 北京郊区生态环境建设指标体系探究 [J]. 北京农业职业学院学报，2011，25 (5)：24 - 29.

[44] 高秀清. 建立适用于北京山区低成本中水实用处理技术 [J]. 北京农业职业学院学报，2009，23 (6)：22 - 28.

[45] 董哲仁. 生态水利工程学 [M]. 北京：中国水利水电出版社，2019.

[46] 李虎，刘金萍，林巧. 大连市河流水生态系统监测研究 [J]. 中国高新技术企业，2012 (11)：88 - 89.

[47] 黄龙翔，时燕，曾婷婷，等. 黑臭河道底泥处理方式探讨 [J]. 山东化工，2019，48 (18)：256 - 258.

[48] FUHRER J. BOOKER F. Ecological issues related to ozone：agricultural issues [J]. Environ-

ment International，2003，29（2-3）：141-154.

[49] ADAMS R M，HORST R L，Jr. Future directions in air quality research：economic issues [J]．Environment International，2003，29（2-3）：289-302.

[50] 张艳会，杨桂山，万荣荣. 湖泊水生态系统健康评价指标研究 [J]. 资源科学，2014，36（6）：1306-1315.

[51] 韩春. 太湖流域水生态文明建设的对策研究 [D]. 合肥：合肥工业大学，2010.

[52] 李建中. 关于建设生态文明城市的系统思考 [J]. 系统科学学报，2011，19（1）：38-45.

[53] 郭晓勇. 水生态文明内涵及外延探究 [J]. 江西农业学报，2014，26（8）：139-142.

[54] 马建华. 推进水生态文明建设的对策与思考 [J]. 中国水利，2013（10）：1-4.

[55] 田英，赵钟楠，黄火键，等. 典型发达国家水生态文明建设历程及启示 [J]. 水利发展研究，2018，18（4）：74-78.

[56] 韩亦菲. 先秦儒家生态观在习近平生态文明思想的中体现 [J]. 佳木斯职业学院学报，2019，（10）：12-13.

[57] 中华人民共和国水利部. 中国水资源公报2018 [M]. 北京：中国水利水电出版社，2019.

[58] 中华人民共和国生态环境部. 2018中国生态环境状况公报 [R/OL]. （2019-05-29）[2020-09-01]. http：//www. mee. gov. cn/xxgk2018/xxgk/xxgk151201912/t20191231_754139. html.

[59] 中华人民共和国生态环境部. 2018年中国海洋生态环境状况公报 [R/OL]. （2019-05-29）[2020-09-01]. http：//www. mee. gov. cn/ywdt/tpxw/201905/t20190529_704840. shtml.

[60] 李晓东，安乐，张巍，等. 地下渗滤系统水力负荷周期和水力负荷的参数优化 [J]. 江苏农业科学，2015，43（2）：362-364.

[61] 田宁宁，杨丽萍，彭应登. 土壤毛细管渗滤处理生活污水 [J]. 中国给水排水，2000，（5）：12-15.

[62] 李威，人工浮床对受污染地表水的净化研究 [D]. 武汉：武汉理工大学，2013.

[63] 崔心红. 水生植物概念、类型及特征 [J]. 园林，2008（11）：16-19.

[64] 倪洁丽，王微洁，谢国建，等. 水生植物在水生态修复中的应用进展 [J]. 环保科技，2016，22（3）：43-47.

[65] 崔腊梅，杨学春. GIS在水环境中的应用 [J]. 安徽农学通报，2017，23（24）：127-128，155.

[66] 季惠颖，赵碧云. 浅谈全球定位系统在环境领域的应用 [J]. 环境科学导刊，2008（S1）：27-29.

[67] 王黎黎. 现代测量技术在水生态系统监测中的应用 [J]. 黑龙江科技信息，2013（19）：48.

[68] 刘康，刘钰华，朱玉伟，等. 滴灌造林技术要点 [J]. 新疆林业，2001（5）：22-24.

[69] 王放，赵永宾，邵智，等. 土壤渗滤处理系统的演变和发展 [J]. 资源节约与环保，2013（1）：55-56.

[70] 蔡世涛. 无砾石微孔管地下渗滤系统试验研究 [D]. 绵阳：西南科技大学，2010.

[71] 丁纪闽，杨珏，黄利群，等. 北方城市下凹式绿地植物选择与配置模式 [J]. 中国水利，2010（17）：20-22.

[72] 杨清海，吕淑华，李秀艳，等. 城市绿地对雨水径流污染物的削减作用 [J]. 华东师范大学学报（自然科学版），2008（2）：41-47.

[73] 张晓菊，董文艺. 下凹式绿地径流污染控制与径流量消减影响因素分析 [J]. 环境科学与技术，2017，40（2）：113-117.

[74] 方例. 下凹式绿地的应用及影响 [J]. 能源与环境，2015（5）：84-85.

[75] 田文龙，刘瑶环. 下凹式绿地处理城市初期雨水效能的试验研究 [J]. 市政技术，2013，31

（5）：123-126.

［76］ 余俊，唐蓉. 21 世纪城市景观河道水环境生态修复对策研究［J］. 安徽农业科学，2012，40 （5）：2812-2814.

［77］ 罗佳，韩士群，严少华，等. 生态浮床对巢湖双桥河口水体细菌群落结构的影响［J］. 南京农业大学学报，2013，36（2）：91-96.

［78］ GAO Xiuqing，Research on characteristics of collapsible loess subgrade and optimization of dynamic compaction parameters in west of Liaoning Province of China［J］. The Engineering Index，2017（32）：54-63.